Arzneimittelprüfung am Menschen

Ein interdisziplinäres Gespräch

3. Essener Hypertonie-Kolloquium
Schloß Hugenpoet
16./17. November 1979

Herausgegeben von
K. D. Bock
unter Mitarbeit von
L. Hofmann

Mit Beiträgen von:
M. Anlauf
H. Baier
K. D. Bock
F. Böckle
R. Czeniek
M. Fincke
G. Fülgraff
A. Granitza
F. Gross
H. J. Jesdinsky
H. Kewitz
G. Kienle
H. Kleinsorge
G. Lewandowski
E. Noelle-Neumann
K. H. Rahn
E. Samson
K. Siehr
K. Überla

Friedr. Vieweg & Sohn · Braunschweig/Wiesbaden

CIP-Kurztitelaufnahme der Deutschen Bibliothek

Arzneimittelprüfung am Menschen:
e. interdisziplinäres Gespräch /
3. Essener Hypertonie-Kolloquium, Schloß Hugenpoet,
16./17. November 1979
Hrsg. von K. D. Bock ... unter Mitarb. von
L. Hofmann. Mit Beitr. von: M. Anlauf ...
Braunschweig, Wiesbaden: Vieweg, 1980.

NE: Bock, Klaus Dietrich [Hrsg.]; Anlauf, Manfred [Mitverf.];
Essener Hypertonie-Kolloquium ‹03, 1979›

1980
Alle Rechte vorbehalten
© Friedr. Vieweg & Sohn Verlagsgesellschaft mbH, Braunschweig 1980

Die Vervielfältigung und Übertragung einzelner Textabschnitte, Zeichnungen oder Bilder, auch für Zwecke der Unterrichtsgestaltung, gestattet das Urheberrecht nur, wenn sie mit dem Verlag vorher vereinbart wurden. Im Einzelfall muß über die Zahlung einer Gebühr für die Nutzung fremden geistigen Eigentums entschieden werden. Das gilt für die Vervielfältigung durch alle Verfahren einschließlich Speicherung und jede Übertragung auf Papier, Transparente, Filme, Bänder, Platten und andere Medien.
Gesamtherstellung: Mohndruck Graphische Betriebe GmbH, Gütersloh

ISBN-13: 978-3-528-07905-5   e-ISBN-13: 978-3-322-84010-3
DOI: 10.1007/ 978-3-322-84010-3

Verzeichnis der Referenten und Teilnehmer

Anlauf, M., Priv.-Doz. Dr. med., Abteilung für Nieren- und Hochdruckkranke, Medizinische Klinik und Poliklinik der Universität Essen (GHS), Hufelandstraße 55, 4300 Essen 1

Baier, H., Professor Dr., Lehrstuhl für Psychologie und Soziologie Universität Konstanz, Universitätsstraße 10, 7750 Konstanz

Bock, K. D., Prof. Dr. med., Abteilung für Nieren- und Hochdruckkranke, Medizinische Klinik und Poliklinik der Universität Essen (GHS), Hufelandstraße 55, 4300 Essen 1

Böckle, F., Prof. Dr. med., Moraltheologisches Seminar der Universität Bonn, Universitätshauptgebäude, Regina-Pacis-Weg 1, 5300 Bonn 1

Burkhardt, R., Gemeinnütziges Gemeinschaftskrankenhaus Herdecke (Ruhr), Beckweg 4, 5804 Herdecke (Ruhr)

Czeniek, R., Regierungsdirektor, Referent im Arbeitskreis IV der CDU/CSU-Bundestagsfraktion, Bundeshaus, 5300 Bonn

Dannehl, K., Dipl.-Volksw., Abt. für med. Statistik und Epidemiologie, Diabetes-Forschungsinstitut an der Universität Düsseldorf, Auf'm Hennekamp 65, 4000 Düsseldorf 1

Fincke, M., Prof. Dr. jur., Lehrstuhl für Strafrecht, Strafprozeßrecht sowie Ostrecht, Universität Passau, Innstraße 40 (Nikolakloster), 8390 Passau

Fülgraff, G., Prof. Dr. med., Präsident des Bundesgesundheitsamtes, Thielallee 88—92, 1000 Berlin 33

Gebhardt, K.-H., Dr. med., Deutscher Zentralverein Homöopathischer Ärzte e.V., Bahnhofplatz 8, 7500 Karlsruhe 1

Granitza, A., Dr. jur., Schering AG, Rechtsabteilung, Müllerstraße 170—178, 1000 Berlin 65

Gross, F., Prof. Dr. med., Pharmakologisches Institut der Universität Heidelberg, Im Neuenheimer Feld 366, 6900 Heidelberg

Hemmer, B., Dr. rer. nat., Beiersdorf AG, Med.-Wiss. Abteilung, Unnastraße 48, 2000 Hamburg 20

Hofmann, L., Dr. rer. nat., Institut für Kommunikation in der Wissenschaft, Angermunder Weg 50, 4030 Ratingen

Jesdinsky, H. J., Prof. Dr. med., Institut für Medizinische Statistik und Biomathematik, Universität Düsseldorf, Universitätsstraße 1, 4000 Düsseldorf 1

Kewitz, H., Prof. Dr. med., Institut für Klinische Pharmakologie, Universitätsklinikum Steglitz, Hindenburgdamm 30, 1000 Berlin 45

Kienle, G., Priv.-Doz. Dr. med., Gemeinnütziges Gemeinschaftskrankenhaus Herdecke (Ruhr), Beckweg 4, 5804 Herdecke (Ruhr)

Kleinsorge, H., Prof. Dr. med., Medizinische Forschung und Entwicklung, Sparte Pharma BASF Knoll AG, 6700 Ludwigshafen am Rhein

Lewandowski, G., Bundesgesundheitsamt, Stauffenbergstr. 13, 1000 Berlin 30

Mohs, M., Dr. rer. nat., Vorstand Beiersdorf AG, Sparte Pharma, Unnastraße 48, 2000 Hamburg 20

Noelle-Neumann, E., Professor Dr., Institut für Demoskopie Allensbach, 7753 Allensbach am Bodensee

Ohnhans, E. E., Dr. med., Allgemeine Innere Abt., Medizinische Klinik und Poliklinik der Universität Essen (GHS), Hufelandstraße 55, 4300 Essen 1

Rahn, K. H., Prof. Dr. med., Rijksuniversiteit Limburg, Faculty of Medicine — Pharmacology, Beeldsnijdersdreef 101, NL 6200 MD Maastricht/Niederlande

Samson, E., Prof. Dr. jur., Lehrstuhl für Strafrecht und Strafprozeßrecht Universität Kiel, Juristisches Seminar, Olshausenstraße, 2300 Kiel

Schmitz, H., Dr. med., Beiersdorf AG, Med.-Wiss.-Abteilung, Unnastraße 48, 2000 Hamburg 20

Siehr, K., Dr. jur., Max-Planck-Institut, Abteilung für Ausländisches und Internationales Privatrecht, Mittelweg 187, 2000 Hamburg 13

Überla, K., Prof. Dr. med., Institut für Medizinische Informationsverarbeitung, Statistik und Biomathematik, Ludwig-Maximilians-Universität, Marchioninistraße 15, 8000 München 70

Inhaltsverzeichnis

Begrüßung 7

K. D. Bock
Einführung 9

E. Noelle-Neumann
Arzneimittelprüfung in der öffentlichen Meinung 13
Diskussion 23

F. Böckle
Ethische Aspekte der Arzneimittelprüfung 29
Diskussion 35

K. Überla
Methoden der Urteilsbildung: Statistische Verfahren 41

M. Anlauf
Methoden der Urteilsbildung:
nichtstatistische Verfahren 48
Diskussion 51

K. D. Bock
Nutzen-/Risiko-Abwägung bei der Therapieentscheidung
des Arztes 59
Diskussion 65

G. Kienle
Formalisierung und Urteilskraft 71
Diskussion 79

F. Gross
Die Bedeutung des Tierversuches für die Arzneimittelprüfung am Menschen 88
Diskussion 95

H. Jesdinsky
Wahl der Versuchsanordnung 102
Diskussion 120

K. H. Rahn
Bedeutung und Grenzen des Doppelblindversuches 124
Diskussion 128

H. Kewitz
Patientenaufklärung 135
Diskussion 141

H. Kleinsorge
Probleme bei der Realisierung klinischer Prüfungen aus der
Sicht des Herstellers 147
Diskussion 155

*M. Fincke, A. Granitza, G. Lewandowski, E. Samson und
K. Siehr*
Diskussion unter Juristen 160

G. Fülgraff
Patientenschutz und therapeutischer Fortschritt 186
Diskussion 190

R. Czeniek
Bedrohung der Therapiefreiheit 197
Diskussion 201

H. Baier
Wirksame Arzneimittel — soziale Ansprüche und sozialpolitische Grenzen 205
Diskussion 211

Schlußdiskussion 217

K. D. Bock
Rückschau und Ausblick 226

Sachverzeichnis 237

Begrüßung

von M. Mohs

Meine sehr verehrten Damen,
meine Herren,

es ist mir nicht nur eine große Freude, Sie auf Schloß Hugenpoet zum 3. Hochdruck-Kolloquium begrüßen zu dürfen — sondern es ist für mich als Vertreter des Hauses Beiersdorf gleichzeitig eine große Befriedigung und für unser Haus ein Ansporn, da wir uns der anstehenden Thematik seit Jahrzehnten verpflichtet fühlen.
Unser ganz besonderer Dank gilt Ihnen, verehrter Herr Professor Bock, dessen Initiative und Engagement wir unser Beisammensein verdanken. Um diese beiden vor uns liegenden Tage zum Erfolg zu führen, bedarf es nur noch der Freude aller an den kommenden Diskussionen, die ich Ihnen von Herzen wünsche.

Vielen Dank

Einführung

von K. D. Bock

Anlaß, dieses Symposium zu veranstalten, waren die zahlreichen, größtenteils kontroversen Diskussionen, die um das Arzneimittelgesetz vor und nach seiner Verabschiedung geführt worden sind. Dieses Gesetz hat lt. § 1 den Zweck „... für die Qualität, Wirksamkeit und Unbedenklichkeit der Arzneimittel ... zu sorgen". Zwar wurde im 6. Abschnitt des Gesetzes der Schutz des Patienten bei der klinischen Prüfung dankenswerterweise eingehend geregelt, aber nirgends findet sich auch nur die Andeutung einer vielleicht sozial-ethischen Verpflichtung des Patienten, sich an Arzneimittelprüfungen zu beteiligen, denn die von allen Seiten geforderte Arzneimittelsicherheit kann ohne solche Prüfungen gar nicht erreicht werden. Ebensowenig ist von dem Schutz des Arztes die Rede, der klinische Prüfungen vornimmt. Wenn dieser sich bisher schon immer in einer Situation befand, die zur Vermeidung auch nur entfernt denkbarer juristischer Konsequenzen sorgfältigste Abwägung jeden Schrittes erforderte, so wurde diese Situation noch durch Publikationen verschärft, durch die sich der prüfende Arzt in die Nähe eines Kriminellen gerückt glauben kann. Neben wenigen positiven Folgen, nämlich der Verhinderung gelegentlicher Auswüchse, hat diese Entwicklung insgesamt zur Verunsicherung auch des gewissenhaften klinischen Prüfers geführt. Man kann nicht Arzneimittelsicherheit fordern und gleichzeitig eine der wichtigsten Voraussetzungen hierzu, nämlich die klinische Prüfung, so erschweren oder sogar so verteufeln, daß kaum noch ein Arzt oder gar ein Patient bereit ist, an solchen Prüfungen mitzuwirken.
Arzneimittelsicherheit wird nicht nur gewährleistet durch den Nachweis der Unbedenklichkeit, sondern auch durch den Nachweis der Wirksamkeit von Arzneimitteln. Der Arzt, der am Bett eines schwerkranken Patienten zwischen mehreren Arzneimitteln zu wählen hat, deren Wirksamkeit allesamt nicht gesichert worden ist, tötet diesen Patienten vielleicht, weil er sich in Ermangelung verläßlicher Daten für das falsche Präparat entscheidet. Ich wähle absichtlich eine solche drastische Formulierung, um auch dem Nichtmediziner klarzumachen, daß der Wirksamkeitsnachweis nicht die Marotte einiger Theoretiker ist, sondern für den handelnden Kliniker wie für den Patienten einschneidende Konsequenzen haben kann. Das eben geschilderte Beispiel ist nicht etwa konstruiert, sondern begegnet uns in der

Klinik fast täglich, manchmal am gleichen Patienten in verschiedenen Bereichen seines Krankseins. Der Laie bemerkt in solcher Situation allenfalls entweder den therapeutischen Nihilismus des behandelnden Arztes oder, von ihm weit mehr geschätzt, eine konzeptionslose Polypragmasie, die meist mehr schadet als nützt. Solchen Fällen, bei denen die Wahl eines zuverlässig wirksamen Medikaments über Leben und Tod entscheidet, steht eine ungleich größere Zahl von weniger kritischen Fällen in der ambulanten Praxis gegenüber, in denen Medikamente mit unbewiesener Wirksamkeit verordnet werden. Neben den ökonomischen Folgen — ein unwirksames Medikament ist immer zu teuer, so billig es auch sein mag —, bedeutet die Verordnung unwirksamer Pharmaka ein zweifaches Risiko: Dem Patienten wird eine vielleicht verfügbare wirksame Behandlung vorenthalten, und in jedem Fall wird er dem Risiko von Nebenwirkungen ausgesetzt, seien sie auch noch so selten, ohne daß dies durch irgendeinen therapeutischen Nutzen zu rechtfertigen wäre. Zusammengefaßt zeigt dies alles, daß Arzneimittelsicherheit nicht nur Unbedenklichkeit, sondern auch Wirksamkeit einschließt, und daß der Verzicht auf einen Wirksamkeitsnachweis ebenso deletäre Folgen haben kann wie ein Verzicht auf die Prüfung der Unbedenklichkeit.

Die in den §§ 24 und 25 des Arzneimittelgesetzes enthaltenen Ausführungen über den Wirksamkeitsnachweis wären voll befriedigend, hätte man nicht dem § 25 Abs. 2 zwei Sätze angehängt, die den vorausgehenden Text in bezug auf den Wirksamkeitsnachweis weitgehend aufheben. Der erste Satz lautet: „Die Zulassung darf... nicht deshalb versagt werden, weil therapeutische Ergebnisse nur in einer beschränkten Zahl von Fällen erzielt worden sind." Hätte man dabei, wie später behauptet wurde, nur seltene Krankheitsbilder im Auge gehabt, so wäre dieser Zusatz überflüssig gewesen, denn weder das Bundesgesundheitsamt noch irgendeine Kommission wirklich Sachverständiger würde bei einer seltenen Krankheit auf großen Fallzahlen bestehen, abgesehen davon, daß auch sonst im Gesetz konkrete Fallzahlen nirgends vorgeschrieben werden. Schlimmer noch ist aber der nächste Satz: „Die therapeutische Wirksamkeit fehlt, wenn feststeht, daß sich mit dem Arzneimittel keine therapeutischen Ergebnisse erzielen lassen." Dieser Satz besagt, daß anstelle der Beweispflicht des Herstellers für die therapeutische Wirksamkeit die Zulassungsbehörde die Beweislast für die therapeutische Unwirksamkeit trägt, ein absurdes Ansinnen, nicht nur, weil sich auch mit jedem Placebo therapeutische Wirkungen erzielen lassen, sondern auch, weil die Zulassungsbehörde selbst gar nicht in der Lage ist, therapeutische Prüfungen durchzuführen.

Wir müssen daher davon ausgehen, daß in unserem Arzneimittelgesetz der Wirksamkeitsnachweis zwar gefordert wird, aber mit formal-juristischen Argumenten jederzeit unterlaufen werden kann. Ziel des Wirksamkeitsnachweises von Arzneimitteln ist es, die *stofflichen* Effekte der Wirksubstanz auf den Organismus oder auf die Krankheit zu trennen von den psychogenen Einflüssen, die Farbe, Form, Geschmack, Applikationsart des Arzneimittels haben, seine Verabreichung überhaupt, nicht zuletzt aber auch der verordnende Arzt und vielleicht noch die Umgebungsbedingungen, unter denen die Therapie stattfindet. Diese wirkstoffunabhängigen Faktoren, die bei der Arzneitherapie eine Rolle spielen können, sind spätestens seit dem vorigen Jahrhundert prinzipiell bekannt. Sie haben, zusammen mit der großen biologischen Variation von Patienten und Krankheitsverläufen, zur Konzeption des „kontrollierten Versuchs" in seinen verschiedenen Formen Anlaß gegeben. Die höchst komplexe therapeutische Situation Arzt—Patient wird hierbei bewußt zum Zweck einer Analyse in ihre Komponenten zerlegt, um einen Faktor, nämlich die stoffliche Arzneimittelwirkung, getrennt zu erfassen. Der Einwand, die analytische Aufgliederung der Arzt-Patienten-Beziehung sei künstlich, das Resultat mithin ein Artefakt, ist nicht stichhaltig und wird vorwiegend von denjenigen vorgebracht, die Schwierigkeiten mit dem Nachweis der stofflichen Wirkung der von ihnen verwendeten Arzneimittel haben. Selbstverständlich wird kein Arzt auf den auch als „magisch" bezeichneten Anteil seiner therapeutischen Handlungen verzichten, etwa auf die Suggestivkraft bestimmter Applikationsformen oder auch auf die seiner eigenen Persönlichkeit. Nur unterscheidet er sich von einem Medizinmann dadurch, daß er sich dieser vielfachen suggestiven Elemente bewußt ist, sie oft sogar einkalkuliert, sie aber nicht mit den stofflichen Wirkungen seiner Medikamente verwechselt.
Die Methoden des Wirksamkeitsnachweises, die die sogenannte Schulmedizin ja primär für ihre eigene Therapie entwickelt hat, sind heftig angegriffen worden. Man hat die Entscheidungstheorie herangezogen, Fehler in den Versuchsanordnungen gesucht, juristische oder ordnungspolitische Gesichtspunkte herausgestellt, das Prinzip der Therapiefreiheit gegen den angeblichen Monopolanspruch der Schulmedizin ins Feld geführt und die Gleichberechtigung aller therapeutischen Richtungen gefordert, wobei eine scharfe Grenze zur plumpen Scharlatanerie nicht gezogen werden kann. Was auch immer an rationalen und irrationalen Gründen vorgebracht wurde, was vielleicht auch zuweilen an ökonomischen Motiven hinter diesen Bemühungen gestanden haben mag, alles zielte doch darauf ab, be-

stimmte Gruppen von Medikamenten den in der Schulmedizin üblichen Kriterien des Wirksamkeitsnachweises zu entziehen. Der Gesetzgeber hat dem teilweise dadurch Rechnung getragen, daß er im 5. Abschnitt des Arzneimittelgesetzes die homöopathischen Präparate von der Zulassungspflicht und dem damit verbundenen Wirksamkeitsnachweis ausgenommen hat und lediglich ihre Registrierung verlangt. Dies ist eine pragmatische und unter dem Gesichtspunkt der Therapiefreiheit durchaus akzeptable Lösung. Wenn die sogenannten Außenseiterrichtungen der Medizin aber den Anspruch erheben, stofflich wirksame Arzneimittel zu verwenden, sollten sie diese auch dem Wirksamkeitsnachweis der naturwissenschaftlichen Medizin unterziehen. Man fordert seit über 50 Jahren andere, nur für diese Präparate anwendbare Methoden des Wirksamkeitsnachweises, aber soviel ich sehe, wurden sie bis heute nicht gefunden, trotz erheblicher Mittel, die früher und bis in die jüngste Zeit hinein vom Staat zur Entwicklung derartiger Verfahren zur Verfügung gestellt worden sind. Es wäre zu begrüßen, wenn wir im Laufe dieses Symposions auf diesem Gebiet etwas Neues erfahren würden. Daher freue ich mich besonders, daß gerade auch jene Wissenschaftler, die alternative Auffassungen vertreten, unserer Einladung gefolgt sind. Ich hoffe auf eine offene, aber faire Diskussion, gerade dort, wo die Meinungen kontrovers sind.

Arzneimittelprüfung in der öffentlichen Meinung

von E. Noelle-Neumann

Als im Mai zum erstenmal von dem Plan gesprochen wurde, daß beim 3. Essener Hypertonie-Kolloquium auch zum Thema „Arzneimittelprüfung in der öffentlichen Meinung" referiert werden solle, wurde auch die Materiallage erörtert. Das Allensbacher Archiv enthielt einige Daten zu diesem Thema aus 1970 und 1975, aber es waren eher beiläufige Ermittlungen gewesen, und, wie gesagt, die letzten davon liegen nun schon fünf Jahre zurück. Der Veranstalter des Kolloquiums hätte es wahrscheinlich ermöglicht, eine spezielle Umfrage zum Thema in Gang zu setzen, aber ich kam auf diese Möglichkeit nicht zurück aus einem Grund, den ich am Ende meines einführenden Kurzreferates darlegen will.
In eigener Regie, beraten von Professor HORST BAIER, Universität Konstanz, hat das Allensbacher Institut im Herbst 1979 einige Bereiche demoskopisch in einer Repräsentativumfrage mit 2000 Interviews bei der Bevölkerung des Bundesgebiets mit West-Berlin ab 16 Jahre überprüft (1). Dies könnte vielleicht der Startpunkt einer sorgfältigeren Untersuchung sein.
Das Thema Arzneimittelprüfung gehört bei der Bevölkerung zu den Themen latenten Unbehagens. Als Ausgangspunkt sind erwartungsgemäß die schädlichen Nebenwirkungen zu sehen, deren Stärke die Bevölkerung beunruhigt. Die Testfrage dazu war eingekleidet in eine sogenannte Dialogfrage, das heißt, ein Gespräch zwischen zwei Personen, die in Schattenumrissen abgebildet sind: ein bewährtes Verfahren, um eine schwierige Materie verständlich zu machen (Tab. 1).
Die Frage lautete: „Hier unterhalten sich zwei über die Wirksamkeit von Arzneimitteln. Welcher von beiden sagt eher das, was auch Sie denken?"
Die beiden Standpunkte:
Der eine: „Die Medikamente, die heute verschrieben werden, machen den Menschen oft mehr krank, als er ohnedies ist. Sie heilen zwar *eine* Beschwerde; sie haben jedoch häufig so schädliche Nebenwirkungen, daß das Medikament auf lange Sicht mehr schadet als nützt."
Der andere: „Da bin ich anderer Meinung. Die Medikamente haben zwar manchmal Nebenwirkungen; diese sind aber im allgemeinen so geringfügig, daß man sie ruhig in Kauf nehmen kann."

In dieser Fragestellung fehlt viel — wie auch bei den weiteren Fragen, die ich zitieren werde. Es fehlt insbesondere der Hinweis, daß man die schädlichen Nebenwirkungen abwägen müsse gegenüber der Schwere der Krankheit: hier öffnet sich natürlich ein Feld für genauere Untersuchung. Dennoch leistet die Frage, was wir zunächst brauchen, sie gibt uns einen groben Anhaltspunkt, wie beunruhigt die Bevölkerung ist, daß Medikamente *unverhältnismäßig* starke schädliche Nebenwirkungen haben: „Machen den Menschen oft mehr krank, als er ohnedies ist." Verknüpft damit sind bekannte Verhaltensweisen, das Problem, daß die Patienten konsequent versuchen, das Einnehmen der Medikamente zu vermeiden oder so früh wie möglich mit dem Einnehmen aufhören.

Gegenwärtig kommt auf *jeden,* der meint, die schädlichen Nebenwirkungen seien in Kauf zu nehmen, die nützliche Wirkung des Medikamentes überwiege, ein *anderer,* der meint: „Medikamente machen den Menschen oft mehr krank, als er ohnedies ist."

Eigentümlicherweise zeigt sich bei den Antworten auf diese Frage kein Unterschied zwischen Menschen, die schon oft krank waren, und denen, die wenig oder gar nicht krank waren. Solche Unabhängigkeit von Betroffenheit kann verschiedene Gründe haben. Hier würde ich interpretieren, daß jeder Fall einer gravierenden schädlichen Nebenwirkung intensiv besprochen wird, so daß die ganze Familie, der ganze Kreis von Arbeitskollegen und Bekannten sich daran eine Meinung bilden.

Der Informationsstand der Bevölkerung, daß ein erfinderischer Fabrikant nicht beliebig Medikamente auf den Markt bringen kann, ist relativ gut: wieder sind keine Einzelheiten berührt. Die Frage lautete: „Angenommen, eine Firma hat ein neues Medikament hergestellt. Kann sie es dann den Ärzten und Apotheken anbieten, und die Ärzte und Apotheken entscheiden sich, ob sie es nehmen wollen, oder geht das nicht so einfach?" 13 Prozent vermuten: „Kann sie einfach anbieten", 25 Prozent sagen, sie wüßten es nicht, 62 Prozent erklären, das Medikament müßte geprüft werden, bevor es angeboten wird, die Hälfte betont ausdrücklich: unter staatlicher Aufsicht.

Die Bevölkerung meint aber, daß diese Prüfungen nicht streng genug seien. Der Text der Frage lautet: „Haben Sie Vertrauen, daß die Arzneimittel bei uns scharf genug geprüft werden, ob sie schädliche Nebenwirkungen haben, oder werden zuviel Medikamente mit schädlichen Nebenwirkungen zum Verkauf zugelassen?" 65 Prozent der Bevölkerung ab 16 Jahre meinen: es würden zuviel mit schädlichen Nebenwirkungen zugelassen, 32 Prozent: „Die Prüfungen sind scharf genug." Wieder sieht man, daß an dem Punkt „schädliche Ne-

FRAGE: „Hier unterhalten sich zwei über die Wirksamkeit von Arzneimitteln. Welcher von beiden sagt eher das, was auch Sie denken?" (Vorlage eines Bildblatts)

	Bevölkerung insgesamt	Personen, die ernsthaft krank waren:		
		Schon oft	Ein-, zweimal	Noch nie
	%	%	%	%
„Die Medikamente, die heute verschrieben werden, machen den Menschen oft mehr krank, als er ohnedies ist. Sie heilen zwar *eine* Beschwerde; sie haben jedoch häufig so schädliche Nebenwirkungen, daß das Medikament auf lange Sicht mehr schadet als nützt"	41	40	42	40
„Da bin ich anderer Meinung. Die Medikamente haben zwar manchmal Nebenwirkungen; diese sind aber im allgemeinen so geringfügig, daß man sie ruhig in Kauf nehmen kann"	41	43	41	41
Unentschieden	18	17	17	19
	100	100	100	100
n =	912	213	367	324

QUELLE: Allensbacher Archiv, IfD-Umfrage 3074, Oktober 1979

Tab. 1 Bundesrepublik mit West-Berlin, Bevölkerung ab 16 Jahre

benwirkungen" eine beträchtliche Beunruhigung der Bevölkerung besteht, wenn auch wahrscheinlich gemischt mit Resignation. Auf

keinen Fall ist das Thema so virulent, daß es bereits gleichsam zur „öffentlichen Moral" gehört (wie man das in Anlehnung an den Begriff der „öffentlichen Meinung" formuliert hat), sich selbst zur Verfügung zu stellen zum Testen von Arzneimitteln. Die Frage lautete: „Angenommen, Sie liegen als Patient in einem Krankenhaus, und die Ärzte wollen Sie mit einem Medikament behandeln, dessen heilende Wirkung erst überprüft werden soll. Würden Sie da zustimmen, daß Ihnen diese Arznei gegeben wird oder nicht?"
Mit dieser Frage wird ein Themenwechsel vorgenommen, es geht jetzt um die *Wirksamkeit,* ein Aspekt, der gleich noch etwas eingehender behandelt wird. Man hätte in der Frage auch andere Varianten vorlegen können, zum Beispiel sagen können: „... dessen schädliche Nebenwirkungen noch nicht ausreichend erprobt sind", oder eine weitere Variante: „Andere Medikamente, die bisher bei einer solchen Krankheit gegeben werden, haben Ihnen nicht geholfen" oder: „... für diese Krankheit gab es bisher noch keine wirklich wirksamen Medikamente". Aber halten wir uns an das, was wir haben: Auf Wirksamkeit wären bereit, ein Medikament an sich prüfen zu lassen: 12 Prozent, 71 Prozent lehnen ab, 17 Prozent bleiben unentschieden.
Ich komme schließlich zu einem Thema, das mich während der ganzen Diskussion über ein neues Arzneimittelgesetz und die Arzneimittelprüfung beschäftigte. Hier liegt Stoff für Kontroversen, und zugleich haben wir damit ein nützliches Beispiel, wie äußerst vorsichtig mit Demoskopie umgegangen werden muß, wie leicht man zu irreführenden Ergebnissen gelangen kann.
Als 1970 zum erstenmal das Thema Arzneimittelprüfung in eine Allensbacher Umfrage aufgenommen wurde, wurden die Befragten damit bekanntgemacht mit den gleichen Wendungen, wie sie auch in der Presse gebraucht wurden: „Prüfung von Arzneimitteln auf schädliche Nebenwirkungen und Wirksamkeit..." gleichsam in einem Atem. Diese Verknüpfung von zwei Sachverhalten ist es, die mir bedenklich erschien. Unsere Testfrage speziell zur Wirksamkeit war wieder in einen Dialog eingekleidet. Sie lautete (Tab. 2):
„Jetzt noch eine Frage zum Arzneimittelgesetz: In diesem Gesetz soll drinstehen, daß in Zukunft nur noch solche Medikamente verkauft werden dürfen, bei denen sich die Heilwirkung durch vorgeschriebene Prüfungen nachweisen läßt. Darüber unterhalten sich hier zwei. Welchem von den beiden würden Sie eher zustimmen?"
Der eine: „Ich finde es ganz richtig, wenn nur solche Medikamente verkauft werden dürfen, deren Heilwirkung durch eine vorgeschriebene wissenschaftliche Prüfung nachgewiesen werden kann. Denn sonst hätte es ja keinen Sinn, daß man sie nimmt."

Der andere: „Ich finde, das geht zu weit. Ich lasse es mir gefallen, daß Medikamente verboten werden, die bei der Prüfung eine unerwartete schädliche Nebenwirkung zeigen. Aber ob ein Mittel heilend wirkt oder nicht, kann doch nur der Arzt im Einzelfall am Patienten feststellen."
Das Ergebnis zeigt die Tabelle 2:

FRAGE: „Jetzt noch eine Frage zum Arzneimittelgesetz:
In diesem Gesetz soll drinstehen, daß in Zukunft nur noch solche Medikamente verkauft werden dürfen, bei denen sich die Heilwirkung durch vorgeschriebene Prüfungen nachweisen läßt. Darüber unterhalten sich hier zwei. Welchem von den beiden würden Sie eher zustimmen?" (Vorlage eines Bildblatts)

	Mai/Juni 1975 %
„Ich finde es ganz richtig, wenn nur solche Medikamente verkauft werden dürfen, deren Heilwirkung durch eine vorgeschriebene wissenschaftliche Prüfung nachgewiesen werden kann. Denn sonst hätte es ja keinen Sinn, daß man sie nimmt"	37
„Ich finde, das geht zu weit. Ich lasse es mir gefallen, daß Medikamente verboten werden, die bei der Prüfung eine unerwartete schädliche Nebenwirkung zeigen. Aber ob ein Mittel heilend wirkt oder nicht, kann doch nur der Arzt im Einzelfall am Patienten feststellen"	49
Unentschieden, kein Urteil	14
	100
n =	2118

QUELLE: Allensbacher Archiv, IfD-Umfrage 3016

Tab. 2 Bundesrepublik mit West-Berlin, Bevölkerung ab 16 Jahre

37 Prozent treten demnach für den objektiven Wirksamkeitsnachweis ein, eine Mehrheit von 49 Prozent will die Entscheidung über

Wirksamkeit dem Arzt überlassen. Soweit die Umfrage von 1975. Indessen gibt es eine zweite Allensbacher Umfrage aus dem Herbst 1979, bei der wortgetreu die gleiche Frageformulierung verwendet wurde, die Ergebnisse indessen völlig anders ausfielen (1). Nach dieser Umfrage sprach sich statt 37 Prozent eine erdrückende Mehrheit von 70 Prozent für einen objektiven Wirksamkeitsnachweis aus, nur 22 Prozent wollten jetzt die Entscheidung über Wirksamkeit dem Arzt überlassen. Wie ist so etwas möglich?
Wir glauben zur Zeit nicht an einen so radikalen Wechsel in der Auffassung der Bevölkerung. Wir erklären uns den Unterschied in den Ergebnissen aus einem unterschiedlichen Aufbau der beiden Fragebogen. Bei der ersten Umfrage 1975 waren die Befragten etwa zehn Fragen vorher im Interview auf einen Sachverhalt aufmerksam gemacht worden, der für ihre Einstellung zum Problem des Wirksamkeitsnachweises wahrscheinlich wichtig war. Diese im Interview von 1975 vorher gestellte Frage lautete:
„In Bonn wird jetzt ein neues Arzneimittelgesetz vorbereitet. In diesem Gesetzentwurf ist vorgesehen, daß die Arzneimittel grundsätzlich nach einheitlichen Richtlinien geprüft werden müssen, bevor sie verkauft werden dürfen. Medikamente, bei denen keine wissenschaftlich nachweisbare Wirkung vorhanden ist, darf es danach nicht mehr geben. Wenn dieses Arzneimittelgesetz verwirklicht wird, werden die meisten Naturheilmittel nicht mehr zugelassen werden, weil man ihre Wirkung mit den bisherigen Prüfungsmethoden noch nicht nachweisen kann. Wußten Sie das, oder hören Sie davon das erste Mal?"
„Wußte ich", antworteten 33%, „Höre davon zum erstenmal", 67%.
1979 fehlte diese vorausgehende Frage und damit auch die darin enthaltene Information. Es scheint — so erklären wir uns die deutlich voneinander abweichenden Ergebnisse 1975 und 1979 —, daß die Bevölkerung, wenn die Frage nach der Wirksamkeitsprüfung gestellt wird, an die Konsequenzen für Naturheilmittel von sich aus nicht denkt; wird sie aber auf dieses Problem aufmerksam, zum Beispiel durch eine vorangehende Frage in der Art der eben zitierten, dann hat dies für ihre Entscheidung, wie das Problem des Wirksamkeitsnachweises behandelt werden soll, ein erhebliches Gewicht. So sieht es jedenfalls zur Zeit aus, der Sachverhalt soll in Umfragen Anfang 1980 überprüft werden. Daß Antworten der Bevölkerung ganz verschieden ausfallen, je nachdem, ob mehr an chemisch-pharmazeutische oder an Naturheilmittel gedacht wird, wird verständlich, wenn einige weitere Umfrageergebnisse vom Sommer 1978 zum Thema „schädliche Nebenwirkungen" betrachtet werden. Eine der Fragen lautete:

„Wie sehen Sie das ganz allgemein? Wenn man von den chemisch-pharmazeutischen Heilmitteln nicht zuviel einnimmt und sich auch sonst an die Anweisungen des Arztes hält, wie groß ist dann die Gefahr, daß durch das Einnehmen von chemisch-pharmazeutischen Heilmitteln schädliche Nebenwirkungen auftreten? Könnten Sie es nach dieser Leiter sagen?" Das Stichwort „Leiter" bezieht sich auf ein Hilfsmittel, das international bei Bevölkerungsumfragen verwendet wird, um Intensität zu messen. Den Befragten wird eine Abbildung einer Leiter vorgelegt mit elf Sprossen, dazu lautet der Fragetext: „Könnten Sie es nach dieser Leiter sagen? Null würde bedeuten, es besteht bei chemisch-pharmazeutischen Heilmitteln überhaupt keine Gefahr für schädliche Nebenwirkungen, und 10 bedeutet, bei chemisch-pharmazeutischen Heilmitteln ist die Gefahr sehr groß, daß schädliche Nebenwirkungen auftreten. Welche Stufe würden Sie sagen?" (Tab. 3) Die Bevölkerung, alle Erwachsenen, unabhängig davon, ob sie häufiger, gelegentlich oder nie krank waren, unabhängig davon, ob sie chemisch-pharmazeutische oder Naturheilmittel bevorzugen, entscheiden sich zu 25 Prozent für die obersten Stufen 8 bis 10, das heißt, sehr groß sei die Gefahr, auch wenn man sich an alle Anweisungen des Arztes hält, weitere 38 Prozent wählen immerhin noch die Stufen 5 bis 7. Es zeigt sich danach, wie schon bei den eingangs zitierten Fragen, daß die Bevölkerung über die schädlichen Nebenwirkungen von Medikamenten sehr beunruhigt ist. Die gleiche Frage parallel über Naturheilmittel gestellt, bringt ein sehr anderes Ergebnis. 63 Prozent der Bevölkerung wählten die Stufen 5 bis 10, um ihre Einschätzung der Gefährlichkeit von chemisch-pharmazeutischen Medikamenten auszudrücken; die gleiche Einschätzung, Stufen 5 bis 10, äußern bei Naturheilmitteln nur 9 Prozent. Das heißt, die große Mehrheit der Bevölkerung macht einen deutlichen Unterschied und fürchtet sich bei Naturheilmitteln nicht vor schädlichen Nebenwirkungen. Man könnte an dieser Stelle noch über die Wahl des Begriffs „Naturheilmittel" im Fragetext diskutieren. Müßte es besser heißen: „homöopathische Heilmittel"? Der Ausdruck „Naturheilmittel" wurde verwendet, weil er am vollständigsten bei der Bevölkerung bekannt ist (2), eingehendere Untersuchungen könnten zeigen, wieweit Ergebnisse solcher Fragen von der Wahl des Ausdrucks beeinflußt werden.

Mit dem Vertrauen in die geringe Schädlichkeit von Naturheilmitteln hängen sicher auch zwei weitere Ansichten der Bevölkerung zusammen. Die Fragen im Sommer 1978 lauteten: „Finden Sie es notwendig, daß heute jeder Medizinstudent auch auf dem Gebiet der Naturheilmittel und Naturheilverfahren gut ausgebildet wird, oder sind das

FRAGEN: „Wie sehen Sie das ganz allgemein: Wenn man von den chemisch-pharmazeutischen Heilmitteln nicht zuviel einnimmt und sich auch sonst an die Anweisungen des Arztes hält, wie groß ist dann die Gefahr, daß durch das Einnehmen von chemisch-pharmazeutischen Heilmitteln schädliche Nebenwirkungen auftreten? Könnten Sie es nach dieser Leiter sagen. Null würde bedeuten, es besteht bei chemisch-pharmazeutischen Heilmitteln überhaupt keine Gefahr für schädliche Nebenwirkungen, und 10 bedeutet, bei chemisch-pharmazeutischen Heilmitteln ist die Gefahr sehr groß, daß schädliche Nebenwirkungen auftreten. Welche Stufe würden Sie sagen?" (Vorlage eines Bildblatts)

„Und wie ist das Ihrer Meinung nach bei Naturheilmitteln – wie groß oder gering ist da die Gefahr, daß schädliche Nebenwirkungen auftreten?" (Vorlage desselben Bildblatts)

	Einschätzung der Gefährlichkeit von	
	chemisch-pharmazeutischen Mitteln %	Naturheilmitteln %
Es wählten die Leiterstufen		
8–10	25	1
5– 7	38	8
3– 4	15	19
0– 2	8	55
Unmöglich zu sagen	14	17
	100	100
Durchschnitt aller Einstufungen	5,9	1,9
n =	2049	2049

QUELLE: Allensbacher Archiv, IfD-Umfrage 3058, Juli 1978. Um einen Einfluß der Reihenfolge auf die Ergebnisse auszuschalten, wurden die Fragen nach der Einschätzung von schädlichen Nebenwirkungen bei chemisch-pharmazeutischen und Naturheilmitteln in jedem zweiten Interview in gedrehter Folge gestellt.

Tab. 3 Bundesrepublik mit West-Berlin, Bevölkerung ab 16 Jahre

Spezialkenntnisse, die nicht jeder Arzt zu haben braucht?" (Tab. 4).
Die Bevölkerung: „Notwendig" 71 Prozent, „Braucht nicht jeder
Arzt" 17 Prozent. Ebenso eindeutig gehen Ergebnisse aus bei der
Frage, ob die Krankenkassen Naturheilmittel erstatten sollen
(Tab. 5). „Das müssen sie", meint die Bevölkerung zu 69 Prozent,
„Bin ich anderer Meinung": 15 Prozent.
Für die Zukunft möchte man sich eine offene, möglichst wenig kontroverse Diskussion der Fragen wünschen, die mit schädlichen Nebenwirkungen und Wirksamkeitsnachweisen von allopathischen und homöopathischen Medikamenten zusammenhängen. Hier ist ja auch die Bereitschaft der Patienten, die Therapie zu befolgen, mit betroffen. Das Vertrauen der Bevölkerung zu den Produkten der chemisch-pharmazeutischen Industrie kann gegenwärtig nicht befriedigen, eine offene Diskussion würde die Situation vermutlich verbessern. Um hier ganz unbefangen in der Art und Auswahl der Fragen einen Anfang zu machen, wollte ich das Angebot, eine Umfrage mit finanzieller Unterstützung der Veranstalter des Kolloquiums als Basis für mein Referat vorzunehmen, nicht nutzen. Obwohl ich nur mit wenigen Stichworten die Lage beschrieben habe, hoffe ich, daß die Einstellung der Bevölkerung zu dem mir gestellten Thema in Umrissen erkennbar geworden ist.

FRAGE: „Finden Sie es notwendig, daß heute jeder Medizinstudent auch auf dem Gebiet der Naturheilmittel und Naturheilverfahren gut ausgebildet wird, oder sind das Spezialkenntnisse, die nicht jeder Arzt zu haben braucht?"

	Bevölkerung insgesamt %
Notwendig	71
Braucht nicht jeder Arzt zu haben	17
Unentschieden	12
	100
n =	2049

QUELLE: Allensbacher Archiv, IfD-Umfrage 3058, Juli 1978

Tab. 4 Bundesrepublik mit West-Berlin, Bevölkerung ab 16 Jahre

FRAGE: „Hier unterhalten sich zwei darüber, ob die Krankenkassen Naturheilmittel oder Naturheilverfahren in jedem Fall voll bezahlen sollen oder nicht. Welcher von beiden sagt eher das, was auch Sie darüber denken?" (Vorlage eines Bildblatts)

Es stimmen der folgenden Aussage zu:	Bevölkerung insgesamt %
„Ich finde es *nicht* in Ordnung, wenn eine Krankenkasse Naturheilmittel und Naturheilverfahren nicht oder nur teilweise bezahlt. Wenn jemand regelmäßig seine Beiträge bezahlt, soll ihm die Kasse auch die entsprechenden Krankheitskosten erstatten, auch wenn er zu einem Arzt geht, der mit Naturheilmitteln und Naturheilverfahren behandelt"	69
„Da bin ich anderer Meinung. Solange Naturheilmittel und Naturheilverfahren umstritten und nicht von allen anerkannt sind, finde ich es richtig, daß die Krankenkassen solche Heilmittel und Behandlungsmethoden nur teilweise oder gar nicht bezahlen"	15
Unentschieden	16
	100
n =	2049

QUELLE: Allensbacher Archiv, IfD-Umfrage 3058, Juli 1978. Um einen Einfluß der Reihenfolge auf die Ergebnisse auszuschalten, wurden die Alternativen in jedem zweiten Interview in gedrehter Folge vorgelegt.

Tab. 5 Bundesrepublik mit West-Berlin, Bevölkerung ab 16 Jahre

Literatur

1. Allensbacher Archiv, IfD-Umfrage 3074, Oktober 1979
2. Institut für Demoskopie Allensbach: Naturheilmittel. Trendanalyse 1970 — 1975. Allensbacher Archiv, IfD-Bericht 2142, Tabelle 27

Diskussion

Kewitz:
Frau Noelle-Neumann, Sie sagten zu der ersten, aber ich glaube, das gilt auch für die anderen Alternativfragen, die Sie gestellt haben, daß die eigene Erfahrung für die Beantwortung dieser Frage mittelbar oder unmittelbar eine große Rolle spiele. Ich hätte eher den Eindruck, daß der Einfluß der Medien sehr groß ist, der in letzter Zeit stark zunimmt.

Noelle-Neumann:
Medienwirkung veranschlage ich in den meisten Bereichen als hoch, insbesondere in Bereichen, zu denen Menschen keinen unmittelbaren Zugang, keine unmittelbare Erfahrung haben. Allerdings: Das ist nun bei Krankheiten gerade nicht der Fall. Krankheiten gehören zu dem Stoff, der die Bevölkerung am stärksten beschäftigt, ein Gesprächsthema von großer allgemeiner Verbreitung. Darum interpretiere ich zunächst das eigentümliche Ergebnis, daß Personen, die oft krank waren, ebenso wie die Gegengruppe, Personen, die selten oder nie krank waren, so einheitlich über die schädlichen Nebenwirkungen von chemisch-pharmazeutischen Medikamenten denken, aus dem intensiven Gespräch über jeden Fall derartiger Nebenwirkungen.
Wir unterscheiden zwei Quellen, durch die sich Meinungsströmungen bilden, die unmittelbaren Beobachtungen, die der einzelne macht und im Gespräch weiterträgt, das ist eine Quelle, die Massenmedien, insbesondere wenn sie mit einheitlichem Tenor berichten, das ist die zweite Quelle. In bezug auf die Einstellungen im medizinischen Bereich sind nun die Massenmedien tatsächlich sehr wichtig, weil die Bevölkerung allem, was Krankheit und Medizin betrifft, ein so besonderes Interesse entgegenbringt. Das veranlaßt wiederum die Medien, diese Themen mit Vorrang zu behandeln. Ich kann aus dem Stand nicht sagen, ob schädliche Nebenwirkungen von Medikamenten in den Medien besonders hervorgekehrt worden sind. Ich weiß aber, daß die Unterstützung der Medien sehr wichtig wäre, wenn beispielsweise das Ziel aufgestellt wird, eine öffentliche Moral zu schaffen, nach der der einzelne sich verpflichtet fühlt, auch selbst bereit zu sein, als Patient zur Verfügung zu stehen, wenn Wirksamkeitsnachweise von Arzneien erbracht werden sollen. Zweifellos sind die Medien auch ungemein wichtig für die Einschätzung von Beruf, Ruf und Vertrauen zum Arzt. Da sind ja zweifellos Kampagnen gelaufen in den letzten Jahren.

Kewitz:
Ich habe mir diese Frage vor einigen Jahren auch vorgelegt und habe eine Sprechstunde eingerichtet für Patienten, die meinen, daß sie durch ein Arzneimittel geschädigt worden sind. Ich habe versucht, diese Einrichtung soweit ich konnte über Fernsehen und Rundfunk publik zu machen. Das Resultat war, daß in den ersten Wochen eine ganze Reihe von Patienten in die Sprechstunden gekommen sind. Es waren nicht übermäßig viele. Ich konnte alles noch

alleine bewältigen mit einer Sprechstunde von 2 Stunden einmal in der Woche. Dann hat es aber sehr schnell nachgelassen, und ich hatte den Eindruck: So sehr stark gefährdet können sich die Patienten eigentlich nicht fühlen. Seitdem ich das mache — das sind jetzt 5 Jahre —, bekomme ich vorwiegend Zuschriften von Patienten, und die meisten dieser Zuschriften enthalten gleichzeitig einen Zeitungsartikel über Nebenwirkungen, über Gefahren, die durch Arzneimittel hervorgerufen werden; meistens sogar von Menschen, die selber noch gar keine solche Schädigungen haben, sondern die nur ein Arzneimittel nehmen, das in der Zeitung erwähnt ist. Und ich möchte den Schluß daraus ziehen, daß die Gefahren, die in der Bevölkerung empfunden werden, doch nicht so stark sein können, daß sie dafür eine Beratung in Anspruch nehmen wollen.

Noelle-Neumann:
Darf ich darauf antworten mit einem Stichwort? Ich habe eben schon im Referat gesagt: Ich sehe, daß die Bevölkerung diese Sorge erheblich vermischt mit Resignation.

Bock:
Würden Sie nicht aus Ihrer Beobachtung, daß bei den Antworten zum Thema Nebenwirkungen praktisch keine Unterschiede bestanden zwischen denjenigen, die noch nie krank waren, und solchen, die häufig krank waren, den Schluß ziehen, daß die persönliche Erfahrung mit Krankheit und damit auch mit Nebenwirkungen offensichtlich keine Rolle spielt? Und daraus den weiteren Schluß, daß es offenbar Dritte sind, in erster Linie wohl die Medien, die für die Meinungsbildung verantwortlich sind?

Noelle-Neumann:
Ich möchte noch einmal wiederholen, daß ich den Einfluß der Medien bestimmt nicht gering veranschlage, aber man soll auch die Bedeutung der Primärbeobachtung, insbesondere die Primärsprache, nicht unterschätzen und die Bedeutung der Teilnahme. Wer etwa von einem Freund oder Arbeitskollegen hört, dessen Mutter unter schädlichen Nebenwirkungen eines Medikaments leidet, der ist durch einen solchen ausführlichen Bericht ergriffen, als sei er es selber, der leidet. Ich habe kürzlich in einer unserer Untersuchungen dazu einen Befund gehabt, den ich zunächst kaum glauben wollte. Wir hatten seit Ende der 50er Jahre für die Verwaltungsleiter der Krankenhäuser Umfragen über Krankenhäuser, Krankenhausaufenthalte, Krankenhauserfahrungen gemacht. Dabei stellte sich bei unserer Untersuchung von 1978 folgendes heraus: die Erinnerung an einen Krankenhausaufenthalt war nicht allein davon geprägt, wie schwer die Krankheit war, die man im Krankenhaus durchstehen mußte; genauso prägend wie die schwere eigene Krankheit wirkte es sich aus, wenn ein anderer Patient im selben Zimmer eine schwere Krankheit erlitt.* Das bedeutet: der Mensch hat eine starke Fähigkeit zum Mitempfinden, zum Mitleiden. Und hier können wir zurückkehren zu Beobachtungen, die schon in der Antike gemacht wurden oder von DAVID HUME im 18. Jahr-

hundert oder auch ROUSSEAU. HUME und ROUSSEAU sehen an der Wurzel von dem, was den Menschen vom Tier unterscheidet, das Mitleiden. Wenn wir Meinungsbildung auf dem Gebiet von Krankheit und Arzneien zu verstehen versuchen, muß uns dieses Mitleiden, dieses Mitempfinden des Menschen deutlich vor Augen stehen.

Jesdinsky:
Liegt es da nicht nahe, auch in den Fragebogen einzubauen: „Kennen Sie persönlich einen Menschen, der eine Nebenwirkung erfahren hat? Oder haben Sie selbst eine gehabt? Kennen Sie persönlich einen Menschen, der an einer Arzneiprüfung teilgenommen hat oder haben Sie selbst einmal daran teilgenommen? Oder sind Sie dazu angesprochen worden?"

Noelle-Neumann:
Ich halte diese Fragen für unentbehrlich. Daß sie jetzt nicht vorhanden sind, liegt an der Tatsache, daß wir es hier mit einer kleinen Skizze zu tun haben, die Ihnen, ich habe das anfangs gesagt, nur einen Startpunkt gibt.

Gebhardt:
Ich habe den Eindruck, daß das Bewußtsein der Bevölkerung für Nebenwirkungen durch das neue Arzneimittelgesetz besonders geschärft worden ist, und zwar durch die Deklarationspflicht der Firmen. Jede Packung enthält ja einen Waschzettel, auf dem oben steht: „Vor Gebrauch sorgfältig lesen!" Die Patienten studieren diesen Zettel wirklich und erschrecken dann über die in ihren Augen fürchterlichen Nebenwirkungen oder Arzneimittelinteraktionen, die dort angegeben sind. Manche kommen dann danach zu mir und sagen: „Doktor, ich habe das Mittel gar nicht eingenommen. Ich wollte mit Ihnen erst darüber sprechen, denn in der Beschreibung stehen so schreckliche Sachen. Die Einnahme erschien mir deshalb viel zu gefährlich." Dann muß ich den Patienten erst eingehend über die Wertigkeit der Wirkungen und Nebenwirkungen in bezug auf seine eigene Erkrankung unterrichten. Das setzt natürlich beim Arzt eine vertiefte Kenntnis auch der Nebenwirkungen und Interaktionen jedes einzelnen Arzneimittels voraus.

Bock:
Auf dem letzten Kolloquium, hier vor einem Jahr, haben wir erfahren, daß manche Kollegen in der Praxis sogar dazu übergegangen sind, für Medikamente, die sie häufig verordneten, sogenannte „Antiwaschzettel" zu verfassen, die sie dem Patienten gleichzeitig mit dem Rezept übergeben.

Fincke:
Frau Noelle-Neumann, ich habe als demoskopischer Laie durchaus verstanden, daß es sehr schwierig sein kann, auch nur unbewußte Manipulation zu

---

* Veröffentlicht sind diese Ergebnisse in der von der Fachvereinigung der Verwaltungsleiter deutscher Krankenhausleiter e.V. herausgegebenen Broschüre: I⋯⋯. Krankenhaus und Zeitgeist. Meinungen und Erfahrungen in vergleichender demoskopischer Analyse 1970—1978.

vermeiden, und daß es unmöglich ist, in die Fragestellung alles miteinzubeziehen, was an sich einbezogen werden sollte. Trotzdem frage ich mich: War das nicht eine vermeidbare Manipulation, wenn in der Frage, ob der Wirksamkeitsnachweis Zulassungsvoraussetzung sein solle oder nicht, als Information nur die Alternative angeboten wird: Es ist durch irgendwelche Methoden ein Wirksamkeitsnachweis vor dem Einsatz möglich, oder die Alternative: Der Arzt soll das am einzelnen Patienten selber ausprobieren? Damit wird ja von dem ersten der beiden Dialogpartner suggeriert, es bestehe die Möglichkeit, *die* Wirksamkeit nachzuweisen, bevor das Mittel zugelassen wird, so daß der unbefangene Befragte dem entnehmen muß, gemeint sei die Wirksamkeit im *Einzelfall,* d. h. es bestünden Methoden, um nachzuweisen, daß das Mittel die Wirkung hat, die es später beim einzelnen haben soll. Wäre es nicht möglich gewesen, die Problematik dieser Methode in die Frage einzubauen?

Noelle-Neumann:
Für mich ist es immer deprimierend, wenn unsere Instrumente, wie z. B. das Instrument der Dialogfrage, mit dem Prädikat „suggestiv" versehen werden. Unter suggestiv verstehe ich, daß man durch den Fragebogen zu einer bestimmten Ansicht gedrängt wird. Das wäre der Fall, wenn Sie z. B. nur eine Ansicht vorgeben: „Stimmen Sie da zu, oder stimmen Sie nicht zu?" und diese eine Ansicht außerordentlich lebhaft ausmalen würden. Wenn wir dem Befragten aber zwei vorher sorgfältig getestete — soweit wir erkennen können — gleichgewichtige Alternativen vorlegen, dann finde ich, ist das Wort „suggestiv" einfach nicht zugelassen, sondern es sind zwei verschiedene Ansichten, und ich kann frei wählen, welcher davon ich eher zustimme. Ich kann hier vielleicht kurz einschieben, wie wir solche Gleichgewichtigkeit testen. Wir drehen die Reihenfolge der Alternativen und beobachten, wie die Ergebnisse — wieviel Prozent der einen, wieviel Prozent der anderen Alternative eher zustimmen — unabhängig von der Position als erste oder zweite Alternative lauten. Solche Stabilität von Ergebnissen zeigt nämlich, daß tatsächlich der Inhalt der Alternativen die Zustimmung ausgelöst hat und nicht eine rein formale Kategorie, nämlich Position am ersten oder zweiten Platz. Bei suggestiv formulierten Alternativen beobachten wir, daß sie am zweiten Platz sehr viel mehr gewählt werden als am ersten.
Aber gehen wir gleich zum nächsten Schritt. Ihnen fehlt in einer Alternative etwa der Hinweis, daß Wirksamkeit von Medikamenten ja nur nachgewiesen sein kann, wenn sich vorher auch die Gelegenheit bot, die Wirksamkeit am Menschen zu prüfen. Sie finden, daß so ein Aspekt mit in den Dialog eingebaut sein müßte. Für uns wäre das eine Scheinneutralität. Man muß den Kern der Frage — bereit oder nicht bereit, sich als Patient bei der Wirksamkeitsprüfung zur Verfügung zu stellen — herausarbeiten. Man muß nicht zahlreiche Aspekte, die hier mitspielen, in die Frage hineinpacken. Der Befragte kann nur auf einen Sachverhalt hin antworten, und wenn man viele andere Aspekte mit in die Alternative aufnimmt, dann sieht es so aus, als habe der Befragte allen diesen Aspekten auch zugestimmt. Aber das ist in Wirklichkeit gar nicht der Fall, der durchschnittliche Befragte kann gar nicht viele Aspekte aufnehmen,

und wenn er es könnte, dann müßte er antworten: Einem Teil dieser Argumente stimme ich zu, aber anderen Teilen, die in der gleichen Alternative stehen, stimme ich nicht zu. Es ist eine Grundregel, daß eine Frage nicht verkappt mehrere Fragen enthalten darf. Eine ganz andere Situation ist gegeben, wenn man etwa testen möchte, wie viele Menschen denn bereit sind, bei Wirksamkeitsprüfungen zu kooperieren, wenn man sie vorher darauf hinweist, daß diese Kooperation unentbehrlich ist, um die Frage der Wirksamkeit zuverlässig zu beantworten. Wenn man zum Beispiel eine solche öffentliche Moral erzielen will, wie ich es vorher beschrieben habe, dann könnte es sinnvoll sein, einzelne derartige Argumente in ihrer Überzeugungskraft zu testen.
Es läuft immer wieder darauf hinaus, daß man jeden Gesichtspunkt, den man wichtig findet, auch ausdrücklich prüfen muß. Man muß sich entscheiden, wie viele Fragen man investieren kann und auf welche Themen man sie lenken will. Beispielsweise haben wir eine besondere Frage dem Aspekt gewidmet, der von homöopathischen Ärzten häufig vertreten wird, daß nämlich die homöopathischen Naturheilmittel in ihrer Wirkung bisher noch nicht testbar seien, weil die für sie geeigneten Methoden noch nicht entwickelt wurden. Aber auch mit einer solchen Alternative sind die Möglichkeiten nicht ausgeschöpft.

Gross:
Was mich etwas bedrückt hat, ist das Ergebnis der Frage, ob die Bevölkerung bereit ist, oder ob die, die Sie gefragt haben, bereit sind, einer Prüfung auf Wirksamkeit zuzustimmen. Das waren 12%, und Sie haben gesagt, die öffentliche Moral oder die öffentliche Meinung sei in dieser Hinsicht noch nicht genügend entwickelt. Nun, das ist die Diagnose, aber wie kann man die öffentliche Meinung in dieser Hinsicht beeinflussen? Ich meine, es ist notwendig, daß, nachdem heute ein Wirksamkeitsnachweis für die meisten Arzneimittel verlangt wird, eine Bereitschaft besteht, sich auch derartigen Prüfungen zu unterziehen. Ist es die Angst, die die Leute davon abhält, oder ist es einfach, daß sie nicht wissen, was auf sie zukommt? Was kann man tun, um das zu verbessern?

Noelle-Neumann:
Ich bin überzeugt, daß die Angst groß ist. Die ist ja sogar gegenüber demjenigen Medikament groß, das verordnet wird, geschweige denn demjenigen gegenüber, das noch nicht richtig geprüft wurde. Aber was kann man tun? Für mich ist es eine der mannigfachen Situationen, in denen die Kenntnisse — ich nehme das Wort zögernd in den Mund —, die Kenntnisse von Kommunikation und die Kenntnisse von Öffentlichkeitsarbeit in der Tat herangezogen werden müßten. Ich bin kein Berater in Öffentlichkeitsarbeit, ich möchte aber sagen, daß ich mir gut vorstellen kann, daß man jene Gedanken, die Herr Bock im Einleitungsreferat vortrug, der Bevölkerung nahebringen kann, den Gedanken nämlich, daß der Arzt auf Wirksamkeitsprüfungen angewiesen ist und daß er, wenn ihm von den Patienten diese Möglichkeit verweigert wird, man könnte deutlich sagen, geradezu einen Patienten tötet, eben weil er nicht

die Chance hatte, das viel bessere Medikament auf Wirksamkeit zu erproben. Man könnte, meine ich, sehr wohl solche Argumente in die Öffentlichkeit hineintragen und die Einstellung wecken, daß derjenige ein guter, ein verantwortungsvoller Mensch ist, der dies einsieht und sich für Wirksamkeitsprüfungen zur Verfügung stellt. Man kann hier an die Bereitschaft, Blut zu spenden, denken und wie dies als ein gemeinnütziges Verhalten anerkannt worden ist.

Bock:
Wir merken auch in den Kliniken, daß eine Aufklärung der Bevölkerung über die Notwendigkeit klinischer Prüfungen dringend erforderlich wäre. Herr Fülgraff, halten Sie es für denkbar, daß das BGA hier etwas unternimmt?

Fülgraff:
Ich hatte eigentlich nicht vor, mich zu diesem Thema in der Diskussion zu äußern, aber wenn Sie mich so direkt ansprechen, möchte ich mich auch nicht drücken. Ich könnte mir vorstellen, daß an dem verbreiteten Unbehagen gegenüber der Teilnahme an klinischer Forschung noch weitere Gesichtspunkte eine Rolle spielen, wobei wir immer unterscheiden müssen zwischen möglichen gegebenen objektiven Gefährdungen und der subjektiven Angst oder Erwartung von Gefährdungen. Zweifellos besteht ein solches Unbehagen unter Patienten, das auch nicht dadurch geringer wird, daß Wissenschaftler sagen, daß die objektive Gefährdung gering oder nicht gegeben sei. Die Angst ist da, und wir müssen sie in sich ernst nehmen. Wir alle haben es sicher schon erlebt, daß wir vor etwas Angst haben, obwohl uns unser eigener Verstand — und nicht der eines fremden Experten — sagte, daß sie unbegründet ist.
Bei der klinischen Prüfung von Arzneimitteln, oder besser bei der klinischen Forschung überhaupt, kommt aber hinzu, daß in letzter Zeit viel darüber bekannt und über die Medien verbreitet wurde, daß, sagen wir mal, die Regeln der Aufklärung und der Einholung von Einverständnis nicht so eingehalten werden, wie dies Voraussetzung wäre für ein Vertrauensverhältnis. Das notwendige Vertrauen des Patienten in die medizinische Wissenschaft und ihre Vertreter ist insofern getrübt, als der Patient nicht sicher ist, wenn er an einem Versuch teilnimmt, als Patient Bezugspunkt seines Arztes zu bleiben.

Bock:
Nur wie kann man die Dinge ändern?

Fülgraff:
Einstellung und Verhalten der Wissenschaftler und Ärzte, die klinische Forschung durchführen, sind Voraussetzung dafür, daß Patienten Vertrauen haben können in der Situation eines Versuchs und daß Vertrauen wieder aufgebaut wird. Der Patient muß sicher sein können, daß er wichtiger ist als das Versuchsergebnis.

Ethische Aspekte der Arzneimittelprüfung

von F. Böckle

Die imponierenden Fortschritte der modernen Medizin sind ohne die entsprechende Entwicklung der Naturwissenschaft nicht denkbar. Die methodische Grundlage des naturwissenschaftlichen Fortschritts ist das Experiment. Eine naturwissenschaftlich orientierte Medizin kann auf das Experiment nicht verzichten. Solange der Mensch für sein Experimentieren nur leblose oder pflanzliche Stoffe gebraucht, ergibt sich vom „Material" her kein sittliches Problem. Auch das Tierexperiment ist als solches *grundsätzlich* ethisch unbedenklich. Das Tier ist nicht Zweck an sich, es hat keinen personalen Wert und steht darum als Mittel zum Zweck im Dienste des Menschen. Dieser bei der Tierhaltung allgemein anerkannte Grundsatz gibt freilich keinen Freipaß für den Umgang mit Tieren.
Das Tier ist ja auch keine bloße Ware. Gerade der naturwissenschaftlich gebildete Experimentator weiß, daß er es beim Tier mit einem differenzierten Sinnenwesen zu tun hat. Er hat dies sowohl bei der Wahl der Tierart für ein bestimmtes Experiment als auch bei der Durchführung (Verhütung jeder vermeidbaren Qual) zu berücksichtigen und stets den Grundsatz der Verhältnismäßigkeit von Mittel und Zweck zu beachten. Eine völlig neue Dimension eröffnet sich aber in dem Augenblick, in dem der *Mensch* in eine Versuchsreihe einbezogen wird. Nun tritt dem Untersuchungsleiter in dem „Objekt", an dem er mit naturwissenschaftlich begründeter Methode arbeitet, ein mitmenschliches Subjekt gegenüber, eine Person, die niemals bloß als Mittel zum Zweck betrachtet und genützt werden darf. Dies ist wiederum im Grundsatz selbstverständlich und entsprechend allgemein anerkannt. Die Anwendung jedoch ist nicht frei von Gefahren und Problemen. Die Arzneimittelprüfung bietet dafür ein typisches Beispiel.
I. Die klinische Prüfung neuer Arzneimittel stellt den Arzt vor ein doppeltes berufsethisches Postulat: Er soll den Patienten soweit wie möglich *vor Schaden bewahren* und er soll zugleich dessen *freie Entscheidung* und Mitwirkung *sichern*. Beim gleichzeitigen Verlangen nach einem möglichst unverfälschten Prüfungsergebnis treten die beiden Forderungen nicht selten in einen gewissen Gegensatz. Das Postulat eines ausdrücklich gegebenen und mit einer vorbehaltslosen Aufklärung des Patienten verbundenen freiwilligen Einverständnisses macht eine reale, zu zuverlässigen Ergebnissen führende Prüfung

unmöglich. Ohne zuverlässige Erprobung läßt sich aber keine effiziente Schadenverhütung erreichen. Diese Interessengegensätze können nur durch eine vernünftige Güterabwägung ausgeglichen werden.

1. Nicht schaden ist das oberste Gesetz jeder Therapie! Das gilt auch für die experimentelle Arzneimittelprüfung. Schaden kann dem Patienten nicht nur durch unerwünschte Nebenwirkungen entstehen; es wäre bereits ein schädigender Nachteil, wenn ihm um der Prüfung eines neuen Mittels willen ein bewährtes Mittel vorenthalten würde. Beide Aspekte verlangen Beachtung.

a) Um dem Patienten keine Hilfe vorzuenthalten, sollte man sich zunächst auf den Grundsatz einigen, daß dem Patienten in den Untersuchungsreihen nichts vorenthalten werden darf, was in seiner Wirksamkeit bereits bewiesen ist. Das Problem wird bei Reihenuntersuchungen (beim intraindividuellen wie beim interindividuellen Vergleich) akut. Beim intraindividuellen Vergleich wird man unterscheiden müssen: Die Vorbeobachtungs-, die Medikamenten- und die Nachbehandlungsphase. Sofern man gegen die betreffende Erkrankung noch kein wirksames Medikament kennt oder das Absetzen eines Mittels für einige Zeit völlig unbedenklich ist, kann das neue Medikament mit Placebo verglichen werden. Kennt man aber bei der zu prüfenden Krankheit bereits ein wirksames Medikament, dann muß dieses Medikament während drei Versuchsphasen verabreicht werden, in der 1. und 3. Phase als alleiniges Medikament und in der zweiten zusammen mit dem zu prüfenden neuen Mittel. Beim interindividuellen Vergleich ist in analoger Weise zu verfahren: Entweder wird ein Kollektiv, dem das neue Mittel verabreicht wird, mit einem Placebo-Kollektiv verglichen oder mit einem Kollektiv, das ein bereits bewährtes Mittel erhält. Damit nicht einer Gruppe ein bewährtes Mittel vorenthalten wird, bleibt die Möglichkeit, bei Unwirksamkeit des neuen Medikamentes den Versuch abzubrechen und das altbewährte Mittel einzusetzen. Oder man kombiniert, indem man mit einem bewährten und dem neuen Mittel behandelt.

b) Wichtiger als der Vorenthalt eines bewährten Mittels ist die entscheidende Frage, ob das neue Medikament keine schädlichen Nebenwirkungen hat. Der Erstuntersucher am Menschen steht vor der Frage, ob die durchgeführten Tierexperimente genügend Sicherheit bieten, daß bei einer bestimmten Dosierung keine unerwünschten Nebenwirkungen auftreten. Es stellt sich die Frage, ob in einer pilot study am Menschen ein Vorversuch gemacht werden soll. Verschiedene Gruppen werden vorgeschlagen und unter-

schiedlich auch herangezogen. Voraussetzung für solche Versuchsreihen ist immer die durch hinreichende Aufklärung erreichte Zustimmung der Versuchspersonen. Sie alle müssen Freiwillige sein und kein wie immer gearteter Zwang darf bestehen. Wenn die tierexperimentellen Untersuchungen keinerlei Kontraindikation geliefert haben, so ist dies wohl dem erfahrenen Kliniker, der mit der gebotenen Umsicht vorgeht, zuzugestehen. Ein Zweifel an der Erlaubtheit solcher Voruntersuchungen wäre nur unter dem Aspekt erlaubt, daß man dem Tierexperiment die richtige Modellsituation abspricht. Oder man erhebt Bedenken gegen die Freiwilligkeit; dies ist das zweite ethische Problem.
2. Die freie Zustimmung der Versuchsperson. Eine vorbehaltlose Aufklärung der Patienten könnte das Ende einer realen, zu zuverlässigen Ergebnissen führenden Untersuchung bedeuten. Hier liegt das Problem mit der konkreten Frage, über was denn eigentlich der Kranke vor seinem Einverständnis aufgeklärt werden müsse und wieweit er sogar bewußt getäuscht werden dürfe. Oft hört man, die Freiwilligkeit fordere eine völlige Aufklärung über alle möglichen Nebenwirkungen. In einer pilot study kann dies logischerweise gar nicht geschehen, sonst wäre dieser Versuch überhaupt nicht notwendig! Aber auch bei der allgemeinen klinisch-therapeutischen Prüfung ist eine Aufklärung immer dann möglich, wenn die zu untersuchenden Körperfunktionen psychisch beeinflußbar sind. In solchen Fällen muß also der Effekt des Medikamentes mit dem Effekt eines Placebos verglichen werden. Um autosuggestive Einflüsse beim Patienten wirklich auszuschalten, darf der Patient aber auch nicht wissen, daß er ein Scheinpräparat erhält. Sie verwenden dafür den Blind- resp. den Doppelblindversuch (um auch den Einfluß des Arztes auszuschalten).
Damit wird deutlich, wie die volle Aufklärung der Versuchsperson und das Interesse an einer möglichst objektiven Prüfung unerwünschter Nebenwirkungen sich offensichtlich widerstreiten. Aus diesem Dilemma kann man nur herauskommen, wenn man die Forderung nach Aufklärung darauf reduziert, daß der Patient allgemein orientiert wird, daß man ein neues Mittel versuchen und für ihn jedes ernsthafte Risiko gewissenhaft ausschließen wolle. Wir meinen, daß eine daraufhin gegebene Zustimmung den Arzt zum Handeln voll berechtigen sollte. Der Kranke braucht gewiß nicht eigens über die verschiedenen Phasen und Wirkungen einer Behandlung orientiert zu sein. Die von den Juristen geforderte Aufklärung der Versuchspersonen über Art und Risiko eines Experimentes ist hierbei nur in bezug auf das Risiko möglich. Eine Aufklärung über die Problemstellung

würde das Experiment als solches unmöglich machen. Die Täuschung gehört geradezu zur inneren Gesetzmäßigkeit all jener Prüfungen, die suggestive Elemente ausschließen sollen. Man darf wohl annehmen, daß die Zustimmung freiwilliger Personen zu solchen Tests auch die Einwilligung zu dieser immanenten Gesetzmäßigkeit einschließt. Dies freilich erfordert die volle Verantwortung des Versuchsleiters für das ihm entgegengebrachte Vertrauen.

II. Ich möchte die Problematik unter sittlichem Aspekt noch etwas vertiefen, und zwar in zweifacher Hinsicht: Einerseits muß die Gefahr gesehen werden, die mit der „Versachlichung" im naturwissenschaftlich-technischen Denken für den Umgang mit dem Menschen gegeben ist. Andererseits muß deutlich werden, daß der einzelne die Vorteile des medizinischen Fortschritts für sich selbst gerechterweise nur beanspruchen darf, wenn er seinerseits auch bereit ist, diesem Fortschritt in angemessener Weise zu dienen.

1. Im Zusammenhang mit dem immer gezielteren Einsatz biologischer und technischer Verfahren in der Medizin wurde in den sechziger Jahren der Begriff der „Anthropotechnik" geprägt. Gemeint ist damit eine besondere Weise im Umgang „mit den Lebensvorgängen und der lebendigen Substanz des Menschen" (RYFFEL). Die Eigentümlichkeit dieses Umgangs liegt in der Methode der exakten Wissenschaft. Diese heben aus der Fülle des Wirklichen das streng Identifizierbare heraus. Sie vollziehen einen notwendigen Prozeß der Isolierung. Nur aufgrund solcher Isolierungen ist überhaupt eine moderne Medizin, die die Krankheit vom Kranken theoretisch isoliert und gezielt behandelt, möglich geworden. Das Identifizierbare ist aber für die Naturwissenschaft auch zugleich das Kalkulierbare. Damit können immer mehr zukünftige Tatsachen vorausgesetzt und planmäßig herbeigeführt werden. Der technischen Lenkung und Umgestaltung eröffnen sich damit zumindest im Bereich der verobjektivierbaren biologischen und soziologischen Bedingungen des Menschen ungeahnte Möglichkeiten, aber auch Gefahren. Die Notwendigkeit vielfältiger und konsequent durchgehaltener Isolierungen ist ein unaufgebbares Prinzip. DIETRICH VON OPPEN sieht darin geradezu den Ansatzpunkt für ein „allgemein wissenschaftlich-technisches Ethos" (1). Wir brauchen dazu die innere Freiheit, uns immer wieder aus eingefahrenen Denkgewohnheiten, aus Wunschdenken und aus persönlicher Eitelkeit zu lösen. Vor allem muß aber die mit der Isolierung verbundene Gefahr einer Verfehlung der Wirklichkeit gesehen werden. „Abstrahieren und isolieren heißt *ausblenden*. Ausblendung aber ist nur um Haaresbreite von der *Verblendung* getrennt. Die Wirklichkeit läßt sich nicht wirklich in isolierte Stücke zerlegen. Sie

ist ein Geflecht von vielfältigen und nicht wirklich voneinander lösbaren Bezügen. Das moderne isolierende und in isolierenden Modellen konstruierende Bewußtsein steht immer in Gefahr, das zu übersehen und die notwendige Ausblendung zur Verblendung werden zu lassen" (VON OPPEN). Mir scheint, daß VON OPPEN damit den Kern des ethischen Problems trifft, der mit der Anthropotechnik im weiten Sinn des Wortes verbunden ist. Die manipulative Technik muß sich nicht nur über sich selbst durch eine stete Kontrolle ihrer Effizienz Rechenschaft geben, sie muß sich auch fragen, ob sie völlig frei ihrem immanenten Zug folgen dürfe. Gerade weil der wissenschaftliche Fortschritt einer radikalen Versachlichung des Gegenstandes zu verdanken ist, erhebt sich die Frage, in welchem Maß diese Versachlichung möglich und richtig ist, so daß darüber das eigentliche Ziel, die Besserung der „condicio humana", im umfassenden Sinn nicht verlorengeht. So birgt die für das Experiment am Menschen erforderliche Reduktion des Gegenstandes auf bestimmte Data die große Gefahr in sich, über dieser methodisch bedingten Einschränkung den letzten Zweck des Experimentes aus dem Auge zu verlieren und „Wissen" und „Herrschaft" nicht um des konkreten Menschen, sondern um ihrer selbst willen anzustreben und auszuüben. Von daher wird man jedes medizinische Experiment am und mit dem Menschen stets erneut auf seinen wirklichen Sinn und Zweck hin befragen müssen. Es darf jedenfalls nicht bloß nach der Gefahrlosigkeit bei der wissenschaftlich-technischen Durchführung gefragt werden. Nicht alles, was machbar ist, ist damit auch schon anthropologisch-ethisch richtig. Man muß sich aber ebenso hüten, das Experiment grundsätzlich gegenüber der Therapie abzugrenzen und nur letztere für zulässig halten. Ein Fortschritt in der Therapie ist notwendig auf Experimente angewiesen. So brauchen wir Kriterien, die innerhalb der Experimente selbst eine Grenze zwischen zulässig und unzulässig erlauben. Dieser Gesichtspunkt wird um so dringlicher, wo das Experiment nicht als ultima ratio an einem konkreten Patienten zu seiner ansonsten aussichtslosen Rettung durchgeführt wird, sondern wo man im Hinblick auf künftige therapeutische Möglichkeiten experimentiert. Das führt uns zur zweiten Überlegung.

2. Jeder diagnostische oder therapeutische Einsatz, auch wenn er im Rahmen einer experimentell angelegten Reihe geschieht, hat zunächst dem individuellen Wohl des betroffenen Menschen zu dienen. Dieses individuelle Wohl darf aber vom Wohl der Gesellschaft nicht isoliert gesehen werden. Die angewandte Therapie selbst ist Frucht gesammelter Erfahrung und führt sie gleichzeitig weiter. Sie steht im Gesamtzusammenhang der Gesundheitsvorsorge für eine Bevölke-

rung. Es wird daher die Frage diskutiert, ob und wieweit sich auch der Einbezug von kranken und gesunden Menschen in eine Untersuchungsreihe rechtfertigen lasse, die möglicherweise den Betroffenen selbst nicht unmittelbar zugute kommt. Dabei werden selbstverständlich die Grundsätze vorausgesetzt, die im ersten Teil unserer Ausführungen bereits besprochen wurden (Ausschluß jeder Schädigung und notwendige Aufklärung). Die herkömmliche Berufung auf das sogenannte Totalitätsprinzip, d. h. die Rechtfertigung eines Eingriffs durch seine Bedeutung für die Gesundheit des ganzen Leibes resp. der ganzen Person, reicht hier nicht aus. Schon seit längerer Zeit sind daher Überlegungen angestellt worden, um aus dieser individualistischen Einseitigkeit herauszukommen, ohne die Integrität des Individuums zu opfern. Mit Recht weist man heute darauf hin, daß das im medizinischen Experiment implizierte Interesse des konkreten Patienten, der allgemeinen Volksgesundheit und des wissenschaftlichen Fortschritts an einer Gesamtheit der menschlichen Person orientiert und normiert werden müsse. Die verschiedenen Interessen haben ihre je eigene innere Begrenzung. In seiner Selbstverwirklichung als Person erfährt sich der Mensch als notwendig in die größere Gemeinschaft eingeordnet. Er weiß sich in seinem Tun und Erkennen in die menschliche Gesellschaft eingefügt und wird sich so seiner sozialen Bedingtheit wie auch seiner Verantwortlichkeit bewußt. Insofern muß eine individualistische Begrenzung der Berechtigung des medizinischen Experiments zu einer notwendig verengten Schau führen. Das gilt allerdings nicht weniger für eine entpersonalisierte Sicht, die den personalen Charakter der menschlichen Gemeinschaft aus dem Auge verliert. Das wissenschaftliche, das medizinische Experiment, das „nur die konzentrierte Form, die Verdichtung dieser notwendigen Konfrontation des Menschen mit sich selbst, als vorgegeben und als Auftrag" ist, muß daher, wiewohl einer gewissen Autonomie der wissenschaftlichen Forschung gehorchend, gleichwohl seinen tiefen Sinn und seine Norm „in der Grundbezogenheit auf den Dienst an der Selbstverwirklichung der Gemeinschaft des Menschen in seiner Welt" finden. Die Berechtigung des Experiments ergibt sich also aus seiner Bedeutung „für den Menschen als eine sich in der Begegnung mit dem Mitmenschen verwirklichende Person» (M. MARLET) (2).
Mit dieser Formulierung des Kriteriums wird ein Doppeltes gesagt: *Erstens,* die Berechtigung von Experimenten am Menschen ergibt sich allein aus der Sorge um das Wohl eben dieses Menschen; und *zweitens,* dieser Mensch darf aber nicht individualistisch verstanden werden, als ob der Einbezug eines Menschen in ein Experiment seine Berechtigung nur gerade aus dem diesem Individuum erwachsenden

Vorteil herleite. Person sagt eben mehr als individuierter Selbstand. *Person* ist ein sozialer Begriff und wird wesentlich durch seine Relation mitdefiniert. Selbstand und Relation schließen sich nicht aus, sondern bedingen sich gegenseitig zum Wesen der Person. Damit soll die berechtigte Sorge um den Schutz der leiblichen und sittlichen Integrität des Individuums nicht heruntergespielt werden. Aber gerade dieser Schutz bedarf in sittlicher Hinsicht einer genauen Differenzierung. Was es, zu sichern gilt, ist die Selbstverantwortung mit der freien Entscheidung des Individuums. Die Bereitschaft zu Experimenten darf nicht durch Täuschung erschlichen und schon gar nicht durch direkten und indirekten Druck erreicht werden. Wo die freie Zustimmung eingeschränkt oder übermäßig beeinflußbar ist (Debile, Kinder, Gefangene), ist darum höchste Vorsicht geboten. Andererseits umschließt aber nun dieses Recht auf eigene freie Entscheidung nicht ohne weiteres die *sittliche* Freiheit, sich dem Experiment zu entziehen. Im Gegenteil, es besteht unter Umständen die sittliche Pflicht, sich zum Wohl der menschlichen Gemeinschaft an notwendigen Untersuchungsarbeiten mit zu beteiligen. Es scheint uns ein dringendes Gebot der Stunde, statt sich einseitig gegen Manipulation im klinischen Betrieb zu wehren, sich der sozialen Pflicht auch in diesem Bereich bewußt zu werden und durch Interesse und Selbstbeteiligung jeder „manipulativen" (= Freiheit verfremdenden) Beeinflussung den Wind aus den Segeln zu nehmen.

Literatur

1. von Oppen, D.: Ethische Fragen um das moderne Arzneimittel, in: Zeitschr. f. Evang. Ethik 9 (1965) 239—247
2. Marlet, M.: Medizinische Experimente am Menschen?, Orientierung 33 (1969) 21—23
3. Böckle, F. — A. W. von Eiff: Probleme medizinischer Forschung: in Medizin Mensch Gesellschaft 4 (1979) 131—136. Dieser gemeinsam erarbeitete Beitrag diente als Grundlage dieses Referates.

Diskussion

Überla:
Herr Böckle, Sie haben eine Forderung aufgestellt, die man logisch durchdenken muß. Beim intraindividuellen Vergleich haben Sie gesagt, man dürfe ein neues Medikament nur mit der Therapie zusammen prüfen, deren Wirksamkeit bereits bekannt ist. Wenn man dem folgt, führt sich das ad absurdum, z. B.

an der Frage eines Schlafmittels oder eines Schmerzmittels. Wir haben viele Schlaf- und Schmerzmittel. Sie könnten ein neues nur unter gleichzeitiger Gabe eines bekannten prüfen, was bedeutet, daß Sie es gar nicht prüfen können, denn das alte wirkt ja. Außerdem prüfen Sie die kombinierte Wirkung von beiden, d. h. gerade das, was Sie nicht wissen wollen. Wenn man also Ihrem Ratschlag folgen würde, wäre eine Prüfung rational überhaupt nicht mehr möglich. Dieses Beispiel zeigt sehr klar, wie die Ethik hinter der Entwicklung der Faktenwissenschaft naturgemäß hinterherhinkt und wie groß die Notwendigkeit ist, daß die Fachleute, die sich über ethische Fragen äußern, sich mit den tatsächlichen experimentellen Situationen, mit ihren Randbedingungen, beschäftigen. Aus Ihrer Forderung würde folgen, daß man sinnvoll und rational nicht prüfen kann.

Böckle:
Ich habe natürlich kein absolutes Gebot aufgestellt, sondern eine Richtlinie angegeben, die anweist, in welcher Weise man überlegen und Güter abwägen muß. Das ist eigentlich der Sinn dessen, was ich hier sagen wollte, und ich bin nicht so ganz überzeugt, daß Ihr Beispiel mit den Schlafmitteln ein gutes Beispiel ist. Denn ich habe natürlich an die Verwendung eines Therapeutikums gedacht. Damit will ich nicht sagen, ein Schlafmittel sei schlechterdings kein Therapeutikum. Die Grundsituation, die abzuwägen ist, ist das Vorenthalten eines wirksamen und für das Leben und Überleben oder zum Gesunden notwendigen Therapeutikums, die für die Prüfung nötig ist.

Burkhardt:
Ich möchte versuchen, die ethische Situation im kontrollierten Versuch zu präzisieren.
Es ist ja international praktisch unbestritten und entspricht auch dem Inhalt des Behandlungsvertrages, daß der einzelne Arzt seine Patienten nach bestem Wissen und Können zu behandeln hat. Dies kann man als Individualethik bezeichnen. Insofern aus der Behandlung der einzelnen Patienten auch Erfahrungen gebildet werden, die für zukünftige Patienten relevant sind, ist das individualethische Vorgehen gleichzeitig auch sozialethisch. Insofern impliziert Individualethik die Sozialethik.
Für kontrollierte Versuche läßt sich nun zeigen, daß sie nicht primär individualethisch, sondern primär sozialethisch orientiert sind, wobei die Frage ist, ob die Bezeichnung Sozialethik dafür angemessen ist.
Am besten läßt sich der sozialethische Aspekt der kontrollierten Prüfung zeigen, wenn man die statistische Konzeption betrachtet, die den am meisten angewendeten Tests zugrunde liegt: die Neyman-Pearsonsche Testtheorie. Es wird erstens der Einbezug der Vorerfahrung in die Auswertung der Versuchsergebnisse abgelehnt. Zweitens wird unterstellt, daß die Versuchspersonen zufällig aus definierten Grundgesamtheiten entnommen werden, und es soll nun mittels des Testergebnisses auf diese Grundgesamtheiten geschlossen werden.
Man kann nur dann auf Unterschiede in den Grundgesamtheiten schließen,

wenn die Unterschiede in den Stichproben, die man untersucht, hinreichend groß sind. Wenn man sich einen festen Stichprobenumfang vorgibt, dann hängen die erforderlichen Unterschiede in den Stichprobengruppen, um mit einer bestimmten Irrtumswahrscheinlichkeit über die Grundgesamtheiten etwas aussagen zu können, von dieser gewählten Irrtumswahrscheinlichkeit ab. Je geringer die Irrtumswahrscheinlichkeit ist, die man sich vorgibt, desto größer müssen die Unterschiede in den Gruppen sein. Man kann für jede einzelne Situation berechnen, wie groß die Differenz der Überlebenden bzw. der Gestorbenen sein muß, damit das statistisch signifikante Ergebnis auf dem vorgegebenen Niveau auch wirklich herauskommt.

Vom statistischen Modell her gesehen ist das Schicksal des einzelnen Versuchspatienten dabei ganz uninteressant. Das statistische Modell kennt keine Individualethik. Die Herausnahme von Versuchspatienten aus vitaler oder sonstiger individueller Indikation sind vom Modell her gesehen bedenkliche Störfaktoren. Das einzige, das vom Modell her interessiert, ist die Aussage über die Grundgesamtheiten. Dabei ist besonders zu beachten, daß eben nur Aussagen über Grundgesamtheiten gewonnen werden können, nicht über die beste Behandlung eines einzelnen zukünftigen Patienten. Im Einzelfall kann durchaus das Mittel, das im Versuch unterlegen war, hilfreich sein, während gerade das überlegene versagt.

Es sagt also der Versuchsausgang nur etwas über Gruppen aus, nicht über einzelne Patienten. Insofern könnte man fragen, ob der Begriff Sozialethik im Zusammenhang mit kontrollierten Versuchen überhaupt angemessen ist. Man sollte vielleicht besser die Bezeichnung Kollektivethik verwenden, wie es z. B. im Französischen üblich ist. Das hätte auch den Vorteil, daß man abgrenzen kann gegenüber der Sozialethik, die in der Individualethik des Arztes impliziert ist. Man hat jedenfalls auch schon Modelle konstruiert, die versuchen, mit einer geringeren Patientenzahl in der Gruppe auszukommen, die offensichtlich benachteiligt ist, für die der Trend also ungünstig ist.

Nun sind in den letzten Jahren erhebliche Zweifel daran geäußert worden, ob das Konzept der Zufallsauswahl überhaupt geht. Es läßt sich nämlich praktisch nicht realisieren. In Wirklichkeit liegt das genaue Gegenteil einer Zufallsauswahl vor, was z. B. FEINSTEIN herausgearbeitet hat. Patienten erscheinen in den Kliniken als Ergebnis zielgerichteter Vorgänge; von einer Zufallsauswahl kann gar keine Rede sein. Und durch die Aufnahmekriterien im Versuch entstehen weitere Selektionen. Infolgedessen votiert FEINSTEIN für die Permutationstests, d. h. für eine Beschränkung der statistischen Schlußfolgerung auf das Versuchsergebnis selbst und nicht darüber hinaus. Dem schließen wir uns an. Dann bleibt aber nur die intuitive Abschätzung, inwiefern das Versuchsergebnis verallgemeinerungsfähig ist.

Wenn man dabei die sonstige ärztliche Erfahrung als qualitativ minderwertig einfach ignoriert und nur das Versuchsergebnis selbst als induktive Basis gelten läßt, so liegt die Sozialethik, besser gesagt die Kollektivethik, nicht mehr im statistischen Modell, sondern genau in dieser Haltung. Dann kommt es wieder einzig und allein auf das statistische Versuchsresultat an, wobei die Sorge für die Versuchspatienten wieder nur als Störfaktor auftreten kann.

Durch diese Haltung wird also ein echter Interessenkonflikt programmiert im kontrollierten Versuch zwischen Individual- und Kollektivethik.
Wieweit ein Konflikt entsteht, hängt nun ganz von der Urteilsbildung der Ärzte ab. Herr Fincke hat ja herausgearbeitet, daß die Sache unter Umständen kriminell werden kann, wenn man die Urteilsbildung zurückstellt zugunsten des „wissenschaftlichen Nichtwissens". Wichtig ist jedenfalls als Ergebnis, daß man bei Versuchen, die von den üblichen Signifikanzniveaus ausgegangen sind, immer einen Interessenkonflikt vermuten kann. Ob ein Konflikt auftritt, hängt von den Ärzten ab, die an dem Versuch beteiligt sind. Aber man kann jedenfalls einen Konflikt vermuten.

Böckle:
Wenn ich als Nicht-Naturwissenschaftler Sie richtig verstanden habe, liegt in der Eigenart einer Reihenuntersuchung ein immanenter Interessenkonflikt. Die Untersuchung liefert im statistischen Ergebnis nur Aussagen über Gesamtheiten und vernachlässigt notwendig den Einzelfall, dessen Interessen der Untersucher stets mitbedenken muß. Diese Spannung ist unaufhebbar. Sie kann nur durch eine stete Interessenabwägung gemeistert werden. Dabei ist zu bedenken, daß mit einer signifikanten Aussage zumindest Grenzen markiert werden können, die den einzelnen zu schützen vermögen.

Lewandowski:
Herr Böckle, ich möchte eigentlich nur fragen, ob es nicht gerechtfertigt ist, die von Ihnen für den Patienten bejahte Verpflichtung, an Experimenten teilzunehmen, sehr sorgfältig zu prüfen. Ob nicht diese Verpflichtung sehr kritisch zu sehen ist und zumindest eine Art ethische Vorleistung des Experimentators — nicht nur in der Theorie, sondern auch in der Praxis — voraussetzt, weil wir möglicherweise das Risiko eingehen, tatsächliche Herrschaftsausübung in einem Teilbereich ethisch abzusichern.

Böckle:
Diese Gefahr sehe ich natürlich ebenfalls ganz klar. Aus der täglichen Beobachtung unseres gesellschaftlichen Verhaltens meine ich aber auch zu erkennen, daß das — von mir selbstverständlich voll anerkannte — Recht der uneingeschränkten Selbstbestimmung das Empfinden für die sozialen Pflichten verdeckt. Wir können in unsere Selbstbestimmung nur wahrnehmen, weil uns die Gemeinschaft letztlich schützt und trägt. Auf diese Beziehung will ich hinweisen. Ich kann von der Medizin nur erwarten, daß sie die Gesundheit möglichst vieler schützt, wenn ich dazu auch meinen Beitrag leiste. Sittliche Pflichten können aber immer nur über Bewußtsein und Freiheit wirken. Im Verständnis von Sittlichkeit liegt grundlegend ein Freiheitselement, obwohl ich selbstverständlich weiß, daß man auch unter dem Mäntelchen von Sittlichkeit Herrschaft ausüben kann. Also, ich gebe Ihnen zu, daß hier ein Problem liegt, aber ich glaube, Sie werden mir auch zugeben, daß heute in unserer immer mehr manipulierten Gesellschaft sich der einzelne gerne zurückzieht auf den ihm noch allein verbleibenden Raum seines individuellen Entscheidens,

und da möchte er sich dann von niemandem mehr mit Pflichten drängen lassen.

Fülgraff:
Ich möchte nur mit einem Satz die Gefahr unterstreichen, die Herr Lewandowski aufgezeigt hat, und zwar möchte ich hinweisen auf die Ungeduld, die hier bei uns am Tisch bereits ausgebrochen ist, in dem Moment, wo jemand der ethischen Rechtfertigung des herrschenden wissenschaftlichen Paradigmas zu grundsätzlich widersprochen hat.

Jesdinsky:
Ich wollte Sie fragen, Herr Böckle, ob Sie evtl. zwei Abschwächungen Ihrer recht dezidierten Statements zustimmen könnten. Mir war nicht so ganz wohl bei der kategorischen Behauptung, Tierversuche seien immer erlaubt. Vielleicht ist es für einen Theologen so, daß zwischen Tieren und Menschen grundsätzliche Unterschiede bestehen. Als ich in einem empfänglichen Alter war und sehr viel Zeit hatte zu lesen, da las ich z. B. „Die Falschmünzer" von ANDRÉ GIDE. Es gibt viele andere Dinge, wenn man in Zeitungen sieht. Der Unterschied zwischen Mensch und Tier ist mir nicht immer so ganz deutlich. Und die andere Abschwächung wäre, Sie sagten, es sei das Wesen des experimentellen Vorgehens, auch am Menschen, daß das Ziel des Experiments dem Versuchsobjekt vorenthalten würde. Ich glaube gerade, daß das beim Therapieversuch nicht so ist, denn das Kranke weiß ja, worum es geht. Und diese Unterscheidung, zwischen Experiment an Gesunden und Heilversuch an Kranken, wird ja auch in der Deklaration des Weltärztebundes in der revidierten Fassung von Tokio deutlich.

Böckle:
Zu den zwei Fragen ebenso präzise Antworten: Ich halte daran fest, daß wir den Tierversuch — und wiederum ist es die Sprache des Ethikers — grundsätzlich, d. h. im Prinzip, bejahen. Daß wir aber auch, weil das Tier ein vielfältiges Sinnenwesen ist, bei der Art und Weise des Vorgehens (welche Tierart ich einsetze, welche Methoden ich anwende) durchaus Rücksicht nehmen müssen. Warum halte ich daran fest? Weil ich tatsächlich einen grundsätzlichen Unterschied zwischen Mensch und Tier festhalten muß, wie immer auch die empirischen Übergänge naturwissenschaftlich aufzuzeigen sind. Aber bedenken Sie die umgekehrte Konsequenz: Der Vegetarier müßte dann zur Pflicht gemacht werden. Dann dürfen Sie auch niemals mehr Fleisch essen. Sie nutzen ja das Tier als Mittel zum Zweck. Also hier gibt es wirklich keine Alternative.
Die zweite Frage: Das Wesen des Experimentes sei es, das Ziel vorzuenthalten. Das habe ich natürlich nicht gesagt. Ich sagte, es gehöre zur inneren Struktur des Experimentierens, möglicherweise auch täuschende Elemente auszuschließen, weil sie das Ergebnis des Experiments sonst verfälschen könnten. Nur das war es.

Kienle:
Ich möchte hier auf ein bestimmtes Problem aufmerksam machen: Wir sprechen von „bewährten Mitteln". Herr Kewitz und ich haben uns im Augenblick sehr sorgfältig damit auseinanderzusetzen, was ein „bewährtes Mittel", das viel verwendet, aber nicht mehr untersucht wird und für das keine neuen Ergebnisse vorliegen, eigentlich ist. Ist dieses Mittel ein „alter Zopf", der nichts mehr taugt und deshalb keine neueren Untersuchungen vorliegen, oder ist dessen Wirkung so selbstverständlich, daß es kein Mensch mehr zu untersuchen braucht? Formal läßt sich das nicht unterscheiden. Über den Nachweis der Wirksamkeit bei der Herzmuskelinsuffizienz, Stadium 2 und 3, ließ sich in der gesamten Weltliteratur ein einziger kontrollierter Versuch finden. Diese Studie wurde in Japan mit einer Crataegus-Behandlung erfolgreich durchgeführt, etwas Vergleichbares über Digitalisglykoside gibt es entgegen dem geltenden Paradigma nicht. Ist nun die Digitaliswirkung selbstverständlich — weil sie sich „bewährt hat", oder handelt es sich um einen alten Zopf? Warum ist Digitalis legitimiert und Crataegus diskriminiert, obwohl nach formalen Kriterien nur die Wirksamkeit von Crataegus „nachgewiesen" ist?

Jesdinsky:
Direkt dazu: Sie wissen, was ich jetzt sagen werde, Herr Kienle, denn ich habe schon oft mit Ihnen darüber diskutiert. Sie versuchen mit deterministischen Denkkategorien stochastische Modelle abzuschießen. Das haben Sie soeben wieder getan!

Böckle:
Es darf kein Schaden entstehen, ob einer entstehe, ist allein Ihre Problematik, nicht meine. Aber das eine, was ich sage: Schaden müssen Sie möglichst vermeiden. Wenn der Entzug eines Mittels Schaden stiftet, müssen Sie es abwägen. Mehr habe ich dazu nicht zu sagen.

Methoden der Urteilsbildung: Statistische Verfahren

von K. Überla

Erkennen, Schließen und Urteilen sind komplexe Prozesse, die nur beim Menschen bekannt sind. Sie haben den Aspekt der Ganzheit. Ihre Zergliederung in Einzelschritte und in Komponenten erfolgt im nachhinein, nachdem man erkannt und geurteilt hat, zur nachträglichen Begründung und sekundären Rationalisierung. Erkennen und Urteilen bedeutet für mich das intuitive Erfassen eines Ganzen in seiner komplexen Situation, die Abbildung von Objekten und ihrer Beziehungen in mein Gehirn, die wahrgenommen wird, Sinn macht und zu konsistentem Handeln führt. Erkennen ist eine Ganzheit, die nicht auseinandergenommen werden kann, ohne ihre entscheidende Qualität zu verlieren. Bei empirischen Fragen werden Versuchsplanung und Statistik dazu herangezogen, diesen Erkenntnisprozeß zu fundieren. Sie werden damit integrierender Bestandteil des Erkenntnisprozesses, der dadurch auf ein anderes formales Niveau gehoben wird.
Bei der speziellen Frage des Wirksamkeitsnachweises von Arzneimitteln am Menschen kann man nicht grundsätzlich anders argumentieren als auf anderen kritischen Gebieten der empirischen Erkenntnisgewinnung auch, z. B. in der Chemie oder in der Biologie. Der Mensch als Objekt bringt freilich einige Erschwernisse, z. B. setzt die Ethik Grenzen für die Erkennbarkeit.
Statistik und Versuchsplanung sind unsere wichtigsten allgemeinen Instrumente zur empirischen Erkenntnisgewinnung in Medizin und Biologie. Sie legen die Fakten, die Fundamente. Alle Kritik an ihnen kann nicht darüber hinwegtäuschen, daß wir keine anderen formalisierbaren Verfahren zur empirischen Erkenntnisgewinnung haben. Lassen Sie mich in wenigen Minuten aus der Sicht des Methodikers Ihre Aufmerksamkeit auf einige grundsätzliche Punkte richten als Basis für die Diskussion. Ich werde dies in Form einiger Thesen tun und Typen statistischer Aussagen und Versuchsansätze kurz beschreiben.

These 1:
Theoretische Überlegungen ohne Beobachtungen genügen als Begründung für einen Wirksamkeitsnachweis nicht. Jede Urteilsbildung beim Wirksamkeitsnachweis muß empirisch fundiert sein, d. h. auf Beobachtungen am Menschen beruhen.

These 2:
Der Grad an Wiederholbarkeit dieser Beobachtungen, die immer wiederkehrenden gleichen Ergebnisse sind die Richtschnur und das Maß, nach dem wir uns in der empirischen Urteilsbildung zu richten haben. Wirksamkeitsaussagen, die nicht wiederholbar sind, die sozusagen nur für einen einzelnen Patienten gelten, sind irrelevant für unsere Überlegungen. Sie nützen uns lediglich als Anregung zur wiederholten Beobachtung, aber nicht zur Regelbildung.

These 3:
Ohne Statistik gibt es keine empirische Urteilsbildung. Jede empirische Urteilsbildung benötigt — explizit oder implizit — das Zählen und Messen und die Zusammenfassung zu Kennzahlen, also statistische Methoden.
Lassen Sie mich 3 Typen statistischer Aussagen kurz schildern:

1. Statistisch-deskriptive Aussagen ohne Versuchsplanung
Hierher gehören z. B. Prozentangaben über Erfolge und Nebenwirkungen ohne Angabe der Irrtumswahrscheinlichkeit an klinischen Beobachtungsreihen. Sie dienen zur Hypothesengenerierung. Solche Prozentangaben in unterschiedlichen Kollektiven bilden den breiten Humus, die intuitive Basis der ärztlichen Wissenschaft. Sie sind selbst nicht sichere Gewächse der Erkenntnis, aber aus ihnen können große Bäume der Erkenntnis wachsen. Statistisch-deskriptive Aussagen erlauben verbale Beschreibungen und bisweilen sehr differenzierte Verästelungen ärztlicher Hypothesen. Wenn sich derartige Prozentzahlen wieder und wieder in der gleichen Größe wiederholen — z. B. die 5-Jahres-Überlebensraten bei unausgelesenen Fällen bestimmter Tumoren mit einem definiertem Stadium —, dann erhalten sie mehr und mehr etwas vom Charakter der Sicherheit. Man kann Voraussagen darauf bauen, um so besser, je öfter die gleichen Beobachtungen wiederholt sind. Die Voraussetzung der Verallgemeinbarkeit bei statistisch-deskriptiven Aussagen ist die sorgfältige, immer gleiche Beobachtung desselben Phänomens, die in großen Gruppen sich wieder und wieder erneut beobachten läßt. Dabei wird die Verallgemeinbarkeit nicht formuliert. Die Risikoschätzungen von Lebensversicherungen beruhen zum Teil auf derartigem Material.

2. Statistisch-deskriptive Aussagen mit Konfidenzintervall und Parameterschätzung
Ich möchte dies an einem Beispiel erläutern. Vergleicht man 2 Reihen von je 100 Versuchstieren, eine mit Carcinogen und eine ohne Carci-

nogen, so kommt es vor, daß man in beiden Reihen kein Tier beobachtet, das Krebs entwickelt (Abb. 1).
Dies bedeutet nicht, daß der Stoff keinen Krebs induziert, vielleicht ist dies nur sehr selten. Bei je 100 Versuchstieren könnte mit einer Irrtumswahrscheinlichkeit von 1% — was einem Konfidenzbereich von 99% entspricht — eine tatsächliche Häufigkeit von 4,5% in der Population übersehen worden sein. Die Anzahl der Untersuchungen bestimmt die Genauigkeit, mit der man den möglicherweise übersehenen Effekt schätzen kann. Bei 10 Tieren je Reihe könnte man eine Tumorinzidenz von ca. 37% übersehen haben, wenn kein Krebsfall beobachtet wird, bei 100 Tieren 4,5% und bei 1000 Tieren 0,46% — wenn man einen Konfidenzbereich von 99% ansetzt.
In diesem Beispiel wird aufgrund einer Stichprobe ein Parameter geschätzt und sein möglicher Wert mit einer bestimmten Sicherheit zwischen weiten Grenzen als wahrscheinlich angegeben, in Abhängigkeit z. B. von der Fallzahl. Eine derartige Aussage ist differenzierter als die bloße Angabe von Prozentwerten, sie erlaubt uns Bereiche zu er-

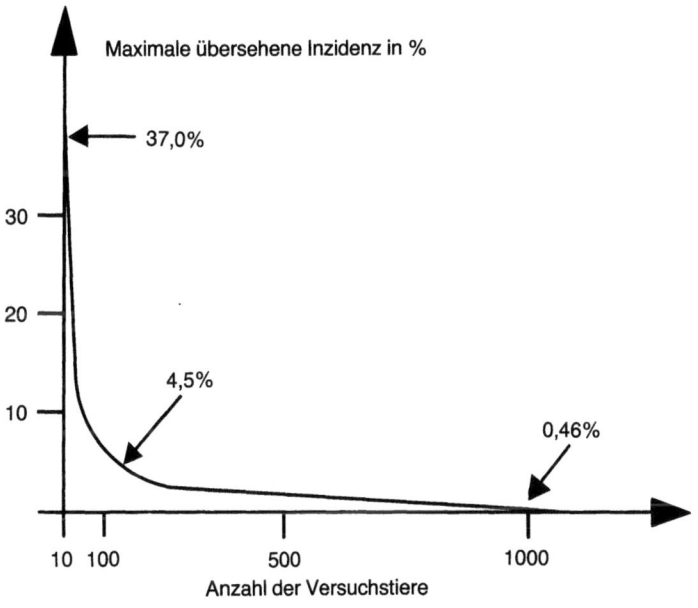

Abb. 1 Anzahl der Versuchseinheiten pro Gruppe und maximale Tumorinzidenz, die zufällig übersehen werden kann. (Konfidenzintervall 99%)

mitteln, in denen wahre Werte mit gewisser Wahrscheinlichkeit liegen. Derartige Aussagen können ebenfalls zur Hypothesenbildung dienen.

3. Statistische Testaussagen mit definierter Versuchsplanung und Angabe der Irrtumswahrscheinlichkeit
Standardbeispiele sind die zahlreichen publizierten und gut durchgeführten kontrollierten klinischen Prüfungen. Nach Randomisierung auf mindestens zwei Therapieformen wird — unter sinnvoller Beachtung zahlreicher Nebenbedingungen — ein statistischer Test hinsichtlich des Zielkriteriums vorgenommen. Lege artis durchgeführte kontrollierte Studien erlauben grundsätzlich den Wirksamkeitsnachweis im Sinn einer Kausalitätsbeziehung zwischen Medikament und Wirkung, soweit ein solcher Nachweis überhaupt geführt werden kann. Ich habe mich kürzlich in einer Arbeit ausführlich mit den Gründen auseinandergesetzt, die gegen „randomized clinical trials" sprechen könnten (1). Wesentliches Ergebnis war es, daß es keine wissenschaftlichen Argumente gegen kontrollierte klinische Studien gibt. Es gibt technische und organisatorische Schwierigkeiten, Kostenfragen, auch ethische Argumente und einige Rechtsprobleme, die eher am Rande liegen. Aber grundsätzliche wissenschaftliche Einwände lassen sich nicht finden. Es besteht in der gesamten internationalen Literatur kein Zweifel daran, daß kontrollierte klinische Studien das Beste sind, was wir auf lange Sicht zur Erkenntnisgewinnung auf diesem Sektor zur Verfügung haben werden. Entwicklungen in Randbereichen — z. B. im Sinn der Entscheidungstheorie — werden daran nichts ändern. Sie bringen zusätzlich subjektive Gewichte ins Spiel, zusätzliche Formalisierungen, aber ändern nicht die Basis unserer Versuche oder Beobachtungen. Sie gehören in den Bereich der Forschung, aber nicht in den Bereich des praktisch tausendfach Bewährten (Abb. 2).

In der therapeutischen Forschung sind eine Reihe methodisch unterschiedlicher Studienansätze im Gebrauch, die unterschiedlich stringent sind. Sie sind in der Abb. 2 enthalten.

Die Kriterien zur Beurteilung sind in den Spalten wiedergegeben: Prospektiv oder nicht, die Frage, ob die Therapie genau bekannt ist oder nicht, die Frage, ob das Zielkriterium genau bekannt ist oder nicht, die Frage, ob eine Randomisierung durchgeführt wurde und schließlich die Frage, ob man eine Blindtechnik einsetzen kann. Diese fünf Spalten enthalten die wesentlichen Gesichtspunkte zur Beurteilung eines Studienansatzes. Die Zeilen enthalten typische Studienansätze. Lediglich die erste Zeile, die kontrollierte klinische Prüfung, ist

	prospektiv	Therapie bekannt	Ziel-kriterium bekannt	Randomisierung	Blind-technik	Studientyp	
kontrollierte klinische Prüfung	+	+	+	+	+	Experimentelle Studie	
Nicht random. prosp. Studie (Klin. Beob.)	+	+	±	—	—	Zugang von Therapie	Beobachtungsstudien
Therapieregister	±	+	±	—	—		
Fallregister	±	±	±	—	—	Zugang von Krankheit	
Fall-Kontrollstudie	—	—	+	—	—		
Kohortenstudien	+	±	±	—	(+)	Zugang v. expon. Personen	

Abb. 2. Grundsätzliche Studienansätze

bezüglich aller Gesichtspunkte positiv zu bewerten, nur hier liegt eine experimentelle Studie vor. Bei allen anderen Ansätzen handelt es sich um Beobachtungsstudien, die schwächer sind in der Aussagekraft. Man kann einmal den Zugang von der Therapie her nehmen — wie bei den klinischen Beobachtungen oder den Therapieregistern — oder den Zugang von der Krankheit — wie beim Fallregister oder bei den Fall-Kontrollstudien. Schließlich kann man von den exponierten Personen ausgehen und sie in die Zukunft hinein beobachten, wie bei den Kohortenstudien. Herr JESDINSKY wird auf feinere Unterschiede zwischen solchen Studienansätzen vermutlich noch eingehen. Diese Übersicht soll zeigen, daß es eine Fülle von empirischen Studienansätzen gibt, die methodisch unterschiedliche Dignität haben.
Nach diesem allgemeinen Überblick zurück zu den Thesen.

These 4:
Die kontrollierte klinische Prüfung ist die via regia der Urteilsbildung über die Wirkung von Arzneimitteln. Sie ist der fairste und ob-

jektivste Ansatz, der bekannt ist, und führt so nah an den Kausalschluß heran wie kein anderes bekanntes Vorgehen. Die Frage nach der Wirksamkeit von Arzneimitteln ist formal mit diesem Ansatz zu bearbeiten und das Ergebnis gutachtlich vom Methodiker zu bewerten, es ergibt sich nicht durch einen Automatismus.

These 5:
Statistische Massenaussagen, z. B. aufgrund kontrollierter klinischer Prüfungen, sind auf den Einzelfall mit Nutzen anwendbar. In derselben Weise, in der ein großes Massenexperiment mit dem Tempolimit auf Autobahnen belegt hat, daß niedrigere Geschwindigkeiten tödliche Unfälle reduzieren, belegt eine kontrollierte klinische Prüfung, daß eine Behandlung besser ist als eine andere. In derselben Weise kann auch auf das Verhalten des einzelnen übertragen werden, und zwar mit Nutzen. Im allgemeinen werden weniger Menschen sterben, wenn langsamer gefahren wird, oder wenn ein bestimmtes Medikament genommen wird. Freilich werden andere Menschen sterben und an anderen Ursachen als ohne Geschwindigkeitsreduzierung und ohne bestimmte Medikamente. Im Durchschnitt werden es aber weniger sein, und der einzelne kann wählen angesichts dieses Wissens.

These 6:
Statistische Verfahren der Urteilsbildung zum Wirksamkeitsnachweis sind nicht etwas rein Theoretisches, sondern sie funktionieren in der praktischen Arbeit. Dabei wird mit Sachverstand abgewogen und keine Automatik in Gang gesetzt. Alle Zulassungen neuer Humanarzneimittel im letzten Jahr — etwa 70 — haben statistische Wirksamkeitsnachweise unterschiedlicher Dignität beigebracht. Die Rücknahme vom Markt wird teilweise mit Hilfe methodisch-statistischer Gesichtspunkte begründet. Offensichtlich führt die sinnvolle Verwendung statistischer Methoden zu dem, was der Gesetzgeber intendierte — bei aller Kritik, die im Einzelfall möglich ist.

These 7:
Klinische Beobachtungen mit neuen Substanzen ohne Randomisierung sind im allgemeinen unethischer als kontrollierte klinische Prüfungen, weil unter bloßer Beobachtung mit historischen Kontrollen mehr Menschen die schlechtere Behandlung erhalten und es länger dauert, als dies nötig wäre, bis man etwas Sicheres weiß. Die empirische Fundierung der Wirksamkeit von Medikamenten in Untersuchungen am Menschen durch Versuchsplanung und Statistik ist ethisch geboten, weil sie rascher und mit weniger Patienten zu gesi-

chertem Wissen führt als jedes andere Vorgehen. Sie ist praktisch möglich, rechtlich erlaubt und erkenntnistheoretisch solide. Wenn man sich freilich auf die Seite mancher Philosophen stellt, so kann man darüber diskutieren, ob die Welt überhaupt existiert oder ob und wie sie erkennbar ist, während sie vielleicht untergeht. Ich persönlich ziehe es vor, die Welt zu gestalten, Flugzeuge zu fliegen, auch wenn wir es nicht so ganz genau wissen, warum sie nicht vom Himmel fallen, oder klinische Prüfungen randomisiert durchzuführen, auch wenn man nur beobachten könnte, was zweifellos schwächer ist.
Intuitives und laterales Denken werden durch Statistik und Versuchsplanung angeregt und nicht gehemmt. Die zunehmende Konsistenz unseres Wissens und die Wiederholbarkeit der Ergebnisse sind die endgültige Richtschnur des medizinischen Erkenntnisprozesses. Beide sind nur durch Versuchsplanung und Statistik zu erreichen, und ohne diese nicht.

Literatur

1. Überla, K.: Randomizid Clinical Trials — Why not? Paper presented at the „International Symposium on Long Term Clinical Trials", Frankfurt/Main, 5. Juli 1979

Methoden der Urteilsbildung: nicht-statistische Verfahren

von M. Anlauf

Geht man davon aus, daß Statistik beim Wirksamkeitsnachweis helfen soll, im Falle von Unsicherheit Entscheidungen zu treffen, und zwar mittels Aussagen über die Kenngrößen der Verteilung von Wirksamkeitskriterien, könnte das Thema auch lauten: Auf welchem Wege ist ausreichende Sicherheit bei der Beantwortung der Frage zu erwarten, ob ein Arzneimittel die Besserung oder Heilung einer Krankheit bewirkt, ohne daß hierzu Aussagen über die Verteilung von Wirksamkeitskriterien notwendig sind?
Grundlage jeder Wirksamkeitsbeurteilung, die auch von einem außenstehenden Beobachter nachvollzogen werden kann, ist der quantifizierende Vergleich. Prinzipiell kann er intraindividuell oder interindividuell zwischen Einzelpersonen oder Gruppen geführt werden. Die Erkenntnis, daß nicht nur die pharmakodynamische Wirksamkeit eines verabreichten Arzneimittels Ursache für den Erfolg oder den Mißerfolg einer Behandlung sein muß, hat zum Aufstellen einer Reihe von Nebenbedingungen für den therapeutischen Versuch geführt, mit deren Hilfe Mitursachen ausgeschaltet werden sollen. Dies geht bis zu der Forderung, daß nur die Behandlungsergebnisse bei prospektiver zufälliger Zuordnung von Behandlungsverfahren und Patienten in Form der kontrollierten Therapiestudie zur Wirksamkeitsbeurteilung herangezogen werden sollen.
Es ist zu prüfen, ob es Fälle und Situationen gibt, in denen auf die systematische, statistisch-planerische Ausschaltung von Mitursachen, vielleicht sogar auf jede Form der statistischen Analyse verzichtet werden kann.
Nach der Isolierung des Streptomycins 1943 und dem Nachweis der tuberkulostatischen Wirkung von Isoniazid 1951 wurde die effektive Behandlung der zuvor mit Sicherheit in drei bis sechs Wochen zum Tode führenden tuberkulösen Meningitis möglich. Auch sachlich distanzierte Autoren sprechen hier von „Erfolgen, die für den ans Wunderbare grenzen, der dieses Krankheitsbild in all seiner Hoffnungslosigkeit von früher her kennt". Mit ähnlichem Erstaunen wird über die Anfangserfolge der Sulfonamide in der Therapie der Puerperalsepsis berichtet. In beiden Fällen würde auch im nachhinein die Forderung einer statistischen Beweisführung, vielleicht sogar in Form einer prospektiven Studie, auf Unverständnis und massive ethische Einwände stoßen.

Die erwähnten Krankheiten zeichnen sich dadurch aus, daß der Verlauf überschaubar und die Prognose für den erfahrenen oder auch nur informierten Arzt eindeutig beurteilbar sind. Ist die Prognose einer Erkrankung dagegen wechselnd oder verläuft sie über Monate bis Jahre möglicherweise in Schüben und Phasen, so mögen dem Erfahrenen eindrucksvolle Wirkungen bestimmter Arzneimittel erkennbar werden, doch wird die Subjektivität dieser Eindrücke bestenfalls eine jahrzehntelange Auseinandersetzung über den Wert der gewählten Therapie zur Folge haben. Aus diesem Grunde wurde bereits für den Wirksamkeitsnachweis des Streptomycins bei der Lungentuberkulose Mitte der vierziger Jahre der kontrollierte Versuch entwickelt.
Eine wichtige Forderung an das Arzneimittel, dessen therapeutische Wirksamkeit auch ohne statistischen Beleg von allen als erwiesen anerkannt werden soll, wird in den angeführten Beispielen ebenfalls deutlich. Es sind meßbare und eindeutige Effekte. Die Senkung der Letalität einer Erkrankung von 100 auf 80% wird von den meisten als ein solcher Effekt angesehen werden können, während die Verbesserung der Überlebensrate von 50 auf 70% unter Umständen noch erhebliche Zweifel offenlassen wird. Submaximale Effekte werden z. B. dann beobachtet, wenn Arzneimittel körpereigene Stoffe oder lebensnotwendige Nahrungsbestandteile ersetzen können, die bei unzureichender Bildung, Freisetzung oder Angebot die Gesundheit schädigen. So hat es bei der Einführung der Insulin-Therapie des Diabetes mellitus nicht der statistischen Belege bedurft. Auch die Behandlung der perniziösen Anämie mit Gaben von Vitamin-B_{12}-haltiger roher Leber hat sich ohne diese Methoden durchsetzen können. Eine neue Gruppe erfolgreicher Arzneimittel ist den natürlicherweise vorkommenden körpereigenen Substanzen nachgebildet mit geringfügigen Veränderungen in der Molekülstruktur. Hierdurch können diese Substanzen den Platz der natürlichen Stoffe im Stoffwechsel einnehmen, ohne deren Wirkung auszuüben. Die Wirkung der natürlichen Substanzen wird damit blockiert. Bei Krankheiten infolge von Überproduktion körpereigener Substanzen, etwa in Tumoren, können diese Blocker erfolgreich eingesetzt werden. So senkt eine Kombination verschiedener Blocker den hohen Blutdruck bei Phäochromozytom fast ebenso sicher wie die operative Entfernung des Tumors. Von Ausnahmen abgesehen, machen allerdings deterministische pharmako-physiologische Modelle, die zur Entwicklung einer neuen Therapieform geführt haben, eine statistische Betrachtungsweise bei der Überprüfung ihrer Wirksamkeit nicht überflüssig. In jedem Falle wird der behandelnde Arzt unabhängig von den theoreti-

schen Vorstellungen Heilungshäufigkeiten vor und nach Einführung einer neuen Therapie miteinander vergleichen. Ebensowenig setzt die Entdeckung wirkungsvoller Pharmaka korrekte Vorstellungen über die Pathogenese einer Krankheit und den Wirkungsmechanismus eines Arzneimittels voraus. Dies zeigt bereits die Einführung des Digitalis zur Behandlung der Wassersucht, die WITHERING 1775 von einer alten Frau übernahm. Für die Behandlung des Hochdrucks verfügen wir heute über Medikamente, die ganz unabhängig von der Pathogenese in nahezu allen Fällen eine eindeutige blutdrucksenkende Wirkung besitzen (z. B. Nitroprussidnatrium oder Minoxidil).
Die dritte Forderung an den Wirksamkeitsnachweis ohne statistische Mittel ist die Reproduzierbarkeit bei einer ausreichenden Anzahl gleichartiger Patienten. Wenn ein Arzneimittel „nur bei wenigen Patienten wirkt" — wie es in der unglücklichen Formulierung des Arzneimittelgesetzes heißt —, ist der Verdacht, daß Mitursachen den Hauptanteil an der Wirkung haben, nur durch systematische Weiteruntersuchungen auszuschließen. Ursache für eine nur bei wenigen Patienten nachweisbare Wirksamkeit können unbekannte, verschiedenartige pathophysiologische Störungen sein, die zu der gleichen Krankheit geführt haben. Häufig sind sogenannte Ausschlußdiagnosen, wie die der primären Hypertonie, vielleicht Sammelbegriffe für eine Gruppe unterschiedlicher Störungen, die wir noch nicht näher kennen.
Betrachten wir zusammenfassend die drei Bedingungen, unter denen ein nicht-statistischer Wirksamkeitsnachweis möglich erscheint:
1. Überschaubarer Verlauf und eindeutig ungünstige Prognose der Erkrankung ohne Spontanremission,
2. meßbarer und eindeutiger Effekt,
3. ausreichende Reproduzierbarkeit des Erfolges,
so wird deutlich, daß in diesen Fällen kein wesensmäßiger Unterschied zu einer statistischen Schlußweise vorliegt. „Überschaubar, eindeutig, ausreichend" kennzeichnen die genannten therapeutischen Situationen als Extremvarianten, die ohne weitere Berechnungen zur Verteilung von Wirksamkeitskriterien, erst recht ohne das Instrument des kontrollierten Versuchs, die Wirksamkeit einer Therapie erkennen lassen. Bestimmte Nebenwirkungen, z. B. neuartige Erkrankungen, die durch ein neues Arzneimittel oder durch eine andere Noxe ausgelöst werden, könnte man diesen als negative Extremvarianten entgegenstellen. Auffälligerweise erübrigt sich auch hier oft eine statistische Beweisführung, wie die allgemeine Anerkennung des Practolol-Syndroms gezeigt hat, einer unter der Therapie mit einem β-Rezeptorenblocker auftretenden Erkrankung. Das Faszinierende

in beiden Extremfällen ist, daß wesentliche Erkenntnisse über Arzneimittel allein durch unvoreingenommene Beobachtung gewonnen werden. Die Entscheidung allerdings, ob ein solcher Extremfall mit Sicherheit vorliegt, kann mühevoll und diskussionsreich sein, ist im Prinzip jedoch nicht schwerer als die Vorgabe der Irrtumswahrscheinlichkeiten beim Ansetzen eines statistischen Testverfahrens. Kehren wir zur eingangs gestellten Frage zurück, so scheint kein prinzipiell anderer als statistischer Weg beim Wirksamkeitsnachweis möglich zu sein. Allerdings bleibt vor allem bei großen therapeutischen Fortschritten dieser Weg häufig implizit, und der Forscher muß sich hierüber keine weitere Rechenschaft geben. Die Forderung nach kontrollierten klinischen Versuchen in jedem Falle kann zu einem ungerechtfertigten und hemmenden Aufwand vor allem bei der Anwendung revolutionierend neuer Therapieformen führen.

Literatur

1. Ackerknecht, E. H.: Therapie von den Primitiven bis zum 20. Jahrhundert. Stuttgart: Encke 1970
2. Martini, P.: Therapeutisch-klinische Forschung. Berlin und Göttingen: Springer 1947
3. Walter, E. (Hrsg.): Statistische Methoden. Berlin—Heidelberg—New York: Springer 1970

Diskussion

Gebhardt:
Herr Überla hat betont, daß die via regia der Arzneimittelprüfung die randomisierte Studie sei. Meiner Meinung nach kann man das so nicht stehenlassen. Vielmehr muß meine Prüfmethode dem gewählten Therapieverfahren adäquat sein. Schon MARTINI hatte darauf hingewiesen, daß bei chronischen Krankheiten nicht nur weitgehend das Bedürfnis, sondern auch die Möglichkeit entfällt, Kollektive zu bilden. Diese sind aber die Voraussetzung für eine randomisierte Studie. Diese Methode ist deshalb nur dort anwendbar, wo ich Kollektive bilden kann. Dies ist auf zweierlei Weise möglich:
1. Die Krankheit ist so stark, daß sie alle individuellen Besonderheiten des Patienten überspielt und dadurch immer in der gleichen Uniformität auftritt. Dies trifft z. B. für Infektionskrankheiten wie Masern oder Scharlach zu.
2. Das Arzneimittel wirkt so stark, daß es in einer entsprechenden Dosis die individuellen Reaktionen des Kranken ausschaltet und sich mit allen ihm eigenen Wirkungen und Nebenwirkungen voll durchsetzt. Das ist bei der antagonistischen Therapie der Fall. Als Beispiel diene die Fiebersenkung durch Anti-

pyretika. Die Dosis muß in solchen Fällen natürlich relativ groß sein, womit das Risiko der Nebenwirkungen erheblich ansteigt.
Anders liegen die Dinge bei der Regulationstherapie. Hier will ich die körpereigenen Regulationen anstoßen, um die Heilung in Gang zu bringen. Dazu muß das Arzneimittel nach streng individuellen Gesichtspunkten und in kleiner Dosis eingesetzt werden. Eine Kollektivierung ist so nicht möglich, und deshalb auch keine Randomisierung. Als Beispiel möchte ich die Homöopathie nennen. Hier sind Wirksamkeitsnachweise — und da komme ich auf das, was Herr Bock heute in der Einleitung sagte, zurück — natürlich auch möglich, aber eben nur unter bestimmten Bedingungen. Voraussetzung für eine kontrollierte klinische Prüfung in der Homöopathie ist ein Syndrom, das möglichst immer in der gleichen Weise abläuft. Dabei muß durch jahrelange Vorstudien zunächst geprüft werden, unter welchen Bedingungen dieses Syndrom zu einem bestimmten homöopathischen Arzneimittel paßt. Diese Patienten werden durch einen geeigneten Selektionsbogen für die Prüfung ausgewählt. MÖSSINGER hat am Beispiel der Behandlung des Colon irritabile mit Asa foetida diese Methode demonstriert. Eine kontrollierte klinische Studie ist aber auch dadurch möglich, daß zwei verschiedene Therapieverfahren miteinander verglichen werden. So könnte man aus Patienten mit einer essentiellen Hypertonie im gleichen Krankheitsstadium randomisiert zwei Gruppen bilden, von denen die eine nach schulmedizinischen, die andere nach homöopathischen Kriterien behandelt würde, wobei beide Seiten in der Wahl ihrer Arzneimittel frei sein müßten. Hierzu eignen sich Krankheiten, die diagnostisch genau definiert und leicht kontrollierbar sind, die häufig vorkommen, keine große Spontanheilungstendenz haben, bei denen eine causale Therapie nicht bekannt ist und selbst nach längerer unwirksamer Behandlung kein Schaden eintritt. Die via regia für die Homöopathie stellt aber der intraindividuelle Vergleich dar, wie ihn MARTINI beschrieben hat. Dabei sind aber große Zahlen sehr schwer zu erbringen, denn wegen der notwendigen strengen Individualisierung muß ich eben bei derselben klinischen Diagnose verschiedene Patienten meist mit ganz verschiedenen homöopathischen Arzneimitteln behandeln, so daß für ein einzelnes Arzneimittel keine großen Zahlen vorgelegt werden können. Deshalb haben wir die Aufnahme eines Passus für das neue Arzneimittelgesetz sehr begrüßt, daß auch durch eine beschränkte Zahl von Fällen ein Wirksamkeitsnachweis möglich ist.

Überla:
Ich glaube, ich bin in zwei Punkten mißverstanden worden. Ich sagte, randomisierte klinische Studien seien die beste Weise der Erkenntnisgewinnung, die wir haben. Ich habe auch sehr deutlich gesagt, daß alle anderen statischen Weisen der Erkenntnisgewinnung erlaubt, aber schwächer sind. Alles das, was Sie an Beispielen angeführt haben, wo Sie meinen, daß man auf jede Form der statistischen Analyse verzichten kann, da meine ich eben nicht, daß keine statistische Analyse drin ist. Wenn Sie in drei Fällen Erfolg haben, dann geben Sie an: die sind alle geheilt worden, im Verhältnis zu früher. Dies ist Statistik, beste klinische Statistik. Man sollte die Statistik nicht mit dem kontrollierten kli-

nischen Versuch gleichsetzen. Es gibt sehr viele andere Möglichkeiten, und so betrachtet möchte ich bei meiner These bleiben: es gibt keinen Wirksamkeitsnachweis, der nicht in der einen oder anderen Weise statistische Schlußweisen unterschiedlichen Formalisierungsgrades verwendet. Dies gilt auch bei der Individualisierung in der Homöopathie. Ich kenne die Untersuchungen von MÖSSINGER sehr genau, ich habe mich lange mit ihm darüber unterhalten. Gerade hier sieht man, daß man bei aller Individualisierung Versuchsanordnungen finden kann, die auch die Anforderungen des Homöopathen so formulierten, daß sie im Prinzip prüfbar sind. Es ist nach allgemeinen Gesetzen des Erkennens eben notwendig und auch möglich, solche Versuchsanordnungen zu finden. Darin besteht die Kunst im Ansetzen von klinischen Prüfungen, daß man die Nebenbedingungen so herausarbeitet, daß man auch statistische Massenaussagen machen kann. Ich halte das nicht für einen generellen Einwand: In der Homöopathie gehen kontrollierte klinische Prüfungen nicht. Ich wäre bereit, mit Ihnen auf Ihr spezielles Problem zugeschnitten eine Versuchsanordnung zu finden, die eine Massenaussage erlaubt, sofern Sie sich überhaupt soweit bereit finden, zu sagen, ich möchte etwas formalisieren. Wenn man sich natürlich auf den Standpunkt stellt, es ist überhaupt nichts beobachtbar, dann kann man auch nicht prüfen.

Anlauf:
Ich fürchte, daß ich am Schluß meines Referates nicht deutlich genug gesagt habe, daß mir klargeworden ist, daß es nicht-statistische Methoden nicht gibt. In den von mir angeführten Beispielen wurde implizit statistisch vorgegangen. Es kam mir jedoch darauf an, hervorzuheben, daß wesentliche Fortschritte in der Medizin auch keiner expliziten Statistik bedürfen. Würde man Statistik in jedem Falle, vielleicht sogar nach den strengen Regeln des kontrollierten Versuchs, fordern, würden entscheidende Therapiefortschritte für einen nicht zu rechtfertigenden Zeitraum zugedeckt und dem Patienten unzugänglich bleiben.

Gross:
Darüber sind wir einig.

Burkhardt:
Ich wollte zu Herrn Überla nur kurz etwas sagen. Ich meine, man muß unterscheiden zwischen Theorie und Praxis, und was Herr Überla vorgetragen hat, war ja die theoretische Seite. Die Frage ist aber doch, wie es in Wirklichkeit aussieht. Mit dieser Frage befassen wir uns ja nun schon seit einigen Jahren. Bis jetzt haben wir noch nicht *eine* kontrollierte Studie gefunden, die methodisch einwandfrei, statistisch verallgemeinerungsfähig und ethisch korrekt gewesen wäre. Herr Überla hat nun auf dem internatinalen Symposium on Long Term Clinical Trials Anfang Juli in Frankfurt gesagt: Die Mängel der Vergangenheit, gut, die sind da. Aber in Zukunft kann man ja erwarten, daß die Versuche besser werden. Dazu ein Beispiel. Im vorigen Monat erschien im „New England Journal of Medicine" ein Bericht über eine europäische Infarktstu-

die. Es waren Statistiker aus drei Universitäten beteiligt, darunter auch Herr Jesdinsky als Leiter des Düsseldorfer Instituts. Da er in diesem Kreise anwesend ist, habe ich diese Studie ausgewählt. Da ist also folgendes passiert: Man hat verschiedene Zielgrößen getestet, und zwar multipel mit einfachen Tests. Ich habe allein in der Arbeit rund 50 Tests gefunden. Dem Text ist zu entnehmen, daß es noch viel mehr sind, und es ist kein Hinweis auf irgendeine Adjustierung des α-Fehlers in der Veröffentlichung zu finden. Wir sind uns ja mit Herrn Jesdinsky einig — es steht auch in dem Memorandum der Gesellschaft für Medizinische Statistik —, daß man adjustieren muß. Nur, es ist nicht passiert. Folglich sind alle Irrtumswahrscheinlichkeiten im exakten Sinne wertlos. Sie stimmen einfach nicht. Es wurden also wider besseres Wissen Ergebnisse vorgetäuscht. Wenn sich sogar der Leiter der Arbeitsgruppe „Therapeutische Forschung" auf so etwas einläßt, dann fällt es schwer, den Optimismus von Herrn Überla zu teilen.

Überla:
Herr Fincke hat Ihnen vor ein oder zwei Jahren eine Liste von 150 Arbeiten übergeben, von denen wir meinen, sie seien gut durchgeführt. Ich habe weitere Arbeiten vorliegen. Zu der Arbeit von Herrn Jesdinsky, die ich nicht kenne, im „New England Journal of Medicine" wäre zu sagen, daß es gar nicht so wichtig ist, wenn die exakten Irrtumswahrscheinlichkeiten nicht stimmen. Kein Statistiker ist der Meinung, der Test sei eine Automatik, aus der dann sozusagen das Urteil unmittelbar folge. Das Erkenntnisinstrument Irrtumswahrscheinlichkeit muß beurteilt und bewertet werden im Sinne eines Gutachtens. Das ist das, was der Statistiker eben tun muß: Sagen, das trägt oder das trägt nicht.

Kienle:
Also, es sollte doch wenigstens gelingen, daß sich unsere deutschen Statistiker über Grundfragen des Vorgehens so verständigen, daß sie sich auch selbst an die von ihnen vertretenen Prinzipien halten. Es geht einfach nicht, Theorien über Testtheorien zu eskalieren und gleichzeitig multipel zu testen, wie es einem gerade paßt. Wie sieht es eigentlich konkret aus? Wir haben die Literaturrecherche von Herrn Fincke sorgfältig durchgeprüft, ich weiß nicht, ob noch jemand untersucht hat, was diese angeblichen „Nachweise der Wirksamkeit" der Antibiotika eigentlich darstellen. Von diesen Arbeiten sind überhaupt nur sechs übriggeblieben, bei denen tatsächlich auf Wirksamkeit geprüft wurde, und bei diesen Arbeiten kam entweder nichts heraus, oder die Ergebnisse waren klinisch nicht relevant und im Design waren sie so, daß man sie nicht vorzeigen kann, ohne rot zu werden. Ich weiß nicht, was Sie mit der Redeweise anfangen „es ist gut randomisiert". Es ist entweder randomisiert oder nicht randomisiert, aber „gut randomisiert" gibt es nicht. Auf der einen Seite werden große methodologische Forderungen erhoben, die sich in der Wirklichkeit aber nicht realisieren lassen; auf der anderen Seite übt man eine schier grenzenlose Toleranz. Wie verhalten wir uns eigentlich bei den Nebenwirkungen? Wir können schließlich nicht zwei verschiedene Erkenntnistheorien ha-

ben, eine für Wirksamkeit und eine für Nebenwirkungen. Wir saßen doch bei der Clofibrat-Angelegenheit zusammen. Es gibt keine Substanz, über die so viele, so große kontrollierte Studien durchgeführt wurden wie für Clofibrat. Die Ergebnisse über die Wirksamkeit wollte man akzeptieren und die über die Nebenwirkungen ablehnen. Beides zugleich geht nicht. Wir wissen heute auch nach der WHO-Studie nicht mehr über Clofibrat als zu dem Zeitpunkt, bevor die Untersuchungen über Clofibrat begonnen wurden.

Überla:
Aber unser Urteil aus verschiedener Denkweise kam zum selben Ergebnis, Herr Kienle. Sie müssen ja zugeben, daß wir in der Sache im Clofibrat das gleiche Urteil abgegeben haben.

Kienle:
Wir müssen doch darüber irgendwo ein realistisches Urteil bekommen, was nun eigentlich geht und was nicht geht. Wir sollten auch so ehrlich sein zuzugeben, wenn etwas tatsächlich nicht geht, sonst schieben wir die Probleme nur vor uns her. Wenn wir sie unter uns nicht lösen, kommt das Dilemma, wenn wir nachher die Gutachtenakten auf dem Tisch haben, und dann müssen wir irgendwann Farbe bekennen!

Jesdinsky:
Ich glaube, wir brauchen kritische Analysen solcher Arbeiten, und ich begrüße das auch. Nur teile ich nicht ganz den Optimismus (falls Herr Überla das in Frankfurt wirklich so gesagt haben sollte), daß in Zukunft alles besser würde in den kontrollierten Studien. Ich glaube, sie werden immer gewisse Defekte haben, wie alle Untersuchungen, die wir treiben, nicht nur solche am Menschen, am Menschen aber besonders, weil der Mensch sich dabei ja selbst beurteilt und dann sehr schwierige Interpretationsprozesse ablaufen. Aber ich glaube, wir können Herrn Kienle dankbar sein, daß er sich das zum Nebenziel gemacht hat. Also bitte, verfolgen Sie es weiter.
Ich bin direkt angesprochen wegen der Europäischen Herzinfarktstudie. Herr Burkhardt hat noch gar nicht alle Schwächen erwähnt. Er wird einige schon dieser kurzen Publikation entnommen haben. Hier ist ein Problem: Die Art der Kommunikation auf der wissenschaftlichen Ebene. Das „New England Journal" nimmt nicht so lange Arbeiten, und ich kann Ihnen gerne die Korrespondenz mit dem Herausgeber zur Verfügung stellen. Es wird eine Arbeit in „Acta Medica Scandinavia" als Sonderband erscheinen, der diese Studie im Detail darstellt. Auch darin werden Sie sicher noch krause Dinge finden. Das Problem war, daß eine leichte Verschiebung des Hauptzielkriteriums stattgefunden hat. Die Studie war darauf angelegt gewesen, hämodynamische Parameter als indirekte Indikatoren der Ausbreitung des infarzierten Bezirkes genau zu messen, weil wir am Anfang uns nicht in der Lage glaubten, Mortalitätsunterschiede der zu erwartenden Größenordnung überhaupt bestätigen zu können mit dem durchführbaren Umfang der Studie. Daß sich dann hinterher doch Unterschiede in der Mortalität als bedeutsam erwiesen haben, ist

ein post-hoc finding gewesen, und das ist auch noch andeutungsweise in dieser Publikation erkennbar, so wie mir scheint.

Burkhardt:
Dem Text ist das nicht zu entnehmen.

Jesdinsky:
Aber das ist eine Sache des Kommunikationsstils. Man kann nicht achtzigseitige Arbeiten in dem „New England Journal" lesen. Dann würden Sie sich auch gar nicht mehr für diese Zeitschrift interessieren.

Dannehl:
Herr Gebhardt, Sie brachten vorhin den intraindividuellen Vergleich in die Diskussion, und zwar als ein Gegenbeispiel zur kontrollierten Prüfung. Dazu ist zu sagen: Wenn bei der Durchführung eines intraindividuellen Vergleichs alle Voraussetzungen erfüllt sind, die für seine Anwendung notwendig sind — was übrigens viel seltener der Fall ist als in der Forschungspraxis gemeinhin angenommen wird —, dann ist der intraindividuelle Vergleich eine kontrollierte Prüfung und nicht eine Alternative oder gar im Gegensatz zu ihr.
Ferner haben Sie anhand mehrerer Beispiele darauf hingewiesen, daß in der Regel die konkrete Forschungssituation viel zu kompliziert für experimentelle Studien sei und daß sehr viele Fragen in Vorversuchen erst geklärt sein müßten. In der Tat ist die Planung und Durchführung von experimentellen Studien keine einfache Sache. Niemand behauptet das, und auch in der Physik gibt es geschickte und weniger geschickte Experimentatoren. Ich meine also, daß Ihr Kompliziertheitsargument eigentlich nichts gegen die Durchführung von kontrollierten Prüfungen sagt.
Herr Anlauf, die Beispiele, die Sie in Ihrem Referat vorgetragen haben, stehen trotz des von Ihnen gewählten Titels „Nicht-statistische Verfahren" nicht im Gegensatz zu den statistischen Verfahren — darauf ist hier in der Diskussion schon hingewiesen worden. Dennoch, der von Ihnen gewählte Titel und Ihre Ausführungen dazu kommen nicht von ungefähr. Wann immer über die Methodik in der klinischen Forschung diskutiert wird, werden diese Beispiele bzw. Beispiele dieses Typs gebracht, verbunden mit dem Argument, daß noch alle bedeutenden Substanzen ohne den kontrollierten klinischen Versuch geprüft worden seien. Doch läßt sich für diese besonderen Situationen — die mitunter noch nicht einmal Forschungssituationen waren — zeigen, daß dabei auch ohne Formalisierung alle Merkmale einer experimentellen Studie erfüllt sind, und allein darauf kommt es für die ursächliche Interpretation von Effekten an.
Schließlich noch eine Bemerkung zu Herrn Kienle. Sie weisen immer wieder darauf hin, daß es überhaupt keine korrekten kontrollierten klinischen Prüfungen gebe. Was man zu sehen bekomme, sei jämmerlich. Herr Kienle, ich bin Methodiker, und ich gebe zu, daß auch Berufskollegen an Studien beteiligt sind, die methodisch schlecht sind. Deshalb bin ich auch jederzeit bereit, Mediziner und Biologen mit methodisch unzulänglichen Studien in Schutz zu

nehmen. Aber, Herr Kienle, auf all das kommt es doch überhaupt nicht an. Das Entscheidende ist doch, welchen Schluß ziehen wir daraus. Sollen wir die kontrollierte klinische Prüfung, allgemein die experimentelle Studie, abschaffen, bloß weil so viele zur Zeit noch so schlechte Experimentatoren sind? Da wären dann doch wohl eher Schlußfolgerungen für die wissenschaftliche Aus- und Weiterbildung zu ziehen. Ich meine, daß wir auf das Experiment als Leitforderung für die medizinische Forschung gar nicht verzichten können — auch und gerade dann nicht, wenn im konkreten Fall einer klinischen Prüfung aus technischen, ökonomischen, organisatorischen und/oder ethischen Gründen methodische Kompromisse erforderlich werden.

Fülgraff:
Ich möchte Herrn Überla doch bitten, ob er nicht den Versuch machen kann, ein in einer Diskussionsbemerkung angelegtes Eigentor noch zu revidieren. Sie haben gesagt, Sie sind bei Clofibrat zum gleichen Urteil gekommen, Sie und Herr Kienle, und das hat in meinen Augen gerade nicht auf der Studie basiert. Sehen Sie, Clofibrat-Studien, und da möchte ich Herrn Kienle voll unterstützen, das sind die größten und bestangelegten, haben gerade gezeigt, daß auch so große Studien angreifbar sind, so daß im Grunde genommen jeder das ablehnen kann, was seinen Interessen widerspricht. Und Sie und Herr Kienle waren sich einig in einem einzigen Punkt, nämlich in der Ablehnung der Studie, aber aus ganz unterschiedlichen Motiven. Wenn Sie sich aber in der Sache einig gewesen wären, was Sie meines Erachtens nicht waren, dann würde es gerade beweisen, daß Sie dies nicht aufgrund der Studie waren, sondern aufgrund ganz anderer Erfahrung.

Überla:
Ich habe meine Aussage, Herr Fülgraff, so gemeint, daß wir uns in den Schlüssen, die aus der Studie gezogen werden können, einig waren. Nicht in der Ablehnung der Studie. Es ist eine gute Studie. Vielleicht gehen unsere Meinungen und Kritikpunkte an der Studie in einzelnen Punkten auseinander. Aber wir waren uns einig in dem Urteil, daß diese Studie die totale Rücknahme vom Markt nicht rechtfertigt. In diesem Punkt waren wir uns einig, aufgrund der methodischen Beurteilung der Studie. Ist das damit klargestellt?

Kienle:
Wenn wir wissenschaftlich arbeiten, müssen wir fragen, was eine Methode leistet, und dann sollte man genau präzisieren, unter welchen Bedingungen eine Methode sinnvoll und erfolgversprechend anzuwenden ist und uns diese Präzisierung nicht durch Globalaussagen — wie z. B. die, daß der kontrollierte Versuch unverzichtbar sei — erschweren. Es kommt sehr darauf an, daß man lernt, immer differenzierter zu berücksichtigen, mit welchen Verfahren man z. B. die Herzglykoside beurteilen konnte und mit welchen andere Arzneimittel, welche Wege erfolgreich waren und welche in die Irre geführt haben. Mein Anliegen ist es, daß wir ein wissenschaftliches Bewußtsein über Möglichkeit, Leistungsfähigkeit und Angemessenheit zur Beurteilung von Therapieformen entwickeln.

Gross:
Ich glaube, das war ein sehr gutes und klärendes Wort, was Sie da gesagt haben — man sollte überhaupt keine globalen Urteile fällen bei einem so differenzierten Wesen, wie es der Mensch ist. Im übrigen müssen wir uns immer darüber im klaren sein, daß auch durch noch so gute, statistisch belegte Studien die Medizin oder der Arzt noch nicht verbessert wird, sondern daß das lediglich Voraussetzungen sind für rationales Handeln.

Nutzen/Risiko-Abwägung bei der Therapieentscheidung des Arztes

von K. D. Bock

Jeder Arzt, der sich einer rationalen Therapie — nicht zu verwechseln mit seelenloser, mechanistischer Medizin — verpflichtet fühlt, wird sich bei seinen Arzneiverordnungen auf Pharmaka beschränken, deren Wirksamkeit gesichert erscheint und deren Risiken dem jeweiligen Stand des Wissens entsprechend ausreichend untersucht sind. In gut geleiteten Kliniken war es seit jeher verpönt, Präparate mit zweifelhafter oder fehlender Wirkung zu verwenden oder eine Therapie „ut aliquid fiat" vorzunehmen, d. h. Medikamente zu geben, nur damit überhaupt etwas geschieht, ohne daß man sich einen objektiven Nutzen davon versprochen hätte. Mit den Ausnahmen von diesen Grundsätzen verhält es sich wie mit den Regeln für gutes Benehmen: Nur dem verzeiht man ihre Übertretung, von dem man weiß, daß er die Regeln beherrscht. Daß der Arzt unter den verfügbaren Pharmaka dasjenige auswählen wird, welches im Verhältnis zur Schwere der Krankheit einerseits den besten Effekt, andererseits das kleinstmögliche Risiko aufweist, daß mithin in manchen Situationen außerordentlich hohe, in anderen überhaupt keine ernsten Risiken in Kauf genommen werden dürfen, ist so selbstverständlich, daß sich hierzu weitere Erörterungen erübrigen.

Vielmehr will ich zunächst über die Bedeutung sprechen, welche die vielzitierte persönliche ärztliche Erfahrung heute für zahlreiche wichtige Therapieentscheidungen besitzt. Der Begriff „Erfahrung" (oder Empirie) ist vielfach mißbraucht worden. Die Tatsache, daß jede Naturwissenschaft und auch die Medizin empirische Wissenschaften sind, daß jedes analysierende Experiment und jede Beobachtung der Natur einschließlich der des kranken Menschen Erfahrung, Empirie ist, läßt Bezeichnungen, mit denen sich manche medizinischen Richtungen schmücken, wie z. B. „Erfahrungswissenschaft" oder „Erfahrungsmedizin", als begriffliche Falschmünzerei erscheinen.

Ärztliche Erfahrung im Speziellen gewinnt der Arzt zunehmend im Laufe seines Lebens durch die Beobachtung von kranken Menschen, von Krankheitsverläufen mit und ohne Behandlung. Wie er diese Erfahrung verwertet, hängt ganz wesentlich von seinem Gedächtnis, ferner von seinen Vorurteilen, vor allem aber von seiner Urteilskraft, seiner Kritikfähigkeit ab, die teils angeboren sind, aber auch anerzogen werden können. Freilich wird der weit überwiegende Teil ärztlichen Wissens schon lange nicht mehr durch persönliche Erfahrung gewonnen, sondern ist weitergegebene fremde Erfahrung. Zudem hat die Tatsache, daß Untersuchungen mit objektivierenden Methoden manche altüberkommene, angeblich gesicherte Erfahrung in der Medizin als Irrtum entlarvt haben, zu Skepsis gegenüber der eigenen Wahrnehmung, der eigenen Erfahrung geführt, die manchmal sogar so weit geht, daß die subtile Krankenbeobachtung vernachlässigt wird. Richtig ist, daß letztere durch nichts ersetzt werden kann, aber — und hier scheiden sich die Geister — die naturwissenschaftliche Medizin hat aus ihren eigenen Irrtümern die Konsequenz gezogen, daß die subjektive Erfahrung durch gezielte Untersuchung reproduziert (oder widerlegt) werden muß, bevor sie allgemein akzeptiert werden kann (oder verworfen wird). Anders ausgedrückt: Die ärztliche Erfahrung erlaubt nur die Bildung von Hypothesen, die verifizierbar oder falsifizierbar sein müssen. Prinzipiell nicht falsifizierbare Hypothesen sind keine Wissenschaft, sondern Glaubensbekenntnisse.

Wegen des großen Angebots (wirksamer und unwirksamer) Medikamente ist der praktizierende Arzt heute nur noch ausnahmsweise in der Lage, sich persönlich ein in jeder Hinsicht zutreffendes Bild von Wirksamkeit und Nebenwirkungen aller von ihm verordneten Medikamente zu verschaffen; er verfügt allenfalls über Eindrücke, die durchaus richtig sein, die aber auch ein völlig falsches, zu positives oder zu negatives Bild von einem Pharmakon erzeugen können. Er kann fast nie ohne Rückgriff auf die publizierte Fremderfahrung über Wirkung, Wirksamkeit und Nebenwirkungen zu einem schlüssigen Urteil über seinen Arzneimittelschatz gelangen. Dieses Angewiesensein auf Fremderfahrung wird besonders deutlich bei chronischen, jahrzehntelang verlaufenden Erkrankungen oder bei jenen biochemischen oder physikalischen Normabweichungen, die als sogenannte Risikofaktoren erkannt worden sind. Um es an einem Beispiel zu demonstrieren: Ich habe in meinem Leben Tausende von Hypertonikern behandelt, aber wenn ich von der malignen Hypertonie absehe, bei der die Wirksamkeit der Therapie für den erfahrenen Kliniker so offenkundig ist, daß sie außer jedem Zweifel steht, so könnte ich weder aufgrund meines subjektiven Eindrucks behaupten noch hätte ich persönlich gewonnene wissenschaftliche Belege dafür, daß ich den vielen mittelschweren Hypertonien mit meiner Behandlung genützt habe. Wenn ich trotzdem alle diese Patienten konsequent behandelt habe, so einmal, weil der Analogieschluß zu den offenkundigen Erfolgen beim malignen Hochdruck nahelag, zum anderen aber

vor allem deshalb, weil hier sehr bald nach der Einführung wirksamer Antihypertensiva in gezielten Studien gezeigt werden konnte, zunächst bei den schweren, dann bei den mittelschweren Hypertonien, daß durch die drucksenkende Therapie die Häufigkeit bestimmter Komplikationen drastisch reduziert und die Lebenserwartung verlängert wird.
Dieses Beispiel — es gäbe zahlreiche andere — zeigt, daß selbst jahrzehntelange persönliche ärztliche Erfahrung in der Behandlung eines häufig vorkommenden Krankheitsbildes es prinzipiell nicht ohne weiteres erlaubt, sich ein Urteil über die Wirksamkeit einer Therapie (hier: verminderte Häufigkeit von Komplikationen, verlängerte Lebenserwartung) zu bilden. Angesichts dieser Situation ist es unbegreiflich, wenn mit scheinbar tiefschürfenden theoretischen Einwänden und vordergründiger Methodenkritik der objektivierende Wirksamkeitsnachweis in seinen verschiedenen Varianten abgelehnt wird und durch subjektive ärztliche Erfahrung oder „Intuition" ersetzt werden soll. Ein besonders schwieriges Problem sind die *Grenzfälle* und die *Risikofaktoren,* beim Hochdruck also die sogenannte Grenzwerthypertonie. Die Statistik hat vielfach gezeigt, daß mit steigendem Blutdruck das Risiko von Hochdruckkomplikationen größer, die Lebenserwartung kürzer wird, ohne daß die Kurven irgendwo einen deutlichen Knick aufweisen. Statistisch beginnt das Risiko schon in Blutdruckbereichen zuzunehmen, die noch im Normbereich oder dicht darüber liegen. Allerdings ist in diesen leichtesten Fällen mit Komplikationen erst nach 10, 20 oder 30 Jahren zu rechnen. Der früher oft und auch heute noch gelegentlich vertretenen Forderung, schon jede Grenzwerthypertonie konsequent zu behandeln, stehen aber folgende Argumente entgegen:
1. Verlaufsbeobachtungen zeigen, daß nur ein Teil der Grenzwerthypertonien einen stabilen Dauerhochdruck bekommen, bei anderen sinkt der Blutdruck später wieder ab oder bleibt gleich. Die „echten" Risikopatienten in dieser Gruppe sind mit unseren heutigen Methoden nicht eindeutig zu identifizieren, so daß bei genereller Behandlung der gesamten Gruppe ein beträchtlicher Teil von Menschen einer überflüssigen Therapie unterzogen würde.
2. Eine Langzeittherapie bei beschwerdefreien, sich gesund fühlenden Menschen stößt auf psychologische Widerstände und hat auch erhebliche ökonomische Konsequenzen. Sie kann im Einzelfall mit störenden subjektiven Nebenwirkungen verbunden sein, die die Lebensqualität vermindern, sie kann aber auch objektive Risiken in sich bergen, die man bei schwereren Fällen in Kauf nehmen würde, hier aber nicht.

Die Abb. 1 gibt diese Situation graphisch wieder: Das Krankheitsrisiko steigt mit dem Blutdruck steil an, die Nebenwirkungen der Therapie ebenfalls (bedingt durch die Verwendung mehrerer und/oder stärker wirksamer Medikamente in schwereren Fällen), wenngleich deutlich flacher. An einem (hier willkürlich gewählten) Punkt schneiden sich die beiden Kurven, d. h. von einem bestimmten Blutdruck an überwiegt das Risiko der Krankheit immer mehr das Risiko der Therapie.

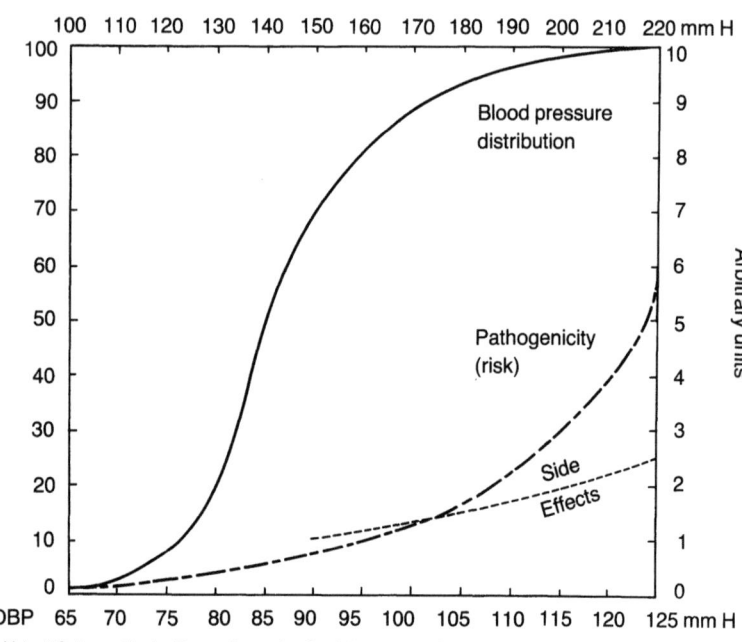

Abb. 1 Schematische Darstellung der Beziehung zwischen Krankheitsrisiko (Pathogenicity) und Therapierisiko (Side effects) am Beispiel des Hochdrucks.
Abszissen: systolischer (SBP) und diastolischer (DBP) Blutdruck.
Rechte Ordinate: arbiträre Einheiten (nach T. Strasser).

Ein anderes Beispiel ist die berühmte Clofibrat-Studie der WHO, anhand derer ich die hier aufgeworfene Problematik nur im Grundsatz diskutieren will, ohne auf umstrittene sonstige Einzelheiten einzugehen. Die Studie hat einmal gezeigt, daß Clofibrat wirkt, indem es die S-Cholesterol-Konzentration senkt, zum anderen (Tab. 1), daß die Substanz insoweit auch wirksam ist, als sie die Inzidenz nicht-tödli-

		Clofibrat N = 5331 Behandlungsdauer ~ 5 Jahre	Kontrollen N = 5296	Diff.
Nicht- tödl. Herz- infarkt	N = Rate/ 1000/ Jahr	131 4,6	174 6,2	− 43 Fälle (− 25%)
Chole- cyst- ektomie	N =	59	24	+ 35 Fälle (3 †)
43 von 5331 Fällen = 8‰			35 von 5331 Fällen = 7‰	

Tab. 1 Einige Daten aus der Clofibrat-Studie der WHO

cher Herzinfarkte im Vergleich zu einer Kontrollgruppe um 25% senkt. Das ist, für sich genommen, eine eindrucksvolle Aussage. Man kann es aber auch so sagen: Man muß über 5000 Menschen rund 5 Jahre lang mit Clofibrat behandeln, um 43 Herzinfarkte zu verhindern. Für dieses Ergebnis ist ein Preis von 35 zusätzlichen Cholecystektomien, davon 3 tödlich verlaufenden, zu zahlen. Bei den übrigen 5253 Fällen hat die Behandlung weder geschadet noch genützt, sie wurden vergeblich behandelt. Man kann schließlich auch sagen: Bei fünfjähriger Behandlung mit Clofibrat beträgt die Erfolgsquote hinsichtlich nicht-tödlicher Herzinfarkte 8‰, das Risiko zusätzlicher Cholecystektomien 7‰ und tödlicher Cholecystektomien 0,6‰.
Was demonstrieren diese Beispiele?
1. Der einzelne Arzt kann hier durch persönliche Beobachtung, durch eigene Erfahrung weder den Nutzen noch das Risiko der Therapie erkennen. Nur die Ergebnisse kontrollierter Studien ermöglichen überhaupt eine Urteilsbildung.
2. Bei der Entscheidung über Nutzen und Schaden einer Therapie müssen immer dann, wenn nur statistische Kennzahlen das Krankheitsrisiko, den Effekt und die Risiken der Therapie beurteilen lassen, die vorhandenen Daten zusätzlich auf ihre klinische Relevanz hin beurteilt werden. Diese Beurteilung darf nicht nur Wirkung, Wirksamkeit und Nebenwirkungen beinhalten, sondern muß einen weiteren quantitativen Aspekt einbeziehen, nämlich die Erfolgsquote, oder, umgedreht, auch die Zahl der vergeblich behandelten Patienten. Diese oft außerordentlich große Gruppe wird meist vergessen.

Für den Arzt, der sich im Angesicht eines Patienten für oder gegen eine Therapie entscheiden muß, ist dabei besonders belastend, daß er nicht weiß, ob gerade dieser Patient einer derjenigen sein wird, denen die Behandlung Vorteile bringt, und daß Nutzen und Schaden ja in der Regel nicht den gleichen Menschen treffen. Der ihm gegenübersitzende Patient könnte gerade einer sein, der nur geschädigt wird, ohne von der Behandlung zu profitieren. Daher werden neben der klinischen Gewichtung der statistischen Daten bei allen derart kritischen Therapieentscheidungen noch zusätzliche individuelle Gesichtspunkte berücksichtigt, die die Nutzen/Schaden-Abwägung erleichtern: Weitere Risiken beim Patienten, individuelle Kontraindikationen, subjektive Nebenwirkungen, speziell unter Berücksichtigung des Berufes, und schließlich auch die Möglichkeit alternativer therapeutischer Maßnahmen. Ein praktisches Beispiel möge dies abschließend deutlich machen: Bei den Empfehlungen zur Therapie des Hochdrucks haben die WHO ebenso wie die Deutsche Liga zur Bekämpfung des hohen Blutdrucks davon abgesehen, bei den leichtesten, wenn auch statistisch schon eindeutig faßbaren Risikogruppen grundsätzlich eine medikamentöse Therapie zu empfehlen. Bei der Grenzwerthypertonie wird geraten, nur dann zu behandeln, wenn zusätzlich bestimmte Risikofaktoren vorhanden sind, und selbst dann zuerst diätetische Maßnahmen zu versuchen, bevor Pharmaka eingesetzt werden. Ein solcher Kompromiß, der dem Arzt viel Ermessensspielraum läßt, ist sicher auch auf vielen anderen Gebieten zweckmäßig. Freilich gibt es glücklicherweise zahlreiche andere Therapieentscheidungen, bei denen die Nutzen/Risiko-Abwägung sehr viel einfacher ist.

Ich fasse zusammen:
1. Der Arzt ist bei seiner Urteilsbildung über Nutzen und Risiko einer Pharmakotherapie häufig auf Fremderfahrung angewiesen. Insbesondere bei der Entscheidung über Nutzen und Risiko einer Langzeittherapie chronischer Erkrankungen oder sogenannter Risikofaktoren ermöglicht seine persönliche Erfahrung in der Regel keine oder eine nur unzureichende Beurteilung.
2. Risiko der Krankheit sowie Nutzen und Risiko der Therapie sind gerade in den zuletzt genannten Fällen nur in statistischen Parametern definierbar, die meist nur in kontrollierten Studien gewonnen werden können. Dabei bedeutet statistische Signifikanz nicht notwendig klinische Relevanz.
3. Auch bei statistisch erwiesenem, klinisch relevantem Nutzen einer Langzeittherapie bleiben Nutzen und Risiko für den einzelnen Pa-

tienten unsicher. Die Therapieentscheidung wird dann durch Berücksichtigung zusätzlicher allgemeiner sowie patientenbezogener individueller Gesichtspunkte erleichtert.

Diskussion

Gebhardt:
Sie haben zunächst die Erfahrungsmedizin etwas abqualifiziert. Vielleicht darf ich das ein bißchen korrigieren. Das Problem hat ja historische Gründe. MÖSSINGER hat darauf hingewiesen, daß mit BACON und KANT die induktiven Forschungsmethoden eingeführt wurden und damit der Siegeszug der modernen Naturwissenschaft begann. Nur in der Therapie ist die Medizin bis heute überwiegend deduktiv geblieben. Wir glauben ja immer noch, daß uns die Therapie als reife Frucht in den Schoß fällt, wenn wir die Pathogenese einer Krankheit nur richtig erforscht haben. Darüber wird aber oft die Phänomenologie einer Krankheit vernachlässigt. Nehmen Sie als Beispiel die Arteriitis obliterans. Das Arteriogramm zeigt eine Einengung des Gefäßes. Der Patient berichtet: „Ich habe in meinem Bein brennende Schmerzen, die sich bessern, wenn ich das Bein kühle." Eine solche Information wird vom Kliniker normalerweise nicht zur Kenntnis genommen, da sie ihm keine therapeutische Leitschiene liefert. Er sagt sich vielmehr: „Ich muß ein gefäßerweiterndes Mittel geben, um dieses organisch und zusätzlich noch funktionell verengte Gefäß zu erweitern." Also wird er z. B. Ronicol verabreichen, von dem aus Tierversuchen eine gefäßerweiternde Wirkung bekannt ist; das Vorgehen ist deduktiv. Höre ich aber auf die subjektive Symptomatik des Patienten, für die ich ja kein objektives Maß besitze, so weiß ich aus der Toxikologie, daß Secale derartige Symptome hervorruft. Sie können mir daher als Leitschiene für die Mittelwahl dienen, und ich kann danach Secale cornutum in homöopathischer Verdünnung zur Behandlung verabreichen. Dieses Vorgehen ist aber induktiv-empirisch. Sie haben selber gesagt: „Individuelle Gesichtspunkte sollten berücksichtigt werden", und ich möchte hier unterstreichen: Sie müssen *in vermehrtem* Maße nicht nur für die Diagnostik, sondern auch für die Therapie Berücksichtigung finden.

Bock:
Ich habe die „Erfahrungsmedizin" nur deshalb angesprochen, weil ich die Bezeichnung für mißverständlich halte; auch die naturwissenschaftliche Medizin ist Erfahrungswissenschaft. Im übrigen ist die Kenntnis der Pathogenese keineswegs immer notwendig, um eine wirksame Therapie zu entwickeln. Auch die naturwissenschaftlich orientierten Ärzte sind Pragmatiker, für die der Versuch (die Erfahrung!) entscheidend ist, ob sie etwas als wirksam akzeptieren oder nicht, unabhängig von den Kenntnissen über die Pathogenese. Um beim Beispiel des essentiellen Hochdrucks zu bleiben: Wir kennen die Ätiologie und Pathogenese bestenfalls teilweise, und trotzdem ließ sich zeigen, daß blutdrucksenkende Pharmaka, unabhängig von ihrem Wirkungsme-

chanismus, auch wirksam sind in dem Sinne, daß sie Komplikationen verhüten und das Leben verlängern. Es trifft auch nicht zu, daß wir subjektive Symptome in der Diagnostik oder Therapie vernachlässigen würden. In jedem Lehrbuch ist nachzulesen, daß bei vielen Krankheiten subjektive Symptome sogar ganz maßgebend z. B. für die Stadieneinteilung sind, gerade auch bei den von Ihnen erwähnten arteriellen Durchblutungsstörungen. Der Unterschied liegt ganz woanders. Sie bringen über die subjektiven Symptome das homöopathische Prinzip „similia similibus" ins Spiel, aufgrund dessen Sie das Pharmakon auswählen. Wir wählen das Pharmakon nur danach aus, ob es wirkt oder nicht, unabhängig davon, ob dazu passende theoretische Vorstellungen existieren.

Kewitz:
Ich möchte an ein Wort anknüpfen, das Herr Bock eben gesagt hat, und auf einen Gesichtspunkt hinweisen, der bisher noch nicht so deutlich erwähnt worden ist. Herr Gebhardt hat mich jetzt darauf gebracht. Herr Bock hat nämlich gesagt, wegen des großen Angebotes an Medikamenten könne heute nicht jeder Arzt alles, was er verschreibt, aus eigener Erfahrung beurteilen. Dies ist ein ganz entscheidender Punkt. Solange wir uns auf den Standpunkt stellen, es gäbe so viele Diagnosen, wie es Kranke gibt, wenn man also überhaupt nicht abstrahieren würde, dann muß jeder Patient die für ihn geeignete Medikation mit der für ihn geeigneten individuellen Dosierung erhalten. Davon sind wir natürlich weit entfernt. Im Gegenteil, die Industrialisierung der Herstellung von Arzneimitteln hat dazu geführt, daß Medikamente Massenprodukte geworden sind, nicht nur jedes einzelne, sondern auch insgesamt. Es gibt Massen von verschiedenen Medikamenten in Massen von einzelnen Zubereitungen, und wenn man daraus Nutzen ziehen will, gelingt das natürlich nur, wenn man abstrahiert. Das geht gar nicht anders, sonst wäre die Massenproduktion Unsinn. Das ist aber genau das, was Sie nicht vorhaben, wenn Sie sagen: „Psoriasis ist eine Krankheit, die ich bei dem einen mit Schwefel behandele und bei dem anderen mit Arnika", und was Sie sonst noch erwähnt hatten. Aber das ist ja gar nicht das Prinzip der Homöopathie, Herr Gebhardt! Sie verschweigen ein ganz wesentliches Prinzip der Individualität. Die können Sie, behaupte ich, nicht besser beurteilen als jeder Schulmediziner. Sie sehen dem Psoriatiker auch nicht an, ob Sie ihm Schwefel geben sollen oder Arnika. Und wenn Sie es können, dann würde ich Sie bitten, uns dieses zu lehren, damit wir es auch können. Ich glaube, dieses ist ein ganz wichtiger Punkt. Wir leiden nicht unter dem Mangel an hochwirksamen Medikamenten, sondern wir leiden an der Fülle von vielen, z. T. unsicheren, ungewiß wirksamen Stoffen. Wir können nicht mit genügender Gewißheit voraussagen, wie sich der Krankheitsverlauf ändert, wenn wir Mittel A, B, C oder D geben. Und genau deshalb brauchen wir den kontrollierten klinischen Versuch, das Experiment, um das Bessere zu selektieren. Die große Zahl, die uns gewaltig stört, können wir nur beseitigen, indem wir das Bessere vom Schlechteren trennen. Deshalb ist die Beurteilung jedes einzelnen Medikamentes, jedes einzelnen Stoffes im Rahmen eines bestimmten therapeutischen Konzeptes wichtig.

Kienle:
Wir sind uns, glaube ich, einig, daß der Vergleich mit historischen Patienten eine ausreichende Urteilsbildung der Therapie der malignen Hypertonie bietet. Strittig ist die Frage der Grenzwerthypertonie, bei der eine Effizienz der Therapie vielleicht nur mit kontrollierten prospektiven Studien erfaßbar ist. Es wäre sicherlich richtiger, zunächst durch weitere Untersuchungen zu klären, welche Kranken mit Grenzwerthypertonie Anwärter auf lebensbedrohliche Komplikationen sind.
Wie können wir die Zielsetzung zur Lösung des therapeutischen Problems so konkretisieren, daß wir sie als sog. Verlustfunktion im Sinne der Entscheidungstheorie präzisieren? Das Abschätzen dieser Verlustfunktionen auf ihre Relevanz für das therapeutische Problem ist sehr viel schwieriger als die Auswahl eines Parameters, für den man mit einer bestimmten Versuchsanordnung ein signifikantes Ergebnis erzielen kann. Die errechnete Irrtumswahrscheinlichkeit besagt überhaupt nichts über die therapeutische Relevanz des Ergebnisses, solange nicht vor Versuchsbeginn die klinische Bedeutung des Parameters geklärt ist. Und dieser Vorgang ist eben methodologisch völlig ungeklärt, da hilft die Entscheidungstheorie nichts, weil auch sie ein formalisiertes System ist. Dasselbe Problem, das über die Suffizienz der Testverfahren jeweils entscheidet, kommt auch in der Therapie zum Tragen.
Wenn man Krankheiten symptombezogen therapiert, betreibt man sehr leicht Lipid-, Kreislauf- und Blutzuckerkosmetik. Man hat in den fünfziger Jahren viele Schockpatienten umgebracht, bei denen mit Catecholaminen Blutdruckkosmetik betrieben wurde.
Dann möchte ich noch auf eines hinweisen: Den Doppelblindversuch haben die Homöopathen 1840 erfunden, aber zur Prüfung des Arzneimittelbildes im Selbstversuch am Gesunden!

Bock:
Wenn Sie sagen, Herr Kienle, daß nach der Prüfung der Ergebnisse einer Studie auf ihre statistische Signifikanz die eigentliche Problematik erst beginnt, so kann ich Ihnen nur voll zustimmen. Aber es hat eben nur Sinn, sich mit den nachfolgenden Fragen, also der Beurteilung des therapeutischen Nutzens, der Erfolgsquote, des Risikos überhaupt näher zu beschäftigen, wenn vorher gezeigt worden ist, daß eine Substanz wirkt oder wirksam ist. Andererseits kann ja durchaus der Fall eintreten, wie ich das ja vorhin beim Clofibrat gezeigt habe, daß man trotz einer statistisch gesicherten lipidsenkenden Wirkung und einer gesicherten Wirksamkeit auf den Krankheitsverlauf sagt: Im Hinblick auf die minimale Erfolgsquote und das Risiko bestimmter Nebenwirkungen sollte man die Substanz zumindest bei den in der Studie geprüften Indikationen nicht anwenden.

Kienle:
Die Differenz zwischen uns betrifft die Frage, ob die Verlustfunktion bereits vor dem Versuch formuliert wird. Man muß sich zuvor Rechenschaft darüber abgeben, ob sich das Prüfziel in Zielgrößen-Parametern etc. fassen läßt oder

nicht. Aus logischen Gründen läßt sich die Wirksamkeit nicht direkt prüfen, und damit stehen Sie vor der ganzen ungelösten Problematik der Wirksamkeitsprüfung, denn Gesundheit und Krankheit sind keine Meßgrößen. Es muß also jeder Parameter vor Beginn des Versuchs auf seine Validität im Hinblick auf Gesundheit und Krankheit geprüft werden, und dieses ist formal nicht lösbar. Und in diesem Sachverhalt ist die Divergenz zwischen uns begründet. Nur eine kurze Bemerkung zur Clofibrat-Studie, wir wären bei ihrer Beurteilung sehr glücklich gewesen, wenn wir gewußt hätten, wer von den Versuchspersonen Clofibrat eingenommen hat und wer nicht.

Überla:
Ich finde den Begriff Nutzen/Risiko nicht sehr günstig. Man sollte von Nutzen und Schaden auf der einen Seite und von Risiko und Sicherheit auf der anderen Seite sprechen. Nutzen und Schaden sind materielle Dinge. Risiko und Sicherheit haben etwas mit Häufigkeit/Wahrscheinlichkeit zu tun. Es gibt meines Wissens kein formales Verfahren zur Nutzen/Schaden- oder Risiko/Sicherheits-Abwägung, das hinreichend fundiert wäre. Und als weitere Aussage: Es ist mir keine Studie aus dem Arzneimittelsektor bekannt, in der mit einem formalen Verfahren Risiko/Nutzen-, Schaden/Sicherheits-Abwägungen getroffen worden wären. Das Wort „Risiko/Nutzen-Abwägung..."
ist ein neues Wort, das darüber hinwegtäuscht, daß nicht einmal die formalen Verfahren dafür da sind, und daß keine Empirie dafür da ist, so daß die Handlungsmöglichkeiten um den Faktor 1000 wachsen. Ich möchte davor warnen, mit diesem Wort „Risiko/Nutzen-Abwägung" die Erwartung zu erzeugen, man wüßte etwas mehr, man wäre auf der sicheren Seite. Ich kann nur darauf hinweisen, wie wenig wir im Grunde genommen wissen. Wir müssen in der Risiko/Nutzen-Abwägung unterscheiden zwischen dem Individuum und der Massenaussage. Für das individuelle Risiko oder die Nutzen/Schaden-Abwägung beim einzelnen Patienten gibt es kaum formalisierte Verfahren, die das unterstützen, sondern das allgemeine ärztliche Wissen, das eben gelernt wird. Die Massenaussagen betreffen die regulierenden Behörden, die nur Rahmenbedingungen setzen können, innerhalb derer individuelle Nutzen/Schaden-Abwägungen möglich sind. Diese Massenaussagen und Bedingungen für die Medizin, die gesetzt werden, sollten die Handlungsfähigkeit des Arztes nicht einengen, sondern erweitern, nur das Allergröbste, was einvernehmlich ist, festlegen und nicht mehr.

Lewandowski:
Ich möchte nur etwas sagen zu der Kritik an dem Terminus Nutzen/Risiko-Abschätzung. Sicher kann er mißverstanden werden, und juristisch gibt es in der Tat Anlaß, gegen eine frühzeitige Formalisierung der Entscheidungsprozeduren Bedenken anzumelden. Aber meiner Meinung nach hat sich der Begriff Nutzen/Risiko-Abschätzung oder Nutzen/Risiko-Beurteilung gegenüber seinen Vorläufern bewährt. Dazu gehören Ausdrücke wie: Schaden, schädliches Medikament, wirksames Medikament, gefährliches Medikament usw.

Sie sind im Grunde eindimensional. Demgegenüber ist der Nutzen/Risiko-Begriff operationeller, indem er uns nämlich in der täglichen Praxis daran erinnert, daß wir bei der Beurteilung einer therapeutischen Strategie die Alternativen nicht zu vergessen haben. Wenn man natürlich diesen Begriff aus theoretischen Gründen verfeinern will, dann würde ich mich auch gegen die Neuprägung, die Herr Überla hier vorgeschlagen hat, etwas aussprechen und sagen, man kann sicher Nutzen und Schaden, Nutzenwahrscheinlichkeit und Schadenswahrscheinlichkeit gegenüberstellen, oder Erfolgswahrscheinlichkeit mit Risiko in Beziehung setzen, aber ich würde meinen, als Bilanz käme jeweils das Verhältnis zu beiden heraus, das ergäbe dann die Sicherheit. Ich würde aber nicht Risiko gegen Sicherheit setzen und nicht von einer Risiko-Sicherheitsbeurteilung sprechen wollen.

Kleinsorge:
Ich möchte nur ganz kurz, im Sinne der Ausführungen von Herrn Bock, das, was Herr Überla gesagt hat, noch etwas akzentuieren. Sie haben gesagt, Herr Überla, im individuellen Bereich gibt es kein Verfahren zur Abschätzung des Nutzenrisikos. Im individuellen Bereich *kann* es eben kein normiertes Verfahren geben zur Abschätzung des Nutzenrisikos. Als Beispiel sei die Grenzwerthypertonie angeführt: Eine medikamentöse Behandlung wurde hier nur als notwendig erachtet, wenn zusätzliche Risikofaktoren gegeben seien. In Abwägung solcher möglichen Risikofaktoren wie Gewicht, Ernährung, Rauchen, Streß u. a., ebenso wie des Allgemeinzustandes und des beruflichen Einsatzes des Patienten, kann aber der Arzt nur in jedem Einzelfall sehr individuell über die Therapie entscheiden. Dabei spielt sowohl das fachliche Wissen als auch die Empirie neben der persönlichen Kenntnis des Patienten eine Rolle.

Kewitz:
Die Beispiele, die hier insbesondere von Herrn Kleinsorge zum Schluß gebracht worden sind, haben mich angeregt, noch mal darauf hinzuweisen, daß man zwischen Risiko und Nutzen des therapeutischen Konzeptes und Nutzen und Risiko des einzelnen Medikamentes differenzieren muß, das im Rahmen eines bestimmten Behandlungsplanes eingesetzt wird. Wenn das therapeutische Konzept erfordert, daß der Blutdruck gesenkt wird, dann muß ich fragen, ob dafür ein Beta-Blocker, welcher Beta-Blocker, oder ein ganz anderer Stoff, z. B. Reserpin, verwendet werden soll. Die Entscheidung hängt von der Nutzen/Risiko-Relation des einzelnen Medikamentes ab, das in mein therapeutisches Konzept hineinpaßt. Das gleiche gilt natürlich für die Lipidsenkung durch Clofibrat. Wenn das therapeutische Konzept, Lipidsenkung zur Verhinderung oder Beseitigung von Risikofaktoren, falsch ist, dann ist Clofibrat schädlich. Aber so ist nicht argumentiert worden, sondern das Konzept war unangefochten. Es fragte sich nur, ob der Stoff mehr Risiko als Nutzen bringt. Daher glaube ich, daß diese Differenzierung zwischen therapeutischem Konzept und im Rahmen des Konzeptes angewendeten Arzneimitteln notwendig ist.

Gebhardt:
Ich möchte auf zwei Dinge hinweisen, die bisher noch nicht ganz klargeworden sind. Fast alle Arzneimittel haben ein breiteres Wirkungsspektrum, als wir verwenden. Ihre Indikation wird eingeschränkt auf eine bestimmte therapeutisch erwünschte Wirkung, während alle anderen Effekte dieser Arznei mehr oder weniger unerwünschte Nebenwirkungen darstellen. Wenn nun Herr Kewitz eben sagte, daß die Individualität in der Homöopathie gar nicht zu beurteilen sei, so stimmt das nicht, denn es ist ja gerade das Charakteristische in der Homöopathie, daß sie individuell vorgeht. Das Arzneimittel wird dabei in seinem ganzen Wirkungsspektrum erforscht und therapeutisch benutzt. Alle Wirkungen eines Arzneistoffes werden mit dem subjektiven und objektiven Bild des Kranken in einem Analogieverfahren verglichen. Dies erfolgt streng individuell. In der klinischen Pharmakologie gehe ich deduktiv vor und denke in Kausalketten, sozusagen von oben nach unten. Der homöopathische Arzt dagegen denkt in Analogien induktiv, von unten nach oben. Darin liegt ein ganz gravierender Unterschied. Jede dieser Methoden hat ihre Berechtigung, keine darf aber einen Absolutheitsanspruch erheben.

Kewitz:
Völlig richtig. Nur in dem Moment, in dem Sie Fertigarzneimittel daraus machen, ein Massenprodukt, müssen Sie genauso abstrahieren wie alle anderen Ärzte. Alles andere können Sie machen, wie Sie es für richtig halten. Wenn Sie individuelle Therapie treiben, können Sie tun und lassen, was Sie wollen, aber wenn es um Fertigarzneimittel geht, können Sie nicht mehr so weitgehend individuell behandeln, wie Sie vorschlagen.

Gross:
Was mich ja eigentlich am meisten freut, ist, daß wir doch nicht mehr so sehr immer von entweder—oder, sondern von sowohl—als auch sprechen. Das halte ich schon für einen ganz wesentlichen Fortschritt im Hinblick auf das gegenseitige Verständnis und Verstehen.

Formalisierung und Urteilskraft

von G. Kienle

Ausgangspunkt und Ziel der Medizin — und damit auch der therapeutischen Forschung — ist die persönliche Hilfeleistung des Arztes für den einzelnen Erkrankten. Er behandelt nicht Populationen, sondern immer einzelne Patienten, wobei er aufgrund der Beurteilung des individuellen Verlaufes therapeutische Maßnahmen ergreifen und auch modifizieren muß. Die medizinische Wissenschaft kann sich ausschließlich dadurch rechtfertigen, daß sie dem Arzt ein Instrumentarium gibt, mit dem er die Krankheitssituation besser erfassen, den Verlauf besser beurteilen und die für den konkreten Fall jeweils bestmögliche therapeutische Maßnahme ergreifen kann. Aus der Gegenüberstellung von Erwartung und Erfolg bildete sich bislang die ärztliche therapeutische Erfahrung. Diese ärztliche Urteilsbildung — der wir zumindest die Grundlagen der gegenwärtigen Medizin verdanken — ist irrtumsanfällig. Zur Vermeidung dieser Irrtümer wurde vor einigen Jahrzehnten mit dem kontrollierten klinischen Therapieversuch ein neues Element der Erkenntnisgewinnung eingeführt: das geplante Experiment mit kalkulierbarer Irrtumswahrscheinlichkeit. Durch konsequente Formalisierung und Elimination aller subjektiven Faktoren wurde diesem Verfahren Objektivität und Übertragbarkeit zugedacht. Seitdem wird zwischen ärztlicher Urteilsbildung und formalen Ergebnissen unterschieden.
ÜBERLA (1) hat anläßlich des Symposiums der Paul-Martini-Stiftung am 8. 2. 1978 in Bad Nauheim diesen Gegensatz so charakterisiert, daß er unter „subjektivem Wissen" „die Annahme und Überzeugung eines Arztes" verstand, „daß eine Behandlung hilft aufgrund einer nicht näher definierten ‚Erfahrung'. Dieses subjektive Wissen — man kann auch von Glauben sprechen — hat der Medizinmann im Busch über seine Riten ebenso aufgrund seiner Erfahrung. Es ist nötig für die Behandlung, es ist oft das einzige, was wir haben, es ist entscheidend wichtig als allererste Stufe im Erkenntnisgewinnungsprozeß. Es wird übertragen auf andere Ärzte durch subjektive Überzeugung, die Übernahme erfolgt durch Glauben." Das objektive Wissen ist nach Überla „... dadurch gekennzeichnet, daß es empirisch fundiert ist durch nachprüfbare Beobachtungen, die in ihren Ergebnissen wiederholbar sind. Es läßt sich durch Messen und Zählen nach statistischen Regeln fassen, und es ist in Grenzen verallgemeinerbar ... Es gibt keinen Zuwachs unseres objektiven Wissens ohne kontrollierte klinische Prüfungen."

Der klinischen Beobachtung kommt also nur die Generierung von Hypothesen zu; objektives Wissen entsteht ausschließlich durch die kontrollierte Prüfung. Nun berufen sich viele Befürworter des kontrollierten klinischen Versuches auf POPPER. Im Sinne des kritischen Rationalismus ist aber noch ganz ungeklärt, wie probabilistische Aussagen wissenschaftstheoretisch überhaupt zu bewerten sind. Die Behauptung, daß der kontrollierte Versuch ein beweisendes Verfahren im Sinne des Rechtfertigungsdenkens sei, würde ja von POPPER eben grundsätzlich abgelehnt werden. Im Sinne des Wissenschaftshistorikers und -theoretikers T. S. KUHN jedoch, dessen Gesichtspunkte zur Wissenschaftsentwicklung (2) heute von allen philosophischen Richtungen als ein wichtiger Beitrag anerkannt werden, vertritt Überla in klassischer Weise ein sog. Paradigma. Die darauf beruhende, aber nirgends näher definierte „Methodenlehre der klinischen Statistik" ist die Basis für die auf dem Paradigma beruhende medizinische „Normalwissenschaft", die wir seit einigen Jahrzehnten haben. Sie ist durch eine ständig wachsende Zahl kontrollierter Prüfungen gekennzeichnet. Dabei fällt auf, daß das neue methodologische Konzept zunächst (d. h. in den fünfziger und sechziger Jahren) praktisch nicht hinterfragt wurde, was durchaus in das Kuhnsche Konzept der Wissenschaftsentwicklung hineinpaßt. Erst in den siebziger Jahren geriet das neue Paradigma in Schwierigkeiten: in den USA insbesondere durch FEINSTEIN (3), in Deutschland u. a. durch unsere Untersuchungen (z. B. 4, 5). Im Sinne von POPPER (6) handelte es sich dabei um — wie ich meine — erfolgreiche Falsifikationsversuche des neuen Konzeptes. Worin besteht die Falsifikation?
Sie besteht z. B. einfach schon darin, daß die Versuche nicht fehlerfrei durchführbar sind. Eines der instruktivsten Beispiele aus jüngster Vergangenheit ist die WHO-Studie zur prophylaktischen Wirksamkeit von Clofibrat bei koronaren Risiken (7). Eine statistische Operation kann schon deshalb kein beweisendes Verfahren sein, weil sie nur zu Währscheinlichkeitsaussagen führt, aber im Sinne des Rechtfertigungskonzeptes fehlt die Sicherheit aller Basissätze. So entfällt die statistische Übertragbarkeit und Verallgemeinerbarkeit, weil grundsätzlich keine Stichproben gezogen werden können. Die Validität der Erfolgsparameter läßt sich wegen des infiniten Regresses, der sich durch Anwendung formaler Kriterien ergibt, nicht schätzen, so daß sich „nützlich" und „schädlich" sogar vertauschen können. Da Krankheit und Gesundheit keine Meßgrößen sind, ist eine direkte Messung grundsätzlich nicht möglich. Dies nur als Hinweis. Die Liste der falsifizierenden Fakten ließe sich sowohl verlängern als auch differenzieren.

Die Falsifikationen blieben für den Wissenschaftsbetrieb praktisch wirkungslos, da die das Paradigma vertretende wissenschaftliche Gemeinschaft kein erfolgversprechenderes Alternativparadigma erfassen konnte und auch von den Kritikern zunächst keines formuliert wurde. Trotz aller Kritik erschien der kontrollierte Versuch noch immer als das schärfste Erkenntnisinstrument, denn nur ihm spricht man Objektivität zu.
Aus dieser Darstellung könnte der Eindruck entstehen, daß wir einen Paradigmenwechsel im Sinne von KUHN für fällig halten. Wir halten in der Tat einen Paradigmenwechsel für fällig, jedoch nicht im Sinne von KUHN. Die von KUHN richtig beschriebenen und in der methodologischen Diskussion der letzten Jahre auch festzustellenden Verständigungsschwierigkeiten, die auf unterschiedlichen, wenn auch nicht ausgesprochenen Paradigmen beruhen, sollten nicht vergrößert, sondern abgebaut werden. Wer allgemein oder speziell nach der Suffizienz der Verfahren des kontrollierten klinischen Versuches fragt, entfernt sich bereits aus der Normalwissenschaft. Wer aber gegenwärtig nicht (mehr) zu der von der Wissenschaftlergemeinschaft getragenen Normalwissenschaft gehört, gilt schon dadurch als unwissenschaftlich, und das existentielle Risiko einer solchen Sanktion ist zumindest in der Bundesrepublik für einen Wissenschaftler, der in irgendeiner Form auf Zustimmung und Begutachtung für Berufungen, Forschungsprojekte etc. angewiesen ist, außerordentlich hoch. Selbst wenn es durch eine Vielzahl von Privilegierungsmechanismen und Sanktionen aller Art noch gelingen kann, das Monopol des bestehenden Paradigmas möglichst lange aufrechtzuerhalten, so muß doch die Frage gestellt werden, in welcher Richtung eine sinnvolle Veränderung zu suchen ist.
Der kritische Rationalismus, wie er von POPPER (6) konzipiert und von LAKATOS (8) weitergeführt wurde, führt bei FEYERABEND (9) und insbesondere bei SPINNER (10) zum Konzept des Theorienpluralismus. Der kritische Rationalismus hat überzeugend herausgearbeitet, daß Theorien — auch methodologische Theorien — nicht positiv beweisbar sind; sie können sich nur bewähren. Inwiefern eine Theorie sich bewährt hat oder nicht, kann um so präziser gefaßt werden, je mehr konkurrierende Theorien es gibt.
Der Schritt zum Theorienpluralismus bedeutet, daß auf ein Erkenntnisobjekt mehrere Erkenntnismethoden angewandt werden können. Hier sollen Erkenntnismethoden im Sinne des kritischen Rationalismus als methodologisch falsifizierbare Theorien bezeichnet werden. Im folgenden soll unter „Theorienpluralismus" zwar immer der Methodenpluralismus verstanden werden, es wird aber die pluralistische

Behandlung der Denkmodelle in der Medizin mit berücksichtigt werden. Ein Nachteil des Theorienpluralismus, wie er gegenwärtig vertreten wird, besteht jedoch darin, daß er im allgemeinen durch verschiedene Personengruppen, durch verschiedene wissenschaftliche Gemeinschaften realisiert wird. Ein neuer und für die Medizin wichtiger Schritt wäre *die Vereinigung des Theorienpluralismus in den einzelnen wissenschaftlich Tätigen oder in einer Wissenschaftlergruppe,* so daß diese — im Sinne des STEGMÜLLERschen Konzeptes der personalen Wahrscheinlichkeit — mit einem entscheidungstheoretischen Begriff wie *eine* Person entscheiden kann. Nur dadurch erscheint es möglich, den Verständigungsschwierigkeiten zu entgehen, die immer wieder zu beobachten und wissenschaftstheoretisch durch die Einseitigkeiten der vertretenen Positionen zu erklären sind. Mit Hilfe des methodischen Pluralismus kann insofern ein neues Bewußtsein der Erkenntnislage entwickelt werden, als geprüft werden kann, in welcher Hinsicht die verschiedenen Methoden zu gleichen bzw. konvergierenden Ergebnissen kommen, wo Anomalien auftreten und welche Aspekte jeweils nicht erfaßt werden können. Das Erforschen der Gründe für Anomalien, weiße Flecken und Widersprüche macht nur die Notwendigkeit der weiteren Methodenkomplettierung deutlich.
Es ist ja nun nicht so, daß es in der Vergangenheit keinen Theorienpluralismus gegeben hätte. Ohne ihn gäbe es vielleicht Statistiker und Pharmakologen, aber sicher keine praktikable Medizin. Durch die paradigmenbedingte Diskriminierung oder Kryptomnesie sind andere methodische Ansatzpunkte gewissermaßen unsichtbar geworden. MARTINI vertrat den kontrollierten Versuch nur für akute Erkrankungen; für chronische praktizierte er die Methode der Intervention unter Bedingungen des linearisierten Verlaufes. Wenn also ein steady state einer chronischen Erkrankung erreicht ist, läßt sich aus der Änderung der Verlaufsdynamik der Einfluß des Arzneimittels ablesen.
Die Dosierung der Herzglykoside hat erst eine vernünftige Gestaltung bekommen, als die Methode der „Dosis efficax minima" eingeführt wurde. Man hatte eine therapeutische Erwartung und titrierte die Dosierung, bei der die therapeutische Erwartung erfüllt wurde. Die Spannweite von der geringsten bis zur höchsten Minimaldosis betrug bei allen Glykosiden den Faktor 6. Als man von diesem Konzept, das von MARTINI, BATTERMANN und SPANG vertreten wurde, abging und zum Konzept der mittleren Tagesdosis und der sog. Vollsättigungsdosis griff, erreichte man Intoxikationsquoten bis zu 20%.
Es gehört zu den klassischen Anomalien des geltenden Paradigmas, daß es keine kontrollierten klinischen Versuche zum Nachweis der

Wirksamkeit von Herzglykosiden gibt und auch die stringentesten Vertreter dieses Paradigmas nicht bereit sind, solche Versuche durchzuführen, weil sie — entgegen dem Paradigma — eben doch an die Wirksamkeit der Herzglykoside glauben. Typisch für diese Anomaliesituation ist die Empfehlung des ansonsten konsequent paradigmentreuen Essener Gastroenterologen GOEBELL zur Pankreatitistherapie (11): „Obwohl der Nutzen einer Nulldiät bisher nicht kontrolliert untersucht wurde, zweifelt niemand an dem Sinn dieser Maßnahme."
Aus dem Konzept der therapeutischen Erwartung hat nun FEINSTEIN (12) weitere Konsequenzen gezogen. Er untersuchte den Rheumatismus und verschiedene Karzinomarten unter dem Gesichtspunkt der Symptomatik, Diagnostizierbarkeit, Therapierbarkeit und Prognose. In Abb. 1 demonstriert FEINSTEIN in einem Venn-Diagramm die Kategorien Verborgenheit, primäre und sekundäre Symptome, Entdeckung während des Lebens, durch Sektion und bleibende Unentdecktheit. In Abb. 2 erläuterte er die Erfaßbarkeit dieser Situation in Abhängigkeit vom jeweiligen Standpunkt aus. Damit deutet er das pluralistische Konzept an. Wenn er ein Diagnosensystem entwirft, das nicht beim pathologisch-anatomischen Standpunkt stehenbleiben will, sondern Klassifikationen unter dem Gesichtspunkt der Prognose und der Therapierbarkeit vertritt, so setzt er ja gerade die Beurteilbarkeit des Therapieerfolges voraus, die das geltende Paradigma leugnet.
Es ist ein wesentliches Charakteristikum des geltenden Paradigmas, daß eine Bewährung der Ergebnisse kontrollierter Versuche in der praktischen Anwendung nicht zugelassen wird. Weil ein in den Stand der Wissenschaft erhobenes therapeutisches Prinzip durch den Monopolanspruch alle Alternativen verdrängt oder sie diskriminiert, finden keine Korrekturen statt. Das ganze Dilemma zeigte sich in einer Erhebung, die PFLANZ kürzlich durchführte: Es ergab sich, daß unter den Lipidsenkerverbrauchern 80% sog. Laborkranke waren, die außer einem gelegentlich zu hohen Blutfettspiegel keine Krankheiten aufwiesen. Ein anderes Beispiel: Es gibt nur eine einzige Arbeit über den prophylaktischen Wert von Penicillin zur Senkung der Inzidenz von rheumatischer Karditis bei Scharlach. Seither wird jeder rote und verschleimte Rachen mit Antibiotica behandelt, auch wenn ein bakterieller Infekt praktisch auszuschließen ist, wie kürzlich in einer Veröffentlichung in J.A.M.A. zu lesen war (13). Wenn dem Arzt die Kompetenz zur therapeutischen Urteilsbildung entzogen wird, verschlechtern sich Diagnostik und Therapie durch die Inaktivitätsatrophie seiner Urteilskraft.

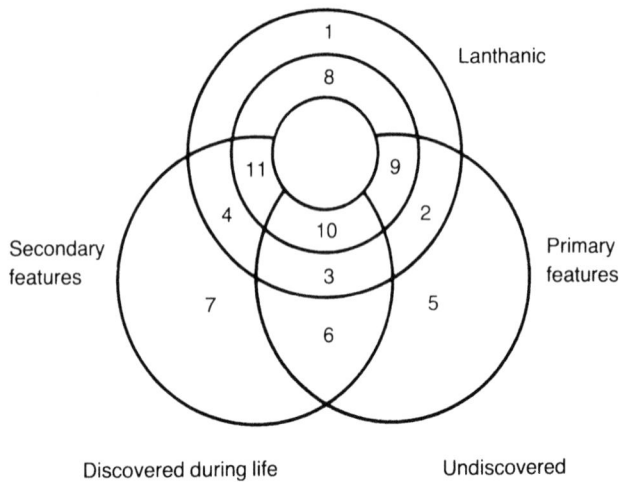

Abb. 1

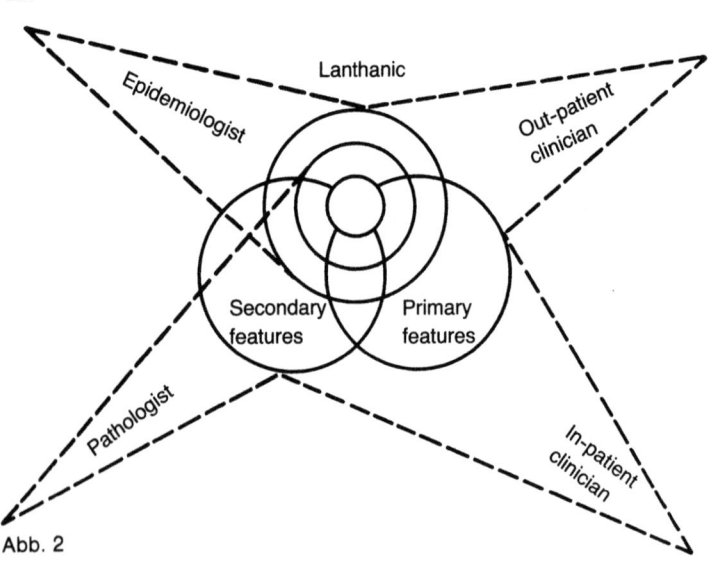

Abb. 2

Die Akzeptanz des Methodenpluralismus würde bedeuten, daß man zuallererst für den Stand des akzeptierten Wissens und der erkannten Fehler untersucht, mit welchen Methoden und mit welchen Erkenntnisvoraussetzungen man zur Erkenntnis der Wirksamkeit z. B. von Herzglykosiden, Insulin, Nitroglyzerin, Diuretika etc. tatsächlich gekommen ist. Es gibt ja auch eine ganze Reihe von Medikamenten, die zunächst klinisch geprüft und nachher durch kontrollierte Versuche verifiziert worden sind, wie dies z. B. bei Lithium bekannt ist. Der Arzt muß sich darin üben, eine individuelle Prognose zu stellen, eine differenzierte therapeutische Erwartung zu präzisieren und die unter mehreren Alternativen gewählte Therapie am erwarteten Erfolg zu kontrollieren, sonst kann er ja seinen Behandlungsauftrag letztlich nicht erfüllen. Er darf keinem Ergebnis einer therapeutischen Studie trauen, bis er sich ein eigenes Urteil gebildet hat.

Der intraindividuelle Theorienpluralismus kann zur Urteilskraft führen, wenn man nicht nur berücksichtigt, wie sich ein Sachverhalt durch eine Methode erfassen läßt, sondern auch die Veränderung seiner Darstellbarkeit durch Wechsel der Methoden einbezieht. Das Bewußtsein der Abhängigkeit der Bildveränderung durch Standpunktwechsel von der eigenen Beweglichkeit entspricht dem Gegenstandsbewußtsein aufgrund der Koinzidenz der intendierten Selbstbewegung und der Veränderungen der Sinneseindrücke. Die Objektivität entsteht also erst durch das Bewußtsein der eigenen intendierten Tätigkeit. Das heißt, das Bewußtsein des Verhältnisses der unterschiedlichen Methoden zueinander und die Kenntnis, welche Aspekte des Sachverhaltes sie jeweils erfassen oder verfälschen können, ermöglicht Urteilskraft. Die Sicherheit ergibt sich aus dem Bewußtsein der eigenen Bewegung im Standpunktwechsel, während die Formalisten die Sicherheit in der Perfektionierung ihrer Begriffssysteme und Definitionen suchen und damit zwangsläufig einen Entscheidbarkeitsverlust in Kauf nehmen müssen.

Das neue Paradigma des Theorienpluralismus muß zu einer andersartigen paradigmentragenden Gemeinschaft führen. Weil der intraindividuelle Methoden- und Theorienpluralismus mit Notwendigkeit auf weiße Flecken stößt, wird er den interindividuellen Pluralismus erfordern. Das heißt, neue Mitglieder der Wissenschaftlergemeinschaft werden um so notwendiger sein, je mehr sie durch grundsätzlich neue methodische oder theoretische Ansätze den Pluralismus erweitern: Jede methodische oder theoretische Erweiterung führt zur Verschärfung und Zuspitzung der Urteilskraft.

Dieser intraindividuelle Pluralismus hat Analogien in der gegenständlichen Sinneswahrnehmung: Das einäugige Sehen führt selbst durch noch so raffinierte Linsensysteme nicht zum räumlichen Sehen. Mit der beidäugigen konvergierenden Wahrnehmung verbessert sich die Leistung für den orthostereoskopischen Raum, mit der Akkommodation und Bewegungsparallaxe sowie mit Helligkeitsunterschieden durch unterschiedliche Trübung durch den Dunst verschärft sich die Präzisierung der Entfernung und damit auch der Größeneinschätzung.

Der kontrollierte Versuch verhält sich zum intraindividuellen Theorienpluralismus wie das einäugige zum freibeweglichen beidäugigen Sehen, denn der für die Formalisierung notwendige Reduktionismus führt zur Erhöhung der Entropie und damit zum Entscheidbarkeits- und Informationsverlust. Anders ausgedrückt: Es wird die scheinbar erhöhte Sicherheit der Verfahren durch Verlust an Information und Wahrheitsnähe erkauft.

Man muß nun streng unterscheiden zwischen dem kontrollierten klinischen Versuch als Paradigma und der Neyman-Pearsonschen Testtheorie — die dem kontrollierten klinischen Versuch zugrunde liegt — als einer verfügbaren Methode, die im Rahmen eines Theorienpluralismus immer dann zur Anwendung kommen kann, wenn es zureichende Gründe dafür gibt. Der kontrollierte klinische Versuch steht hier für das Paradigma, daß Wissen nur aufgrund formalisierter Verfahren unter Ausschluß individueller Wahrnehmungsurteile möglich ist. Erst durch ein pluralistisches Konzept kann erkennbar werden, daß formale Systeme nur nach Maßgabe der Sicherheit individueller Wahrnehmungsurteile aussagefähig sind. Das heißt, ihre Anwendbarkeit wird überhaupt erst durch den Pluralismus ermöglicht. Erst aufgrund der Klassifikation nach Therapierbarkeit und des intuitiv richtigen Erfassens der Diagnosen können die Versuchsgrup richtig zusammengestellt werden; erst durch das richtige Beurteilen der Bedeutung von Parametern für die Gesamtsituation der Krankheit und durch das präzisierte Verständnis des Verhältnisses der Parameter untereinander ist überhaupt die Basis für die Anwendbarkeit des kontrollierten Versuches gegeben. Ohne bewußten und präzisen Einsatz der individuellen Urteilskraft und subjektiver Wahrscheinlichkeiten hängen formale Systeme im luftleeren Raum. Der kontrollierte klinische Versuch würde sich ohne Paradigmenwechsel bei voller Durchsetzung seiner Privilegierung den Ast am Baume wissenschaftlicher Erkenntnis absägen, auf dem er sitzen möchte. Erst der Methodenpluralismus und die individuelle Urteilskraft eröffnen formalen Systemen dort, wo sie angebracht sind, die Chance, Wissenschaft zu werden.

Literatur

1. Überla, K.: Inhalt und Notwendigkeit kontrollierter klinischer Prüfungen aus wissenschaftlicher und ärztlicher Sicht, in: Kontrollierte klinische Therapieversuche. Interdisziplinäres Gespräch zwischen Klinikern, Pharmakologen, Statistikern und Juristen, Bad Nauheim, 8. Februar 1978. Paul-Martini-Stiftung der Medizinisch-Pharmazeutischen Studiengesellschaft e. V.
2. Kuhn, T. S.: Die Struktur wissenschaftlicher Revolutionen. Suhrkamp Taschenbuch Wissenschaft 25, Frankfurt 1978
3. Feinstein, A. R.: Clinical Biostatistics. C. V. Mosby Comp., St. Louis 1977
4. Kienle, G.: Kritische Überprüfung der Voraussetzungen für ein neues Arzneimittelrecht. Herdecke, Oktober 1975
5. Burkhardt, R., G. Kienle, M. Patzlaff, K. Schreiber: Welche Konsequenzen können aus der Clofibratstudie der WHO gezogen werden? Münch. med. Wschr., Suppl. 1/1979, 10—29
6. Popper, K. R.: Logik der Forschung. J. C. B. Mohr (Paul Siebeck). Tübingen 1976
7. A cooperative trial in the primary prevention of ischaemic heart disease using clofibrate. Brit. Heart J. 40 (1978) 1069—1118
8. Lakatos, I.: Falsifikation und die Methodologie wissenschaftlicher Forschungsprogramme, in: Kritik und Erkenntnisfortschritt, Hrsg. I. Lakatos u. A. Musgrave. Vieweg, Braunschweig 1974
9. Feyerabend, P. K.: Der wissenschaftstheoretische Realismus und die Autorität der Wissenschaften. Kap. 10: Von der beschränkten Gültigkeit methodologischer Regeln. Vieweg, Braunschweig/Wiesbaden 1978
10. Spinner, H. F.: Pluralismus als Erkenntnismodell. Suhrkamp Taschenbuch Wissenschaft 32, Frankfurt 1974
11. Goebell, H. u. J. Hotz: Akute Pankreatitis — Gesichertes und Ungesichertes in der Behandlung. Dtsch. Ärzteblatt, Nr. 38/1979, 2399—2405
12. Feinstein, A. R.: Clinical Judgement. R. E. Krieger Publ. Comp., New York 1967
13. Greenberg, R. A. et al.: Physician Opinions on the Use of Antibiotics in Respiratory Infections. J.A.M.A., 240 (1978) 650—653

Diskussion

Überla:
Herr Kienle, das war ein sehr anregender Vortrag, nur war er für meine Begriffe an manchen Stellen sehr abstrakt. Das Argument, daß Versuche nicht fehlerfrei gestaltet werden können, ist sicher kein grundsätzliches Argument gegen ein Paradigma, wie Sie es nennen. Daß also in praktischen Anwendungen verschiedentlich Insuffizienzen vorkommen, kann nicht ein grundsätzliches Argument gegen das Vorgehen sein. Daß keine Stichproben gezogen werden, gehört meiner Meinung nach nicht zum Kernpunkt des kontrollier-

ten Versuchs, sondern der Vergleich ist entscheidend. Es wäre nötig, ein erfolgversprechendes Alternativparadigma zu haben. Wenn wir das in diesem Kreise als praktisch-theoretisches Forschungsproblem akzeptieren, würde ich Ihnen recht geben. Es wäre sehr schön, wenn wir ein solches hätten. Ich sehe es aber nicht.

Kienle:
Ich habe gesagt, daß wir kein Alternativparadigma angeboten haben.

Überla:
Bis jetzt noch nicht! Der Theorienpluralismus oder der Methodenpluralismus, den Sie anstreben, den ich vom Grundsatz her auch für gut halte, müßte beinhalten, daß auch Controlled Clinical Trials eine legitime Methode sind.

Kienle:
Ich habe gesagt: „Dort, wo zureichende Gründe dafür vorliegen." So habe ich es formuliert.

Kewitz:
Dann müßten Sie aber doch auch zugestehen oder im Grunde fordern, daß nicht nur eine Methode experimenteller Art, sondern mehrere experimentelle Methoden entwickelt werden.

Kienle:
Ja, das muß aus der Situation heraus bedacht werden.

Kewitz:
Die Frage ist doch: Experimentell oder nichtexperimentell? Das ist doch die Grundfrage. Zu der haben Sie nicht Stellung genommen, Herr Kienle.

Kienle:
Ja, darf ich in Etappen antworten? Es kam mir bei meinen Darlegungen darauf an, daß man mit dem wissenschaftlichen Bewußtsein eine andere Stufe erringt, und danach fragt, welche Seite wirklich von einer Methode ergriffen wird und wie man die abbildungsbedingten Irrtümer durch bewußte Änderung des Standpunktes herausbekommt. Ich muß eine Sache mindestens von zwei verschiedenen unabhängigen Gesichtspunkten aus betrachten bzw. von mindestens zwei Methoden her. Ob man experimentell oder andersartig vorgeht, ist eine Sachfrage. Die Urteilskraft, die ich selber am Objekt entwickeln muß, ist eine unabdingbare Voraussetzung für die Anwendung formaler Systeme. Wer mit dem Formalismus ohne Urteilskraft allein vorgeht, kommt mit Notwendigkeit zum infiniten Regreß. Ich könnte es gern hier entwickeln, warum man mit logischer Notwendigkeit auf rein formalem Weg niemals zu einem Urteil kommen kann.

Überla:
Gegenüber Ihrem Paradigma des Theorien- und Methodenpluralismus wäre ich skeptisch. Sie sagen: Methodenpluralismus stärkt die Entscheidungs-, die Urteilskraft. Meine Alternativhypothese wäre: Methodenpluralismus macht die Entscheidungsinsuffizienz erst wirksam. Je mehr Methoden Sie anwenden, desto insuffizienter werden Sie entscheiden. Eine gewisse Sparsamkeit in der angewendeten Methodik fördert die Entscheidbarkeit, d. h., es ist gerade andersherum, das Ziel ist: Sparsamkeit und Einfachheit. Kompliziertheit und Pluralismus ist theoretisch interessant, im akademischen Sinn sicher zweckmäßig, als Forschungsinstrument ausgezeichnet, aber für die Anwendung in der Praxis ungeeignet. Also: Methodenpluralismus schadet, außer bei wenigen gebildeten Leuten.

Kienle:
Das ist gerade die Kontroverse zwischen uns.

Bock:
Sie haben gesagt, Herr Kienle, kein Arzt solle einer kontrollierten Studie trauen, er soll sich zusätzlich ein eigenes Urteil bilden. Ich frage Sie anhand der Beispiele, die ich vorhin in meinem Vortrag gebracht habe, wie Sie sich ein Urteil bilden wollen über die Wirksamkeit der Therapie bei Ihren Hypertonikern oder den Effekt von Lipidsenkern? Ich meine gezeigt zu haben, daß es in der heutigen Medizin in vielen Bereichen Grenzen der Urteilsbildung durch persönliche Erfahrung gibt, die anders als mit kontrollierten Studien gar nicht überwunden werden können.

Rahn:
Sie sagten, mit der Einführung des Vollwirkspiegels bei den Herzglykosiden sei die Häufigkeit der Nebenwirkungen auf 20% gestiegen. Ich glaube, es wäre vereinfacht zu sagen, daß das etwas mit dem Begriff zu tun hat. Man hat ganz einfach nicht berücksichtigt, daß diese Meßgröße, wie alle biologischen Größen, eine Streubreite hat. Man hat einfach für alle Leute etwa einen Vollwirkspiegel vom Digoxin von 2 mg angenommen, und das ist nicht richtig. Es gibt Patienten, bei denen der Vollwirkspiegel bei 1,3 oder 1,5 mg liegt. Und bei denen würde man natürlich, wenn man in einen Bereich von 1,8 oder 1,9 kommt, Nebenwirkungen bekommen.

Kewitz:
Ja, man wird natürlich versuchen, bis an die Grenze des Möglichen heranzugehen. Je schwerer das Krankheitsbild ist, um so höher wird man die Dosis wählen, d. h., den vorhandenen Spielraum noch ausnutzen.

Rahn:
Noch einmal zu dem Thema, das Herr Bock angeschnitten hat. Ich glaube, nicht nur die Tatsache, daß die Chance, eine Zahl Patienten, 20, mit Hypertonie 20 Jahre lang zu beobachten, sehr klein ist. Wer sagt Ihnen denn, daß das

nicht ein zufällig anderer Verlauf ist, wenn Sie ein oder zwei oder drei Patienten sehen, daß bei einer bestimmten Behandlung günstige Effekte auftreten? Wie wollen Sie ausschließen, daß das ein Zufall ist, anders als mit statistischen Methoden?

Dannehl:
Herr Kienle, Sie nehmen in Ihrem Vortrag sowohl den Wissenschaftstheoretiker POPPER als auch den Wissenschaftshistoriker KUHN in unzulässiger Weise in Anspruch. Denn bei der KUHN-POPPER-Kontroverse ging es nicht um Methoden, sondern um den Theorienwechsel, z. B. den Übergang von NEWTON zu EINSTEIN. Ferner, meine ich, werfen Sie in Ihrem Vortrag wiederholt die beiden Begriffe Theorienpluralismus und Methodenpluralismus durcheinander.
Wenn wir nun hier über das Für und Wider der kontrollierten klinischen Prüfung diskutieren, dann gehört dies allenfalls in den Kontext Methodenpluralismus hinein — allenfalls, denn bei dem von FEYERABEND vertretenen Methodenpluralismus handelt es sich um die Konkurrenz verschiedener Methodologien und nicht verschiedener Methoden, wie z. B. Beobachtung und Experiment. Es geht ja auch gar nicht darum, für die empirische medizinische Forschung ausschließlich experimentelle Studien zu fordern. So wird Herr Jesdinsky im Anschluß noch über alternative Methoden zum Experiment, nämlich über prospektive und retrospektive Beobachtungsstudien, d. h. über nichtexperimentelle Studien sprechen.
Bei allem Streit zwischen den verschiedenen wissenschaftstheoretischen Schulen um verschiedene Methodologien gibt es keinen Streit darüber, was ein Experiment und was eine Beobachtungsstudie ist, und daß für Fragen der Ursachenforschung allein die experimentelle Methode indiziert ist, und daß es immer nur ein methodischer Kompromiß ist, wenn wir zum Zwecke der Ursachenforschung im konkreten Fall auch Beobachtungsstudien einsetzen, z. B. aus ethischen Gründen.

Böckle:
Wenn Sie so sehr die individuelle Urteilskraft und ihre Bedeutung herausstellen, ob Sie dann auch in genügender Weise bedenken, daß diese individuelle Urteilskraft selbst sich auch auf die individuelle Erfahrung abstützt, die selbst ein aprioristisches Element enthält, dann doch sehr der Kontrolle durch die objektivierbaren Methoden bedarf.

Ohnhaus:
Ich möchte hier als praktisches Beispiel eine Arbeit aus dem „New England Journal" über die Koronarchirurgie anfügen. Dort wurden Patienten mit gesicherter Koronarsklerose und üblicher internistischer Therapie mit einem operierten Kollektiv verglichen. Als Parameter für die Wirksamkeit beider Therapien wurde die Überlebensrate verwendet. Bei über 1500 untersuchten Patienten ergab sich kein Unterschied in der Überlebensrate. Außerdem betrug bei der operierten Gruppe die Operationsmortalität 5%. Nach Erscheinen

dieser Studie war das Geschrei unter den Kardiochirurgen und Kardiologen sehr groß, und man argumentierte in der medizinisch üblichen Art: „Wir operieren natürlich viel besser; 5% Operationsmortalität sind viel zu hoch." Dies wäre der eine Punkt. Nehmen wir nun an, in dieser Studie wäre ein Unterschied zugunsten der Operierten p < 0.05 nachgewiesen worden, was aber immer noch bedeutet, daß bei 20 Studien eine falsch sein kann. Dieses Ergebnis hätte also durch Zufall die falsche Studie sein können. Eines ist jedoch ganz sicher, daß bei einer so großen Anzahl von Patienten und bei Verwendung der Überlebensrate die Koronarchirurgie keine nobelpreiswürdige Methode ist, so wie es Herr Anlauf eben bei bestimmten Medikamenten geschildert hat. Zusätzlich können natürlich neben der Überlebenszeit auch noch andere Parameter, wie z. B. die Lebensqualität, eine Rolle spielen. Diese Fragen, wie die der Chirurgen, die besser operieren, sowie die Verwendung anderer Parameter als die reine Überlebenszeit, sind nur durch kontrollierte Studien zu lösen, individuelle Urteilskraft kann man dabei nicht einfließen lassen, zumal die Konsequenz aus dieser Studie enorm wäre. Selbst die USA wären nach einem Editorial von BRAUNWALD mit den materiellen Kosten weit überfordert, den Anspruch sämtlicher Leute auf eine Operation zu erfüllen.

Kienle:
Zunächst einmal die Digitalis-Problematik. Ursprünglich hat man sich mit der therapeutischen Dosis an der Intoxikationsgrenze orientiert. Dann hat HARRY GOLD geglaubt, bei der schnellen Flimmerarrhythmie in der Herzfrequenz einen sog. objektiven Parameter zu finden. Damit ist man in eine Überdosierung geraten. Wir wissen inzwischen, daß die Beeinflussung der Herzfrequenz nicht mit der inotropen Wirkung parallel einhergeht. Bei der Inotropie kommt man von einer bestimmten Dosierung ab zu einer Plateaubildung, während die Frequenzwirkung weitergeht. Die Frequenz ist kein repräsentativer Parameter. MARTINI und BATTERMAN haben dann in den vierziger und fünfziger Jahren die Methode der Dosis efficax minima für verschiedene Herzglykoside ausgearbeitet und Verteilungsspektren gefunden. Dieses lag beim Digitoxin zwischen 0,05 und 0,3 mg/die.
Diesen außerordentlichen methodischen Fortschritt verließ man sofort wieder aufgrund einer statistischen Überlegung. Man hielt die Patientengruppe, an der man das Spektrum bildete, für eine repräsentative Stichprobe der Grundgesamtheit und glaubte, daß man mit dem Mittelwert 50% aller Herzglykosid-Patienten ausreichend behandeln könne, obwohl man damit bereits eine beträchtliche Anzahl Intoxikationen in Kauf nehmen mußte. Diese Idee wurde von AUGSBURGER unter Einbeziehung von Begriffen wie Vollwirkdosis entwickelt. Demgegenüber haben SPANG und OBRECHT das Prinzip der Titration vertreten, und zwar solle man mit 0,05 mg Digitoxin täglich anfangen und erst dann, wenn dieses nicht ausreiche, mit der Dosierung heraufgehen. Mit dem Prinzip von AUGSBURGER, der Eindosierung mit mittlerer Tagesdosis, hat man sich wahrscheinlich aufgrund der leichteren Handhabung durchgesetzt und ist in methodischer Hinsicht zurückgegangen. Dem statistischen, scheinbar einfach zu handhabenden Denkmodell hat man gegenüber der ärzt-

lichen Beobachtung den Vorzug gegeben, und viele Patienten waren unnötigerweise intoxikiert. Weil nun das Digoxin nierenpflichtig ist und bei der Niereninsuffizienz kumuliert, kam es bei der Anwendung dieser Methode — wie große Studien gezeigt haben — zu etwa 20% Intoxikationen. Bei dem Titrationsverfahren wären diese Intoxikationen nicht in diesem Umfang aufgetreten.

Rahn:
Ja, der entscheidende Punkt ist eigentlich, daß man damit der biologischen Streuung Rechnung tragen sollte. Was ist eigentlich mit dem Titrieren gemeint?

Kienle:
Daß man individuell eine therapeutische Erwartung präzisiert und auf diese hin behandelt, bis der beabsichtigte Erfolg eingetreten ist. Man muß dabei die Fähigkeit haben, das Erwartbare zu präzisieren und den Erfolg daran zu kontrollieren.
Nun, meine Antwort zur Frage des kritischen Rationalismus: Bislang ist nicht diskutiert worden, wie der kontrollierte klinische Versuch wissenschaftstheoretisch zu interpretieren ist: Ist das Verwerfen einer Hypothese bereits die Falsifikation im Sinne des kritischen Rationalismus? Es müßte für den kontrollierten Versuch, wenn er ein redliches Verfahren sein sollte, angegeben werden, wie man ihn jeweils falsifizieren kann. Soweit ich dies überblicke, könnte man ihn nur durch wiederholte Versuche falsifizieren.
Da es entsprechende Versuche für ein und dasselbe Behandlungsverfahren bei einer Krankheit unter ähnlichen Kollektiven gibt, bei denen sich die Ergebnisse widersprechen, ist die Methode nach POPPER bereits falsifiziert. Ich fasse jetzt hier die Methode im Sinne von POPPER als Theorie auf, weil die Testtheorie auch eine Theorie ist. Nun zur Frage der Irrtumswahrscheinlichkeit: Wir müssen unterscheiden zwischen der Irrtumswahrscheinlichkeit, die innerhalb des Testmodells gilt, und der Irrtumswahrscheinlichkeit gegenüber der Wirklichkeit. Letztere können wir nicht kalkulieren, auch wenn man dieses Problem mit dem Begriff der Suffizienz der Tests packen will. In diese Irrtumswahrscheinlichkeit geht die Validität der Auslese und Erfolgskriterien, die Fehler des drop out und alle anderen Probleme auch ein. Diese sind nicht kalkulierbar. Damit entsteht die Frage, wie läßt sich bei einem Testergebnis feststellen, ob dieses mit der Wirklichkeit übereinstimmt oder nicht. Wie kann sich eine Aussage bewähren?

Kewitz:
Aber die Schwierigkeit haben Sie ja immer, bei jedem Verfahren.

Kienle:
Ja, und jetzt stehen wir vor dem Problem, daß wir auf die Irrtumsanfälligkeit der Erfahrung des einzelnen Arztes oder der klinischen Beobachtung deutlich hinweisen, aber die Unbestimmbarkeit der Wahrheitsnähe kontrollierter Stu-

dien gar nicht in Erwägung ziehen. Ganz besonders deutlich zeigt die Clofibrat-Studie der WHO, daß wir aus der Größe des Aufwandes bei prospektiven Studien nicht auf die Wahrheitsnähe ihrer Aussagen schließen können. Man hat unsere Kritik an dieser Studie nur akzeptiert, weil man mit dem Ergebnis der Studie inhaltlich nicht einverstanden war. Man stelle sich vor, die Fehler der Studie hätten sich nicht in einer scheinbaren Übersterblichkeit der Clofibrat-Gruppe, sondern in einer Untersterblichkeit ausgewirkt. Clofibrat wäre geradezu ein essentielles Vitamin geworden.

Dannehl:
Herr Kienle, Sie deuteten das Problem an, wer uns denn eigentlich sagt, ob die kontrollierte klinische Prüfung überhaupt funktioniert bzw. im konkreten Fall funktioniert hat. Nun, man kann eine Methode, also auch die kontrollierte klinische Prüfung selbst, zum Gegenstand der Überprüfung machen. Eine Versuchsanordnung dafür ließe sich leicht angeben. Aber Sie können dieses Anliegen nicht gleichzeitig mit der Prüfung einer empirischen Hypothese, z. B. mit einer Arzneimittelprüfung, verbinden wollen. Die Grundphilosophie geht darauf hinaus, erfahrungswissenschaftliche Hypothesen, z. B. die Hypothese: das neue Arzneimittel B sei genauso wirksam wie das alte Arzneimittel A, zu widerlegen, oder, wenn dies nicht gelingt, in einem hier nicht zu präzisierenden Sinne zu bewahren, was nicht heißt, daß man sie als richtig erwiesen hätte. Dabei müssen wir davon ausgehen, daß die verwendete Methode, also hier die kontrollierte klinische Prüfung, auch im konkreten Fall zur Widerlegung der Hypothese technisch geeignet ist. Ob sie es wirklich gewesen ist, das ist nach der Durchführung anhand der Plankriterien zu checken. Das ist in jeder Erfahrungswissenschaft das gleiche.

Kewitz:
Herr Kienle, vielleicht können Sie doch ein bißchen präzisieren, unter welchen Bedingungen Sie den kontrollierten klinischen Versuch für zulässig halten. Ich habe den Eindruck, daß Sie den kontrollierten klinischen Versuch nicht akzeptieren für die Prüfung therapeutischer Konzepte. Vielleicht akzeptieren Sie die kontrollierte klinische Prüfung für den Vergleich von zwei Arzneimitteln innerhalb des gleichen Konzeptes, also zwei Betablocker, nehmen wir einmal dieses einfache Beispiel. Vielleicht könnten Sie sagen, ob Sie in diesem Fall die experimentelle Methode akzeptieren.

Kienle:
Also, die erste Bedingung wäre eine Pattsituation für das Pro und Kontra, unabhängig davon, ob Arzneimittel gegen Placebo oder zwei Arzneimittel miteinander verglichen werden. Die Pattsituation muß für sich selbst vorhanden sein, und ich selber muß eine Entscheidung wünschen. Das Ergebnis darf nicht zur Demonstration für irgend etwas dienen. Die zweite Bedingung ist die, daß das Ergebnis erst nach Abschluß der therapeutischen Intervention feststellbar ist, so daß ich also nicht den Versuch abbrechen muß. Das ist das Dilemma, daß man nämlich keine Studie bis zur Signifikanz kommen lassen

kann, wenn während ihrer Laufzeit Erfahrungen gebildet werden können, da ich mich nicht ethisch blindmachen darf. Wenn ich die Grenzwert-Hypertonie nehme und keine Möglichkeit finde, die gefährdeten Patienten vorher zu erkennen, könnte ich einen echten Versuch unternehmen. Das wäre die Situation, die ich bei meinem jetzigen Erkenntnisstand vielleicht akzeptieren könnte, wobei zu erwägen ist, ob das ethisch erforderliche Maß an Unwissenheit zu gleicher Zeit den Erfolg einer solchen Studie verhindert. Bei der malignen Hypertonie würde ein solcher Versuch außerhalb der Möglichkeit liegen.

Samson:
Aus ethischen Gründen?

Kienle:
Aus methodischen Gründen. Bei der malignen Hypertonie kann ein kontrollierter Versuch wegen des Informationsverlustes nur zu schlechteren Ergebnissen führen als die Beobachtung. Bei jedem formalen Versuch erhöht sich durch den Formalismus die Entropie.

Kewitz:
Aber das ist doch nur eine unbewiesene Behauptung.

Kienle:
Wenn Sie formalisieren, müssen Sie reduktionistisch vorgehen. Reduktionismus bedeutet die Verengung der Urteilsbasis. Der kritische Rationalismus sagt nichts über die Beobachtung aus, diese bedeutet für ihn sozusagen das Alltagswissen. Wenn ich aber die Methode nicht als eine Theorie in die Kritik einbeziehen kann, wäre sie ein Dogma. Der kritische Rationalismus hat auch gezeigt, daß man wegen des infiniten Regresses keine Theorie beweisen kann. Dieses Problem ist beim kontrollierten klinischen Versuch ganz besonders deutlich ausgeprägt, weil man nämlich mit mittelbaren Messungen arbeiten muß. Die Testtheorie geht von unmittelbaren, d. h. nicht validierungsbedürftigen Messungen aus, das ist aber nur unproblematisch, solange diese als unmittelbar evidente Sachverhalte gewertet werden. Wenn man aber auf Wirksamkeit prüft, müssen die Meßparameter, d. h. die Wirkungen auf ihre Bedeutung für die Krankheit und den Krankheitsverlauf, interpretiert werden. Es muß also erörtert werden, was z. B. Fieber oder Fiebersenkung im einzelnen Fall bedeutet. Für ein formales Vorgehen wird der Parameter zur Wahrscheinlichkeitsaussage, d. h. seine Sensibilität und seine Spezifität muß getestet werden, und weil das Vergleichsobjekt wiederum auch nicht unproblematisch evident ist, muß dieses wiederum getestet werden usf. Man kommt mit dem Versuch, ein inhaltliches Problem formal lösen zu wollen, unweigerlich in den infiniten Regreß. Damit hat man den zentralen Einwand des kritischen Rationalismus gegen die sog. Rechtfertigungstheorie. Weil der kontrollierte Versuch unproblematische Basissätze benötigt, aber ihm diese in der Regel nicht zur Verfügung stehen, müßte er falsifizierbar sein, d. h. sich bewähren können.

Wir können uns hier nicht darüber verständigen, wie die Bewährung stattfinden kann. Bei einer Kontroverse zwischen empirischer Beobachtung und kontrolliertem Versuch wird kraft eines erkenntnistheoretischen Schnittes dogmatisch entschieden, daß der Versuch recht habe und die Beobachtungen falsch seien. Wenn wir den kontrollierten Versuch als Wissenschaft akzeptieren wollen, müssen wir eine Methode angeben, wie sich das Ergebnis bewähren kann. Ohne Angabe des Bewährungsverfahrens ist er keine Wissenschaft.

Die Bedeutung des Tierversuches für die Arzneimittelprüfung am Menschen

von F. Gross

Die Prüfung einer neuen chemischen Substanz auf mögliche therapeutische Wirkungen beim Menschen setzt voraus, daß Befunde vorliegen, welche zumindest Hinweise dafür geben, daß sie für den kranken Menschen von Nutzen sind. Diese Forderung bedeutet, daß es nicht genügt, im Verlauf der tierexperimentellen Untersuchungen diejenigen pharmakodynamischen Eigenschaften festzustellen, die sich eventuell therapeutisch verwerten lassen, wie etwa eine Blutdrucksenkung, ein entzündungshemmender oder ein cytostatischer Effekt, sondern daß der mögliche Nutzen in einem vertretbaren Verhältnis zum Risiko stehen muß, das mit der Anwendung der Substanz verbunden sein kann. Daraus folgt, daß in der präklinischen Phase ein neuer Stoff sowohl hinsichtlich seiner pharmakologischen Eigenschaften zu charakterisieren als auch toxikologisch zu untersuchen ist. Eine Diskussion über die Bedeutung des Tierversuches für die klinische Prüfung von Arzneimitteln hat daher zunächst drei Aspekte zu berücksichtigen:
1. Wie läßt sich das pharmakodynamische Wirkungsprofil einer neuen Substanz charakterisieren?
2. Wie ist die Aussagekraft der tierexperimentellen Befunde
    a) für die Übertragung auf den Menschen,
    b) für eine therapeutische Anwendung?
3. Wie ist die Aussagekraft für eventuelle schädigende Wirkungen?

Pharmakodynamisches Wirkungsprofil
Es dürfte unbestritten sein, daß eine neue chemische Substanz zunächst mit Hilfe von geeigneten in-vitro Methoden und tierexperimentell auf ihre pharmakodynamischen Eigenschaften zu untersuchen ist, damit ihr Wirkungsprofil erstellt und eventuelle selektive Eigenschaften erkannt werden können. Dies gilt auch für Verbindungen, die chemisch eng verwandt sind mit Substanzen, deren Wirkungen gut bekannt sind oder die bereits als Arzneimittel Verwendung finden. Geringfügige Änderungen der chemischen Struktur können zu erheblichen quantitativen oder qualitativen Abweichungen im Gesamtprofil führen. Allerdings haben Bemühungen, Struktur-Wirkungsbeziehungen für einzelne Substanzgruppen aufzustellen, in den meisten Fällen zu enttäuschenden Ergebnissen geführt. Die klassi-

schen pharmakologischen Untersuchungsmethoden beschränken sich mehrheitlich auf biochemische in-vitro Methoden, auf Studien an isolierten Organen oder Geweben, sowie auf akute Versuche an narkotisierten, gesunden Tieren. Damit besteht von vornherein eine Begrenzung, die es erschwert, aus den erhobenen Befunden Schlüsse auf das mögliche therapeutische Potential zu ziehen. Eine pharmakologische Wirkung, mag sie noch so eindrücklich und interessant sein, bedeutet keineswegs, daß sich daraus eine für die Behandlung einer Erkrankung wesentliche Wirksamkeit ableiten läßt. Die blutdrucksenkende Wirkung von Acetylcholin, die drucksteigernde von Noradrenalin oder anderen Sympathikomimetika, verschiedene der durch kurzwirkende Peptide bedingten Effekte und zahlreiche andere experimentell auslösbare Effekte haben kaum therapeutische Korrelate.

Trotzdem ist ein möglichst vollständiges pharmakologisches Wirkungsprofil als Voraussetzung für die Prüfung einer neuen chemischen Substanz beim Menschen zu fordern. Dabei ist es unvermeidlich, daß einzelne, eventuell auch wichtige Wirkungen übersehen werden, weil es unmöglich ist, eine Substanz allen verfügbaren Testmethoden zu unterwerfen bzw. sie auf sämtliche ihrer Eigenschaften zu untersuchen. Es ist somit nicht auszuschließen, daß auch hervorstechende Effekte der Beobachtung entgehen, und es ist der Alptraum jedes in der Industrie tätigen Pharmakologen, eine eventuell interessante Wirkung zu übersehen, weil er gar nicht in dieser Richtung untersucht hat. Aus eigener Erfahrung kann ich dabei anführen, daß ich einst ein Pyrazolopyrimidin-Derivat zur Prüfung auf koronarerweiternde Wirkung erhielt und dabei fand, daß es einen mäßigen Effekt in dieser Hinsicht besaß, nicht vergleichbar etwa demjenigen von Dipyridamol oder anderen Koronardilatoren. Trotzdem wurde ein Patent dafür angemeldet, die Anmeldung aber dann nicht aufrechterhalten, weil die Wirkung nicht interessant genug erschien. Wenig später stellte dann GEORGE HITCHINGS (1) fest, daß die gleiche Verbindung, die von ihm aufgrund ganz anderer Überlegungen hergestellt worden war, ein falsches Substrat für die Xanthinoxydase ist und die Bildung von Harnsäure verhindert — es handelte sich um Allopurinol. Interessant in diesem Zusammenhang ist vielleicht, daß Allopurinol offenbar beim Menschen keinen Einfluß auf die Koronarzirkulation besitzt, jedenfalls ist meines Wissens nie etwas darüber berichtet worden, so daß also die seinerzeitige negative Beurteilung in dieser Hinsicht berechtigt war. Ein weiteres aufschlußreiches Beispiel ist das ursprünglich als Psychopharmakon hergestellte Praziquantel, das sich bei an anderer Stelle vorgenommener Routineprüfung auf antiparasitäre Wirkung als hervorragendes Anthelmintikum und Schistosomizid erwies. Jeder in einem industriellen Laboratorium tätige Pharmakologe muß sich bewußt sein, daß die Wirkungsanalyse einer neuen chemischen Substanz in den meisten Fällen unvollständig ist und wahrscheinlich auch bleiben wird.

Übertragung experimenteller Befunde auf den Menschen
Wie steht es mit der Aussagekraft der im Tierexperiment erhobenen Befunde, und wie läßt sie sich eventuell verbessern? Bei der überwiegenden Zahl chemischer Substanzen oder von Naturstoffen ist das pharmakodynamische Wirkungsprofil beim Menschen ähnlich wie beim Versuchstier. Dabei sind allerdings der Bestimmung von Dosis-Wirkungsbeziehungen verständlicherweise Grenzen gesetzt, weil zu intensive Effekte zu Störungen oder Schädigungen führen können. Aus dem gleichen Grund wird es oft nicht möglich sein, nicht-selektive Wirkungen, die sich als Nebeneffekte — unerwünschte oder erwünschte — manifestieren können, festzustellen, zumindest nicht bei einer Studie an gesunden Probanden, die auf eine beschränkte Zeit und auf eine kleine Zahl limitiert ist.
Abweichungen von tierexperimentell erhobenen Resultaten können sich auch aus der Tatsache ergeben, daß die Untersuchung im nicht narkotisierten Zustand stattfindet oder daß sich der Metabolismus im menschlichen Organismus grundsätzlich von demjenigen bei den verschiedenen Versuchstierarten unterscheidet. Speziesbedingte pharmakokinetische Einflüsse können bedeutsamer sein als pharmakodynamische Unterschiede.
In den „Guidelines for Evaluation of Drugs for Use in Man", die 1975 von der WHO herausgegeben wurden, heißt es: „Preclinical pharmacodynamic studies should be designed to demonstrate the expected therapeutic effect of the drug and, wherever practicable, its mechanism" (2). Das ist ein Wunsch, dem in vielen Fällen nicht zu entsprechen ist, weil unsere heutigen Kenntnisse vom Wirkungsmechanismus vieler Pharmaka, die als Arzneimittel Verwendung finden, ebenso beschränkt sind wie die Kenntnisse über Pathogenese und Aetiologie sehr vieler wichtiger Erkrankungen, es sei nur an den Rheumatismus, an Autoimmunkrankheiten oder an Psychosen und andere psychische Störungen erinnert.
Verschiedentlich ist vorgeschlagen worden, statt akute Versuche am narkotisierten, gesunden Tier vorzunehmen, Krankheitszustände experimentell auszulösen, die es erlauben sollten, ein neues Arzneimittel hinsichtlich seiner therapeutisch verwertbaren Eigenschaften besser zu beurteilen. Aber die Möglichkeiten, die bisher hier bestehen,

sind begrenzt, und es stellen sich bei Übertragung der am kranken Tier erhobenen Befunde ähnliche Schwierigkeiten ein wie bei den Beobachtungen im akuten Versuch am gesunden Tier (3).

Ein Beispiel dafür ist der experimentelle Hochdruck der Ratte, dessen verschiedene Formen heute für die Prüfung von antihypertensiv wirkenden Substanzen eingesetzt werden. Dazu ist anzugeben, daß die meisten Arzneimittel, die zur Behandlung des hohen Blutdruckes Anwendung finden, im akuten Versuch am Tier mit normalem Blutdruck entdeckt worden sind. Andererseits besitzen Pharmaka, die zur primären Behandlung des Hochdruckes eingesetzt werden, wie etwa die β-Adrenozeptorenblocker oder die Thiaziddiuretika, keine eindeutige Wirkung beim spontanen Hochdruck der Ratte, der dem essentiellen Hochdruck des Menschen nahezustehen scheint. Bei beiden Arzneimittelgruppen ist die antihypertensive Wirkung klinisch entdeckt worden, aber auch nachdem sie bekannt war, ist es nicht gelungen, Versuchsanordnungen am Tier zu entwickeln, die es erlaubten, bessere Voraussagen zu machen.

Für andere chronische Erkrankungen bestehen nur sehr unvollkommene experimentelle Äquivalente, z. B. für die Arteriosklerose, für die weder die Ratte noch das Kaninchen geeignete Versuchstiere sind, für die verschiedenen entzündlichen Gelenkveränderungen, die als Modelle für eine Polyarthritis dienen sollen, wie etwa die Adjuvans-Arthritis, die aber mit dem Geschehen bei der primär chronischen Polyarthritis nichts gemeinsam haben. Abgesehen davon gibt es kein experimentelles Äquivalent für degenerative Gelenkerkrankungen wie die Osteoarthrose. Durch verschiedene Eingriffe gelingt es, an der Ratte Magengeschwüre auszulösen, deren Abheilung durch Pharmaka zu beeinflussen ist, aber die erzielten Ergebnisse lassen keine eindeutigen Beziehungen zum therapeutischen Potential bei der Ulkuskrankheit des Menschen erkennen.

Experimentelle Erkrankungen sind unentbehrlich für die Untersuchung von Arzneimitteln gegen infektiöse oder parasitäre Krankheiten, wobei allerdings einzuwenden ist, daß künstliche bakterielle Infektionen an Laboratoriumstieren wenig gemeinsam haben mit Spontaninfektionen des Menschen.

Ein wesentliches Problem bei experimentell ausgelösten pathologischen Zuständen besteht darin, daß die Reaktion der einzelnen Versuchstiere auf den schädigenden Eingriff oder die angewendete Noxe individuell stark schwankt. Daher ist es schwierig, Versuchsgruppen zu bilden, die einen vergleichbaren Grad von pathologischen Veränderungen aufweisen. Trotzdem ist es angezeigt, auch weiterhin nach geeigneten experimentellen Krankheitsmodellen zu suchen, mit dem

Ziel, die Aussagen über das therapeutische Potential einer neuen chemischen Substanz zu verbessern.

Mögliche Schädigungen
Für die Aussagekraft von Tierversuchen über eventuelle schädigende Wirkungen gilt das gleiche wie für die therapeutischen Eigenschaften. Toxikologische Untersuchungen sind eine absolute Notwendigkeit, um die Gabe einer neuen Substanz beim Menschen vertreten zu können. Der Tierversuch ist hier deswegen unerläßlich, weil nur er es erlaubt, toxisch wirkende Dosen zu verabreichen und dadurch diejenigen Organe oder Systeme zu erkennen, an denen sich Schädigungen manifestieren. Durch gezielte Überdosierung gelingt es häufig, die Art und den Ort der Störungen aufzudecken. Daß dabei keine vollständige Klärung möglich ist, daß mit falschen positiven oder falschen negativen Resultaten zu rechnen ist, ist jedem geläufig, der sich mit der Toxikologie von Arzneimitteln und derjenigen anderer chemischer Stoffe befaßt. Daß unvorhersehbare Risiken bestehen, hat sich vor kurzem beim Practolol gezeigt, das trotz ausgedehnter toxikologischer Untersuchungen beim Menschen schwere Schädigungen hervorgerufen hat, für die bisher keine tierexperimentellen Äquivalente zu finden waren.

Im üblichen Toxikologie-„Screening" für neue chemische Substanzen sowie den zusätzlichen Untersuchungen auf teratogene, karzinogene und mutagene Eigenschaften wird quantitativen Überlegungen oft mehr Beachtung geschenkt als qualitativer Beurteilung. Es geht häufig in erster Linie darum, ob gemäß den Vorschriften untersucht worden ist, daß die Tierzahlen den durchschnittlichen Anforderungen entsprechen und daß die am Ende des Versuchs festgestellten pathologischen Veränderungen beschrieben werden. Wenig wird unternommen, um den Mechanismen nachzugehen, die den Schädigungen zugrunde liegen, den Störungen, die verantwortlich sind für die beobachteten Veränderungen (4). Für verschiedene am Menschen beobachtete charakteristische Schädigungen, wie allergische Reaktionen, Neuropathien, bestimmte Knochenmarkschädigungen und eine Reihe von Stoffwechselstörungen, fehlen tierexperimentelle Äquivalente. Es wäre dringend erwünscht, hier mit der toxikologischen Forschung anzusetzen und zu versuchen, Versuchsanordnungen zu entwickeln, die es erlauben, bessere Voraussagen zu machen, als dies zur Zeit möglich ist.

In einer Zeit der Angst vor möglichen Schädigungen, die durch chemische Substanzen ausgelöst werden — seien es Arzneimittel, seien es in der Umwelt auftretende Stoffe — besteht eine zunehmende Nei-

gung, Pharmaka aufgrund von experimentellen Befunden, zum Teil lediglich solchen, die in vitro erhoben worden sind, zu verdächtigen, daß sie möglicherweise schädigend auf den menschlichen Organismus wirken, und sie dann von einer klinischen Prüfung auszuschließen. Es ist nicht festzustellen, ob und wie viele eventuell therapeutisch nutzbare oder sogar wertvolle Substanzen auf diese Weise eliminiert worden sind; wahrscheinlich ist die Zahl klein, aber es besteht durchaus die Möglichkeit, daß sie künftig zunehmen wird.
Wenig nützlich erscheint eine Beurteilung der möglichen Toxizität aufgrund des sogenannten therapeutischen Index, der im allgemeinen auf dem Verhältnis der mittleren wirksamen Dosis (ED_{50}) für die selektive Wirkung zur mittleren akuten Letaldosis (LD_{50}) an der Maus basiert. Abgesehen davon, daß die letztere keine Aussage über eventuell bei langdauernder Gabe auftretende Schädigungen erlaubt, ist dieses Verfahren für die Beurteilung des Verhältnisses von Nutzen zu Risiko nicht brauchbar, auch dann nicht, wenn andere Meßgrößen dafür herangezogen werden als die ED_{50} und die mittlere akute Letaldosis.

Natürliche Arzneimittel
Die zunehmende Furcht vor der Schädlichkeit chemischer Substanzen und die Abneigung, sie einzunehmen, hat erneut dazu geführt, in vermehrtem Maße sogenannte natürliche Mittel pflanzlicher, tierischer oder mineralischer Herkunft zu bevorzugen. Es gibt wenig neue Präparate auf diesem Gebiet, aber es werden Anstrengungen unternommen, den vorhandenen einen Status hinsichtlich ihrer Wirksamkeit zu verschaffen, der demjenigen entspricht, der nach dem Gesetz für neue chemische Substanzen gefordert wird. In diesem Zusammenhang werden auch Arzneimittelprüfungen am Menschen als notwendig angesehen, und selbstverständlich wäre es erforderlich, vorgängig Tierversuche anzustellen, soweit es sich um neue Naturstoffe oder andere natürliche Mittel handelt. Die bisherigen Erfahrungen haben deutlich gezeigt, daß es sehr schwer oder unmöglich sein kann, dafür tierexperimentell eine eindeutige pharmakodynamische Wirkung festzustellen, was aber nicht bedeutet, daß auch toxische Eigenschaften fehlen. Es besteht eine beträchtliche Diskrepanz zwischen den Anforderungen für die Zulassung neuer Arzneimittel, die mit Hilfe wissenschaftlicher Methoden untersucht worden sind, und denjenigen für Präparate, welche für unorthodoxe Heilmethoden Verwendung finden. Inwieweit es gerechtfertigt ist, auf der einen Seite den streng wissenschaftlichen Nachweis für die behauptete Wirksamkeit zu fordern sowie mögliche Schädigungen auszuschlie-

ßen und auf der anderen Seite davon abzusehen, ist schwer zu begründen, vor allem in den Fällen, bei denen eine klare Abgrenzung schwierig oder nicht möglich ist, z. B. bei bestimmten Pflanzenextrakten.
Der Tierversuch hat im Rahmen der Arzneimittelprüfung seine Grenzen, die zu erkennen und nach Möglichkeit zu definieren sind. Es wäre aber grundsätzlich falsch, daraus den Schluß zu ziehen, Tierversuche seien nutzlos, überflüssig oder gar unsinnig. Gut geplante Versuche für die Lösung zweckmäßiger experimenteller Fragestellungen sind die Voraussetzung für die Arzneimittelprüfung am Menschen. Die heute in zunehmendem Maße von seiten der sogenannten biologischen Medizin gegenüber den Tierversuchen erhobenen Einwände sind höchstens insofern stichhaltig, als sie sich auf sinnlose Experimente beziehen. Dagegen wehren sich aber auch die Fachvertreter der Pharmakologie und Toxikologie. Die vorwiegend emotionalen Argumente der Tierschutzfanatiker, die den Tierversuch prinzipiell ablehnen und glauben, daß es möglich ist, mit alternativen Methoden an Zellkulturen oder anderen in-vitro Verfahren gleiche Aussagen hinsichtlich pharmakodynamischer oder toxischer Effekte zu machen, haben sich trotz erheblicher Anstrengungen in dieser Richtung nicht bestätigen lassen (5). Davon abgesehen bestehen gesetzliche Verpflichtungen zu Tierexperimenten, die mit Recht als unerläßlich für die Beurteilung eines Arzneimittels angesehen werden.

Literatur

1. Elion, G. B., A. Kovensky, E. Metz, and R. W. Rundles: Metabolic studies of allopurinol, an inhibitor of xanthine oxydase. Biochem. Pharmacol. 15, 863—880, 1966
2. Guidelines for Evaluation of Drugs for Use in Man. Report of a WHO Scientific Group. World Health Organization Technical Report Series No. 563, Geneva, 1975, 13
3. Gross, F.: Pharmacology: Preclinical models, survey of their uses and limitations of their predictive value. In: The Scientific Basis of Official Regulation of Drug Research and Development. Eds A. F. De Schaepdryver, F. H. Gross, L. Lasagna, and D. R. Laurence. Heymans Foundation, Ghent, 1978, 17—23
4. Schaepdryver, A. F., De: Toxicology: General and special toxicity testing: A situation paper. In: The Scientific Basis of Official Regulation of Drug Research and Development. Eds A. F. De Schaepdryver, F. H. Gross, L. Lasagna, and D. R. Laurence. Heymans Foundation, Ghent, 1978, 25—26
5. Smyth, D. H.: Alternatives to Animal Experiments. Scolar Press, London, 1978

Diskussion

Rahn:
Herr Gross, es hat mich etwas überrascht, daß Sie sagten, daß man den antihypertensiven Effekt von Betablockern im Tierexperiment nicht nachweisen kann.
An der spontanhypertensiven Ratte ist dies möglich. Es gibt einige Publikationen aus einer Arbeitsgruppe in unserem Institut, wo man das zeigen konnte. Vielleicht beruhen die negativen Ergebnisse, die man früher hatte, darauf, daß dieser Effekt mit einer Latenz von 3 bis 6 Stunden eintritt. Man kann diese Schwierigkeit jetzt ganz gut mit Hilfe von osmotischen Minipumpen umgehen, wobei man also eine Dauerinfusion macht.

Gross:
Ja, aber auch wenn Sie Betablocker während langer Zeit geben — ich habe nicht vom akuten Versuch gesprochen, sondern vom Langzeitversuch —, sind die Effekte unsicher.

Kienle:
Jetzt möchte ich die These aufstellen, daß der toxikologische Versuch gefährlich ist und erst seine Unbedenklichkeit erweisen muß. Der pharmakologische Versuch kann zu am Menschen prüfbaren Hypothesen führen, wenn er zu Effekten führt, die prinzipiell beim Menschen beobachtbaren Effekten vergleichbar sind. Für den toxikologischen Versuch gilt das nicht. Sie haben gesagt, daß es falsch-positive und falsch-negative Resultate gibt. Sobald Sie die Wahrscheinlichkeitsbeziehung in Erwägung ziehen und hier eine Sensibilität und Spezifität schätzen können, müssen Sie feststellen, ob die Summe von beiden über 1 liegt, weil Sie sonst zu einer negativen Auslese kommen. D. h., wenn das Verfahren der toxikologischen Prüfung unbedenklich und sicher sein soll, müssen Sie zuvor eine negative Auslese ausschließen, damit Sie nicht bevorzugt schädliche Substanzen zur Prüfung oder Anwendung am Menschen freigeben, während Sie die unbedenklichen, vielleicht wirksamen Substanzen vorher eliminieren. Also am Beispiel Penicillin: Wenn FLEMING zuvor die verkehrten Tiere genommen hätte, wäre die ganze antibiotische Ära nicht entstanden. Er hat Glück gehabt, er hat nur zwei Tiere genommen, bei denen Penicillin unbedenklich ist; hätte er die verkehrten genommen, hätten wir keine antibiotische Ära.

Gross:
FLEMING hat nie Penicillin am Tier untersucht. FLOREY und CHAIN haben es erst zehn Jahre später getan. Sie meinen, wenn zuerst Meerschweinchen genommen worden wären, wären die Ergebnisse negativ gewesen, weil beim Meerschweinchen Penicillin sehr viel toxischer ist.

Kewitz:
Das ist eine Vermutung, Herr Kienle.

Kienle:
Ich möchte mich jetzt hier auf den Standpunkt stellen, daß es gesundheitspolitisch nicht zu vertreten ist, toxikologische Untersuchungen am Tier durchzuführen, solange man nicht klargestellt hat, daß die Negativ-Auslese ausgeschlossen ist. In Anbetracht des Umwelt-Chemikaliengesetzes, das vor uns steht, kommen wir in Lagen, bei denen wir diskriminierte Substanzen nicht mehr rehabilitieren können. Wenn ein Beagle vom bösen Blick des Tierpflegers getroffen wird und unter irgendeiner Medikation einen Brustknoten bekommen hat, können wir immerhin noch bei im Gebrauch befindlichen Arzneimitteln durch epidemiologische Studien wahrscheinlich machen, daß sie am Menschen harmlos sind. Bei Umweltchemikalien geht es nicht mehr. Infolgedessen ist diese Frage keine harmlose Frage, sondern hier ist die Gefahr, daß nicht nur sehr viel Geld unnützerweise ausgegeben wird, sondern daß die Bevölkerung aufgrund einer zu niedrigen Summe von Sensibilität und Spezifität der Versuchsanordnung bevorzugt besonders gefährlichen Substanzen ausgesetzt wird.

Kewitz:
Aber das setzt die Hypothese voraus, daß die Sensibilität und Spezifität nicht ausreicht.

Kienle:
Ich sagte, man muß nachweisen, daß die Summe von Sensibilität und Spezifität 1 übersteigt.

Gross:
Wir sollten uns der Tatsache bewußt sein, daß jedes biologische Experiment ein falsches Resultat geben kann. Insofern muß man auch damit rechnen, daß in der Toxikologie Befunde, die an Tieren erhoben worden sind — seien sie nun positiver oder negativer Art, sei es, daß es sich um einen toxischen Effekt handelt oder nicht —, für den Menschen nicht zuzutreffen brauchen, und daß weiterhin für den Menschen — wie übrigens auch im Tierversuch — die Streuung so groß ist und so viele unbekannte Faktoren eingehen, daß wir sie nicht alle im Tierexperiment simulieren oder voraussehen können.

Jesdinsky:
Das ist noch nicht die ganze Antwort, die man Herrn Kienle geben könnte. Es ist ja so, daß wir mehrere Tierspezies untersuchen. Es ist für mich schwer vorstellbar, daß bei toxischen Wirkungen die Spezifität so gering sein wird.
Andererseits erscheint es mir sinnvoll, solche Erhebungen für Substanzen, über die wir alles wissen oder denken, schon sehr viel zu wissen, systematisch einmal anzustellen. Da würde man sehen, wie ist die Langzeit-Toxizität am Menschen, wie an verschiedenen Tierarten, und könnte dann zu Zahlen kommen.
Ich kenne die Arbeiten zusammen mit Herrn Burkhardt über die Spezifität und Sensibilität. Das ist wirklich so, genau dann, wenn die Summe von Spezi-

fität und Sensibilität unter 1 ist, gibt es diese Umkehr, daß man ganz falsch selektiert. Ich habe das Gefühl, daß diese Summe weit über 1 ist, aber wir brauchen doch wohl dazu Daten.

Überla:
Herr Kienle, es ist nicht so, daß der toxikologische Versuch nachweisen muß, daß er keine Negativ-Auslese erzeugt. Man könnte umgekehrt sagen, es muß jemand anders nachweisen, daß er eine Negativ-Auslese erzeugt, damit man überhaupt messen kann, daß er gefährlich ist.

Kienle:
Das ist schon passiert. Wir haben eben die Studien, in denen entsprechende Vergleiche vorliegen.

Überla:
Daß das im Einzelfall vorkommen kann, dies mag gezeigt sein, aber daß es in der ganzen Breite systematisch erfolgt, ist sicher nicht gezeigt. Deswegen besteht gar keine Veranlassung, jetzt von Ihrer Seite die Beweislast umzudrehen.
Die zweite Bemerkung: Wie immer diese Sache sei, ich würde eine neue Substanz bei mir beruhigter anwenden, wenn ich bei zwei Tierarten, egal, welche es sind, toxikologische Untersuchungen hätte. Sie können sagen, das ist primitiv, ich bin da nicht so differenziert, aber mir wäre wohler, wenn an mir die Substanz angewendet würde. Und ich glaube, die meisten Menschen denken so.

Bock:
In der Praxis, Herr Kienle, sieht es doch so aus: Wenn Sie im Tierversuch irgendeine toxische Wirkung an einem Organ oder ein bestimmtes Vergiftungsbild finden, so ist das zunächst einmal Anlaß, in der klinischen Prüfung am Menschen ganz besonders auf die entsprechenden toxischen Effekte oder Nebenwirkungen zu achten. Findet man im Tierversuch keine toxischen Wirkungen, so entbindet uns dies dennoch nicht davon, bei der ersten klinischen Prüfung am Menschen auf alle denkbaren Nebenwirkungen zu achten. Wenn ein solcher pragmatischer Ansatz nicht sinnvoll wäre, hätte man das ja schon längst aufgegeben.
Wenn es auch zweifellos einzelne Beispiele gibt, in denen Tierversuche überflüssig oder wertlos sind, so kann man doch nicht das Kind mit dem Bade ausschütten und sagen: Lassen wir das doch ganz. Würden Sie eine solche Forderung wirklich vertreten können? Zumindest müßten Sie Alternativen bieten. Sie haben das einmal in einer Fernsehsendung getan, und zwar einmal Zellkulturen und zum anderen den Selbstversuch der Pharmakologen vorgeschlagen. Der letztere wäre wohl kaum akzeptabel, weil die Pharmakologen dann wahrscheinlich bald ausgestorben wären. Im übrigen gibt es zweifellos eine ganze Reihe von Pharmaka, bei denen grundsätzlich weder Selbstversuche noch Versuche an gesunden Versuchspersonen vertretbar erscheinen, z. B. Zyto-

statika, und noch eine weit größere Gruppe von Substanzen, die keinesfalls in solcher Art von Versuchen getestet werden dürfen, ohne daß tierexperimentell ihre Toxizität geprüft ist.

Gross:
Wenn Sie die Grenzen der toxikologischen Untersuchungen aufzeigen wollen, so bin ich völlig mit Ihnen einverstanden. Aber jetzt muß ich einfach an Sie die Gegenfrage stellen: Was ist die Alternative? Vorhin hat Herr Bock nach Alternativmethoden zum Tierexperiment gefragt. Da gibt es ein Buch von dem englischen Physiologen SMYTH, in dem er auch zu dem Schluß kommt, daß die Alternativen zum Tierversuch außerordentlich begrenzt sind. Ich würde mir niemals erlauben, z. B. lediglich aufgrund von einigen Hinweisen aus in-vitro Experimenten eine Substanz als Arzneimittel oder auch für andere Zwecke zu akzeptieren oder abzulehnen. Hinweise können sich ergeben, aber dann muß der Tierversuch mit herangezogen werden, wobei zu berücksichtigen ist, daß hier der Tierversuch diese zusätzliche Aussage geben *kann*, aber nicht geben *muß*. Wenn wir annehmen, daß wir mit dem Tierversuch oder mit dem toxikologischen Versuch etwas in der Hand haben, was uns weitgehende Hinweise, in verschiedener Hinsicht sogar Gewißheit geben kann, so müssen wir jederzeit auch akzeptieren, daß der Tierversuch nicht alles zu klären vermag und nicht nur Fragen offen läßt, sondern auch täuschen kann. Ein gutes Beispiel dafür ist Practolol.

Kewitz:
Aber, Herr Gross, Sie würden doch auch Ausnahmen zulassen? Ich glaube, an dem, was Herr Kienle gesagt hat, ist etwas Wahres dran. Leberextrakte zur Behandlung der perniciösen Anämie ist ein Beispiel dafür, daß nicht jedes Präparat, das am Menschen angewendet werden soll, vorher im Tierversuch geprüft sein muß. Leberextrakt ist nie am Tier geprüft worden, es wäre ja auch nichts dabei herausgekommen. Jede Charge wurde einzeln am Menschen geprüft, es ist nie anders gemacht worden, bis später die mikrobiologischen Modelle gefunden wurden.
Aber diese Richtung in der Entwicklung neuer Arzneimittel ist verdrängt worden, das ist meine Hypothese, dadurch, daß der Tierversuch als unbedingt notwendig gefordert worden ist. Wie würde man sich heute verhalten, wenn ein im Prinzip ähnliches Mittel wieder irgendwo aufkommen sollte? Untersuchungen am Menschen dürfte man nicht machen, denn es wird gesetzlich gefordert, daß die Ergebnisse von Tierversuchen beim BGA hinterlegt sind.

Kienle:
Ich habe mit Freunden zusammen nur am Menschen Arzneimittel entwickelt, und wir haben mehrere Arzneimittel pflanzlicher Art an uns selber erprobt, ohne daß jemals ein Tier daran geschnuppert hat. Das Problem, auf dem ich insistiere, hat Herr Kewitz eben präzisiert. Wenn Sie sagen, Sie selbst können das nicht anders als mit dem Tierversuch erfolgreich prüfen, dann bin ich damit einverstanden, solange es Ihre Person betrifft. Wenn Sie aber sagen, man

dürfe nicht anders prüfen, dann muß ich Protest erheben. Wenn Sie die Pflicht davorsetzen, daß vor dem Menschen am Tier untersucht werden muß, dann inhibieren Sie die Möglichkeit, es ganz anders zu machen. Ich meine, im Arzneimittelgesetz steht nicht, daß pharmakologisch, toxikologisch am Tier geprüft werden müßte, denn der Selbstversuch ist eine pharmakologisch-toxikologische Prüfung.

Kewitz:
Aber keine präklinische Untersuchung!

Kienle:
Ja, aber der Selbstversuch ist das.

Kewitz:
Nein!

Kienle:
Man kann doch nicht sagen, daß eine Untersuchung, deren Wert ich nicht kenne, bei der ich rein auf Vermutungen bleibe, pflichtmäßig gemacht werden müßte! Wissenschaftlich geht das nicht.

Gross:
Aber entschuldigen Sie, Herr Kienle, jetzt gleiten Sie ins Philosophische ab.

Kienle:
Nein, das ist ganz praktisch.

Gross:
Sie können natürlich mit der Substanz, deren Wirkung Sie und Ihre Bekannten an sich erprobt haben, ohne weiteres eine toxikologische Studie machen. Sie geben einem Tier eine bestimmte Menge davon und sehen, ob es ihm besser oder schlechter geht, oder ob es zum Schluß stirbt. Daß Sie die Wirkung nicht nachweisen können, das habe ich ja gesagt. Wir können zwar humanpharmakologisch das, was wir am Tier erhoben haben, weitgehend am Menschen auch reproduzieren, als einer Spezies aus dem gesamten Tierreich, wenn Sie so wollen. Aber wir können nicht am Tier in jeder Hinsicht den therapeutischen Effekt nachweisen — und was Sie sagen, ist der therapeutische Effekt — da habe ich Ihnen ja recht gegeben. Der therapeutische Effekt ist vielleicht nur am Menschen festzustellen und natürlich auch alle subjektiven Symptome. Ich kann ja nicht feststellen, ob ein Tier z. B. Kopfschmerzen hat. Das geht nur am Menschen. Und insofern ist auch die Aussage der Toxikologie begrenzt und bezieht sich nur auf objektiv erfaßbare Symptome, nicht auf subjektive.

Kewitz:
Aber Herrn Kienles Argument ist natürlich anders. Er sagt, es fallen uns eben

durch das Sieb Substanzen durch, die mitunter außerordentlich wertvoll sind, weil die Summe aus Spezifität und Sensibilität über 1 liegt. Dann prüfen wir am Menschen überhaupt nicht. Das ist die Annahme.

Fülgraff:
Ich möchte auf das letzte zurückkommen, was Herr Kienle gesagt hat: Die Entwicklung von Arzneimitteln ausschließlich im Selbstversuch an sich selbst und anderen freiwilligen Versuchspersonen und die Frage, würde dies genügen, Arzneimittel zuzulassen.
Lassen Sie mich mal den Versuch konstruieren. Es gibt ja durchaus Pflanzenextrakte, Pflanzen und Pflanzenteile, von denen wir wissen, daß sie beispielsweise carcinogen sind. Es ist durchaus vorstellbar, daß dieses pflanzliche Arzneimittel, von dem Sie sprechen, eine carcinogene Wirkung hat, die Sie natürlich völlig unmöglich in Ihren Versuchen haben entdecken können. Die entdecken Sie vielleicht nach 20 bis 30 Jahren Latenz-Zeit. Das heißt, wenn Sie jetzt aufgrund der Versuche, die Sie an sich vorgenommen haben und ohne einen Carcinogentest beispielsweise am Tier gemacht zu haben, Ihre Droge der Allgemeinheit in Form eines fertigen Arzneimittels zur Verfügung stellen, dann müssen Sie riskieren, daß in 20 bis 30 Jahren epidemiologische Studien ergeben, daß Sie ein carcinogenes Produkt in den Handel gebracht haben.

Jesdinsky:
Ich habe nur eine kurze Bemerkung dazu. Besondere Beispiele bringen, ist nicht adäquat für diese Spezifitäts- und Sensibilitätsfrage, denn hier geht es um statistische Aussagen über eine ganze Population. In diesem Falle die Population der *Substanzen.* Wenn Sie da selektiv vorgehen, bekommen Sie natürlich gar keine unverzerrten Schätzungen.

Kleinsorge:
Ich glaube nicht, daß die Erforschung und Entwicklung eines neuen Therapieprinzips, wie seinerzeit die Gabe von Leber und Leberextrakt bei der Perniziosa, heute nicht möglich wäre. Wenn jemand einen bestimmten Organextrakt zur Heilung einer Krankheit empirisch als sinnvoll ansieht, kann er ja im Rahmen der Therapiefreiheit selbst Behandlungsversuche durchführen. Das ist nicht verboten. Es gibt zu dieser Krankheit kein tierexperimentelles Modell, insofern haben seine Versuchsergebnisse, wenn er sie einwandfrei darlegen kann, z. B. aufgrund der Beeinflussung des menschlichen Blutbildes, Beweiskraft.
Er braucht eben nur, wie Herr Fülgraff eben ausgeführt hat, eine Toxikologie zu hinterlegen. Aber es steht im Gesetz nicht, daß es darüber hinaus ausschließlich pharmakologische Tierexperimente sein müssen. Von der Sache her könnte ich mir vorstellen, er hinterlegt vor Beginn einer systematischen klinisch-pharmakologischen Prüfung seine eigenen ärztlichen Befunde und eine tierexperimentelle Toxikologie. Da es sich nach dem Gesetz doch nur um eine Sicherheitshinterlegung handelt, wäre das theoretisch möglich.

Kewitz:
Das kann durchaus sein, das weiß ich nicht.

Bock:
Es ist meines Erachtens gänzlich verfehlt, von vornherein anzunehmen, daß sogenannte Phytotherapeutika ungiftig oder ungefährlich sind, von der Carcinogenität ganz zu schweigen. Der Selbstversuch, den Herr Kienle bei sich und einigen Kollegen macht, reicht sicher nicht aus, die Ungefährlichkeit auch solcher Substanzen festzustellen. Wenn man sich z. B. das Verzeichnis der anthroposophischen Arzneimittel der Firma Weleda ansieht, so hätte ich ganz erhebliche Bedenken, ob das alles untoxisch ist. Ich bin der Meinung, daß toxikologische Untersuchungen an Tier und Mensch, wie sie für jedes Arzneimittel verlangt werden, auch für sogenannte Phytotherapeutika und die zahlreichen anthroposophischen Präparate verlangt werden sollen. Es ist das kleinere Risiko, wenn dabei einmal ein vielleicht wirksames Medikament eliminiert wird, als daß ein toxisches eingeführt wird.

Gross:
Herr Kienle, Sie haben vorhin gesagt, man solle keine Globalurteile fällen, und ich finde, Sie sollten dann auch nicht global den Tierversuch für die Klärung toxikologischer Eigenschaften ablehnen.

Wahl der Versuchsanordnung

von H. Jesdinsky

Problematik
Eine Betrachtung über die Wahl der Versuchsanordnung setzt einerseits die Kenntnis der verschiedenen Versuchspläne voraus — diese ist nicht solches Allgemeingut in unserem Kreis, daß man die Beschreibung der wichtigsten Planungsprinzipien hier auslassen könnte —, zum anderen verlangt sie einen Überblick über mögliche Fragestellungen — hier steht uns, auch über den Bereich der Therapie der Hypertonie hinaus, ein weites Feld offen, in dem die Mehrzahl von uns zu Hause ist.
Da wir uns bei den praktischen Fragen des Wirksamkeitsnachweises befinden, wird man mir nachsehen, wenn ich mich auf die Darstellung von Plänen beschränke, die in der Praxis verwendet werden oder zumindestens von Praktikern diskutiert werden. Da zudem der Stoff umfangreich ist, will ich auch hiervon nur eine Auswahl bringen.

Allgemeines zu Planungsprinzipien
Soweit in dem angedeuteten Rahmen eine gewisse Systematik nützlich ist, sei sie unter den Gesichtspunkten
- Fragestellungen
- Materialien
- Instrumente

eingeführt.
Die wichtigste Unterscheidung hinsichtlich der *Fragestellung* ist, ob man Aussagen über Kollektive oder Aussagen über ein Individuum anstrebt. Die letztgenannte Fragestellung scheint dem ärztlichen Wirken näherzustehen, das ja auf Hilfe für den einzelnen abzielt. Nun liegt es auf der Hand, daß sie nur prüfbar ist, wenn ein chronischer Zustand beeinflußt werden soll und wenn das Wirksamkeitskriterium reversibel ist. So wird man fragen und gewöhnlich auch herausfinden können, welches von mehreren Schlafmitteln für einen bestimmten Patienten mit chronischer Schlafstörung am besten wirkt, welche Kombination von Antihypertensiva bei einem bestimmten Hypertoniker den Blutdruck am besten senkt, mit welchen Insulingaben und welcher Lebensweise ein bestimmtes diabetisches Kind gut einzustellen ist. Strenggenommen hat man dann jeweils nur Auskünfte über genau diesen einen Patienten erhalten. Wirksamkeit, die durch das Erreichen oder Vermeiden eines irreversiblen Zustands de-

finiert ist, wird man so nie untersuchen können, z. B. die Dauerheilung eines durch eine Aortenisthmusstenose bedingten Hochdrucks nach Operation oder die Vermeidung eines tödlichen Ausgangs durch Schlaganfall bei einem Hypertoniker. Wenn man dennoch solche Fragen untersuchen will, müßte man die Erfahrung, die man an einem Kranken gewonnen hat, auf einen anderen Kranken übertragen. Dies bedeutet aber, daß man Aussagen über Kollektive anstrebt, denn der andere Kranke, auf den die Aussage über den einen Kranken ausgedehnt werden soll, muß jenem in seiner Erkrankung gleichen und gehört somit einer bestimmten Gruppe von Kranken an, auf die sich die Fragestellung bezieht.

Es gibt grundsätzlich keinen gedanklichen Weg von der Kollektivaussage zu der Aussage für den einzelnen, sosehr man sich auch bemühen wird, möglichst homogene Gruppen hinsichtlich ihres Ansprechens auf verschiedene Therapien zu betrachten: Für den einzelnen wird so — zumindest bei den hier in Rede stehenden stochastischen Modellen* — nie mit Sicherheit eine Vorhersage möglich sein, er ist Angehöriger einer Gruppe, die sich im statistischen Mittel in einer bestimmten Weise verhält. Daß gegenwärtig im methodischen Schrifttum die Berücksichtigung von Untergruppen besondere Beachtung erfährt (z. B. durch Unterteilungen nach Prognosekriterien), ist keine Hinwendung zur Einzelfallaussage, sondern lediglich eine Verfeinerung der Kollektivaussage durch Vermeiden heterogen zusammengesetzter Gruppen.

Dagegen ist ein Übergang von der Einzelfallaussage zur Kollektivaussage naheliegend: Man braucht nur Einzelfälle zu einer Gruppe zusammenzustellen. Dies geschieht in aller Regel auch im ärztlichen Alltag: Wenn die Therapie nicht schon durch die Diagnose (also eine eindeutige Gruppenzugehörigkeit) aufgrund vorhandenen Wissens festlegt, werden die an einem Einzelfall durch Ausprobieren gewonnenen Ergebnisse auf den nächsten, ähnlich gelagerten Fall übertragen.

Die *Materialien* zur Therapiebeurteilung sind alle Informationen, die am Kranken gewonnen werden, Daten der Morphologie und der Funktionen, Aussagen und Aufzeichnungen des Patienten, von anderer Seite über den Kranken gewonnene Eindrücke und gespeicherte

---

* Deterministische Ansätze für Therapiemodelle sind trotz aller Fortschritte auch heute zumeist nicht angebracht. Mit Ausnahme gewisser Substitutionstherapien, auch gewisser kurativer Operationen (die erwähnte Beseitigung der Aortenisthmusstenose, rechtzeitig ausgeführt, wäre ein Beispiel) hat man es gewöhnlich mit Unwägbarkeiten, also stochastischen Komponenten in den Therapiemodellen zu tun.

Daten sowie nicht zuletzt die Wertung dieser Informationen durch den Arzt. Wichtig ist sich klarzumachen, daß schon bei der Informationsgewinnung und erst recht bei deren Deutung selektive Prozesse ablaufen, die von dem Verhalten, den Wünschen, Hoffnungen und Befürchtungen des Kranken, seiner Umgebung und des Arztes abhängen können.

Die *Instrumente* zur Konstruktion eines Therapieprüfplans leiten sich aus dem bisher Gesagten ab. Es sind die Standardisierung, die Blindbeurteilung und die Sicherung der Vergleichbarkeit.

Die *Standardisierung* bedeutet eine kontrollierbare und zur Verständigung zwischen den Ärzten notwendige Festlegung der soeben beschriebenen Materialien, die sowohl zur Definition der Krankengruppen — und gegebenenfalls prognostisch unterschiedener Untergruppen — als auch zur einheitlichen Beschreibung der Wirksamkeitskriterien erforderlich ist. Auch die Festlegung der durch die spezielle Fragestellung sich ergebenden Hauptkriterien gehört hierzu.

Die *Blindbeurteilung* sichert Ergebnisse, die nicht mit Hinblick auf eine der zu prüfenden Therapien verzerrt sind. Ist auch der unmittelbar betreuende Arzt „blind" in bezug auf die angewendete Therapie (doppelter Blindversuch), so kann sogar die subjektive ärztliche Beurteilung als objektives Datum betrachtet werden. Blindbeurteilungen sind auch bei nicht-blinden Studien, meist allerdings nur durch späteres Aktenstudium, grundsätzlich durchführbar, sie stützen sich dann jedoch nur auf dokumentierte Information, nicht auf unmittelbare Beobachtung.

Die *Vergleichbarkeit* von Patienten mit unterschiedlicher Therapie erreicht man durch gleiche Beobachtungsbedingungen und durch gleichartige Zusammensetzung der Therapiegruppe hinsichtlich wichtiger prognostischer Merkmale. Man kann im allgemeinen nicht annehmen, daß man alle prognostisch bedeutsamen Merkmale definieren und untersuchen kann. Daher ist es üblich geworden, die Patienten, gegebenenfalls innerhalb gewisser Untergruppen, nach dem Zufall auf die Therapieformen zu verteilen. Diese *randomisierte Zuteilung* garantiert im statistischen Mittel eine gleichmäßige, keine Therapieform benachteiligende Aufteilung der Patienten.

Wahl der Versuchsanordnung
Nach den allgemeinen Erläuterungen wenden wir uns nun einigen speziellen Beobachtungsbedingungen zu. Als Gliederung benutzen wir die Einteilung in Ansätze, welche auf Aussagen über Kollektive

und solche, die auf Aussagen über Einzelfälle abzielen. Die Wahl der Versuchsanordnung kann aus den Vor- und Nachteilen abgeleitet werden, die im einzelnen diskutiert werden. Zunächst werden wir uns Situationen zuwenden, in denen man von einem Versuchsplan im engeren Wortsinn nicht sprechen kann.

Anwendung von Gruppenvergleichen
Die *retrospektive Auswertung von Behandlungsfällen* ist eine — von Mängeln in der Befunddokumentation und Schwierigkeiten der Zugänglichkeit in den Krankenblattarchiven einmal abgesehen — scheinbar mühelose Methode zur Auswertung der Wirksamkeit verschiedener Therapien. Die üblichen Typen sind in Abb. 1 oben schematisch dargestellt.
Um die Verhältnisse zu vereinfachen, werden im folgenden immer zwei Behandlungen A und B betrachtet. Die Behandlungsergebnisse seien vorerst nur entweder als „Erfolg" (E) oder als „Mißerfolg" (M) klassifiziert. Diese an sich unnötigen und oft auch wohl unangemessenen Vereinfachungen werden gewählt, um die Übersicht zu verbessern. Sie bedeuten keine grundsätzlichen Einschränkungen.
Je nach den Gegebenheiten wird es sich um einen Vergleich handeln, bei dem in einem gewissen Zeitabschnitt beide *Therapien nebeneinander verwendet* (Typ 1) wurden, oder es wird zwei aufeinanderfolgende Zeitabschnitte geben, die durch einen Stichtag getrennt sind, an dem für ein bestimmtes Krankheitsbild die *Therapie umgestellt* (Typ 2) wurde. Manchmal wird es auch Mischtypen geben: Von einem bestimmten Zeitpunkt an wird in einem Teil der Kranken die neue Therapie B angewendet, bei einem anderen Teil verordnet man noch die Therapie A.
Eine kritische Überlegung zeigt, daß die so zustande kommenden Gruppenvergleiche zwischen Patienten, die A oder B erhielten, im allgemeinen zu Fehlschlüssen führen muß. So ist nicht auszuschließen, daß einige der im folgenden aufgezählten Störgrößen zu Verzerrungen führen. Diese sind
1. zeitliche Änderungen
— der Zusammensetzung des Krankenguts (schwerere und leichtere Fälle),
— der diagnostischen Maßnahmen,
— der Dosierung der zu vergleichenden Therapien,
— der Zusatztherapie,
— der Art und Vollständigkeit der Dokumentation.
2. Verhalten der Ärzte

— bei der Indikation für die zu vergleichenden Behandlungen (nicht selten von Arzt zu Arzt verschieden und oft nicht aufgrund expliziter Überlegungen),
— mit unterschiedlicher Erfahrung in der Anwendung der zu vergleichenden Therapien,
— hinsichtlich einer unterschiedlichen Vorbewertung der Therapien.
3. Wunschdenken der Patienten.
4. Interaktion der in den genannten Punkten bezeichneten Einflüsse im Rahmen des Arzt-Patienten-Verhältnisses.

Diese Aufzählung genügt, um vor der unkritischen Interpretation bei retrospektiver Auswertung von Behandlungsfällen zu warnen.
Die unter Punkt 1 aufgezählten Einflüsse können sich nur bei Typ 2 der in Abb. 1 dargestellten Untersuchungen auswirken, es finden sich in den übrigen Punkten jedoch genug Störmöglichkeiten, um auch von einer Untersuchung des Typs 1 nicht zuviel zu erwarten.
Paradoxerweise trifft man dieses Vorgehen gerade bei Vorhaben an, welche von klinisch noch Unerfahrenen (Doktoranden) durchgeführt oder von nicht unparteiischer Seite gefördert werden.
Es gibt statistische Verfahren, welche, eine ausführliche Dokumentation und weitgehende fachliche Durchdringung der Fragestellung vorausgesetzt, einen Vergleich von Therapien auch angesichts der genannten Störeinflüsse anstreben. Man kann entweder *Regressionsmodelle* zur Berücksichtigung der intervenierenden Einflußgrößen ansetzen oder die Analyse auf Paare von Patienten, die in den wichtigen Einflußgrößen übereinstimmen, deren einer Partner jedoch mit A, der andere aber mit B behandelt wurde, beschränken *(matched pairs)*.
Die Behandlung der Störfaktoreneinflüsse kann verbessert werden, wenn sie schon bei der Erfassung stärker objektiviert werden. Grundsätzlich ist eine Blindbeurteilung, in welche Kategorie der Störfaktorkombinationen ein Fall hineingehört, möglich. Die über die zu prüfenden Therapien informierenden oder indirekt hinweisenden Merkmale müssen in diesem Falle vorher aus den Daten entfernt werden, erst nach Festlegung der Zugehörigkeit aller Fälle zu einer bestimmten diagnostischen Kategorie werden die Paare aus verschieden behandelten Fällen zusammengestellt. Man muß sich bei diesem Vorgehen vor Augen halten, ob der hohe Aufwand lohnt.
Die Aussagekraft in dieser Weise nachträglich aufbereiteten Datenmaterials zur Beurteilung von Therapieformen wird immer begrenzt sein. Man wird solche Studien also nur im Zusammenhang mit anderen, geplanten Untersuchungen bewerten. Auch bei besonders gearteten Fragestellungen, wie dem Vergleich zwischen operativen und me-

dikamentösen Verfahren, zwischen physikalischen, psychotherapeutischen Verfahren oder verschiedenen ärztlichen Versorgungssystemen — Gebiete, in denen sich kontrollierte Untersuchungsbedingungen z. T. schwer realisieren lassen — wird man auf retrospektive Auswertungen zurückgreifen. Dasselbe gilt auch für Situationen, in denen zwischen den Therapien A und B so erhebliche Wirksamkeitsunterschiede vermutet werden, daß eine prospektive vergleichende Untersuchung ethisch bedenklich erscheint.
Der Typ 3, auch als Untersuchung mit *historischer Kontrollgruppe* bezeichnet, unterscheidet sich von Typ 2 nur durch den Zeitpunkt der Planung. Die Besorgnisse hinsichtlich zeitlicher Änderungen, die unter Punkt 1 für die oben besprochenen retrospektiven Auswertungen angeführt sind, gelten somit in verstärktem Maße für Untersuchungen mit historischen Kontrollen.
Bei *prospektiven nichtrandomisierten* Studien, wie sie als Typ 4 in Abb. 1 dargestellt sind, bleiben nur die Störgrößen unter Punkt 2 bis 4 bestehen. Gegenüber dem Typ 1 haben sie den Vorteil, die Auswahl der Patienten und die Beobachtungsbedingungen im voraus genau festlegen zu können.
Bei dem erheblichen Aufwand, den prospektive Studien, insbesondere Langzeitstudien, erfordern, müssen besondere Gründe vorliegen, warum man keine randomisierte Studie, deren Aussagekraft höher einzuschätzen ist, durchführen kann. Als Argumente gegen die Zufallszuteilung von Therapien lassen sich anführen:
1. Die individuelle Verordnung des Arztes stellt einen integralen Bestandteil seines Wirkens dar (vgl. Punkt 4 der Liste der Störeinflüsse),
2. die Prozedur der Patientenaufklärung, welche u. a. deutlich machen muß, daß eine erwiesenermaßen beste Therapie nicht bekannt ist, desavouiert die Ärzte in den Augen der Patienten,
3. nur eine verhältnismäßig kleine Gruppe von Patienten, deren Repräsentativität für die Gesamtheit nicht gesichert ist, nimmt an randomisierten Studien teil.
Den ersten Einwand wird man am wenigsten in der Arzneitherapie akzeptieren, von einigen Ausnahmen, z. B. bei der psychiatrischen Pharmakotherapie, abgesehen. Bei nichtmedikamentösen Therapieformen wird man immer dann das Geschick der Therapeuten mitprüfen, wenn man jeden Arzt unverändert jeweils nur seine Methode anwenden läßt und diese dem Arzt nicht nach dem Zufall zugeteilt werden kann. Beteiligt man an jeder Therapieform mehrere Ärzte, so kann man zusätzlich die Variabilität der Behandlungserfolge zwischen den Ärzten innerhalb der gleichen Therapieform erkennen.

Diese kann sehr groß sein und weit über die Unterschiede zwischen den Therapien hinausgehen, wie etwa die Studie über die Wirksamkeit der koronaren Bypass-Operation der nordamerikanischen Militärhospitäler zeigt.

Das Erfordernis der Patientenaufklärung ist fraglos ein psychologisches Hemmnis für den Arzt. Die zunehmende Versachlichung des Verhältnisses zwischen Arzt und Patient wird diese Hemmnisschwelle in Zukunft vermutlich verkleinern.

Der letzte Einwand, daß randomisierte Studien im Gegensatz zu Untersuchungen, in denen die Therapiezuordnung nach individuell erfolgender ärztlicher Indikation vorgenommen wird, nur an kleineren, dazu einseitig selektierten Patientenpopulationen durchgeführt werden, muß im Zusammenhang mit der jeweiligen Fragestellung in jedem einzelnen Fall erörtert werden. Solange nicht theoretische Gründe und Belege in Gestalt empirischer Daten für andersartige Wirksamkeitsunterschiede der geprüften Therapien in einem weniger stark ausgelesenen Krankengut vorliegen, die meist schwer beschaffbar sein werden, wird man die Therapieprüfungsergebnisse an selektierten Populationen auch auf andere übertragen. Daß dies ein Analogieschluß ist (mit den bekannten Schwächen), sollte klar sein. Man bedenke aber, daß sich in der breiten Anwendung einer Therapie, bei Pharmaka in der Phase IV der klinischen Prüfung, solche nicht übertragbaren Aussagen über die Wirksamkeit nachträglich herausstellen. Eine nachträgliche Beschränkung der Indikation auf ausgewählte Krankengruppen ist dann immer noch möglich. Sie ist eine bessere Lösung des Problems der Wirksamkeitsbeurteilung als der im voraus geleistete Verzicht auf eine dem Experiment näherstehende Versuchsanordnung, wie sie mit der Zufallszuteilung der Therapieformen zu den Patienten gegeben ist.

Eine Verbesserung der Aussagekraft nichtrandomisierter prospektiver Studien sollte man von der Bildung von Paaren von Patienten mit gleicher Prognose erwarten. Allerdings kann man so nur solche Prognosekriterien berücksichtigen, die vor Durchführung der Studie bekannt und zu diesem Zeitpunkt erfaßbar sind. Ferner verträgt sich die dann notwendige Zuteilung der beiden Partner zu verschiedenen Therapien nicht mit dem Prinzip nichtrandomisierter Studien, die ja gerade die individuelle Indikation walten lassen wollen. So sind auch Studien, welche dem prognostisch ungünstiger erscheinenden Partner die neue, als möglicherweise besser wirkend angesehene Therapie zuweisen, methodisch zu kritisieren („regression-to-the-mean"-Effekt).

Die *randomisierten klinischen Studien* sind unter Punkt 5 in Abb. 1

dargestellt. Sie sind charakterisiert durch die zufällige Zuteilung der Patienten einer genau abgegrenzten Gruppe zu den zu prüfenden Verfahren. Die Planungsphase erfordert gründliche Überlegungen und währt im allgemeinen länger als bei anderen Studienformen. Die Vorteile liegen darin, daß nicht nur die bekannten und erfaßbaren, sondern auch alle anderen für die Prognose bedeutsamen Faktoren erwartungsgemäß gleichmäßig auf die Therapiearten verteilt werden. Damit dies auch während der Durchführung der weiteren Beobachtung so bleibt, wird eine doppelblinde Studienführung vorgezogen, bei der weder Patienten noch die unmittelbar behandelnden Ärzte wissen, welche Therapie angewendet wird. Diese letztgenannte Bedingung ist meist nur bei Arzneimittelprüfungen erfüllbar. Bei anderen Therapieformen kann man jedoch die oben erwähnte Blindbeurteilung durch Experten einführen, welche an der Gewinnung von Beobachtungen nicht beteiligt sind.

Der Vollständigkeit halber sei ein Typ retrospektiver Untersuchungen erwähnt, der bisher vorwiegend in der Krankheitsursachenforschung verwendet wurde, die *Fall-Kontroll-Studie*. Bei diesem unter 6 der Abb. 1 veranschaulichten Untersuchungsplan wird einer Gruppe von Kranken, den „Fällen", eine Gruppe von Nichtkranken, den „Kontrollen", gegenübergestellt und in jeder Gruppe der Medikamentengebrauch erfragt. Ein bekanntes Beispiel für den Einsatz dieses Studienplans zur Therapiebewertung ist die Erhebung der Einnahme von Azetylsalizylsäure im Rahmen des Bostoner Arzneiüberwachungsprogramms: Da Patienten mit Herzinfarkt dieses Medikament seltener eingenommen hatten als eine vergleichbare Gruppe von Kranken ohne Herzinfarkt, konnte man auf eine prophylaktische Wirkung schließen (kontrollierte Studien, die inzwischen abgeschlossen sind, zeigen einen ebensolchen Trend für die Prophylaxe des Reinfarkts).

Die Diskussion um die randomisierten Therapiestudien hat dazu geführt, daß Kompromißlösungen gesucht werden. Die beiden oberen Darstellungen auf Abb. 2 beziehen sich auf *Mischformen* zwischen randomisierten und nichtrandomisierten Studien.

Ein Kompromißvorschlag dieser Art stammt von POCOCK (6). Er vereinigt vorausgehende Beobachtungen unter der Therapie A mit solchen, die in einer Untersuchungsphase mit Zufallszuteilung zu den Therapien A und B gewonnen wurden. Dadurch können, je nach den Annahmen über die Verzerrung, welche durch die „historischen Kontrollen" gegeben ist, in der randomisierten Phase weniger Zuweisungen zur Therapie A erfolgen und so Zeit und an der Untersuchung zu beteiligende Patienten eingespart werden. Damit nicht alle in der Liste der Störgrößen genannten Faktoren in Betracht kommen, soll dieser Plan nur verwendet werden, wenn die historischen Kontrollen aus einer vorangegangenen kontrollierten Studie stammen, z. B. aus einer Untersuchung, in der X gegen A geprüft wurde. Solche Verhältnisse trifft man oft bei onkologischen Studien an, die einander unmittelbar folgen, und nur in derartigen Situationen ist der Kompromißvorschlag von POCOCK sinnvoll anwendbar. Das Ansetzen der a-priori-Verteilung führt ein subjektives Element in die Auswertung, die auf die Verwendung eines gewogenen Mittelwerts $w_h \bar{x}_h + w_r \bar{x}_r$ für die Beobachtungen unter der Therapie A hinausläuft, ein ($\bar{x}_h$ und $\bar{x}_r$ bezeichnen die Mittelwerte aus der historischen und der randomisierten Phase, die positiven Gewichte w_h, w_r haben die Summe 1). Das Verfahren wird man nur als seriös ansehen können, wenn die a-priori-Verteilung — und damit die Anzahl und Gewichte für die beiden Perioden — auch wirklich „a priori" gewählt wurden.

Einen anderen Kompromißvorschlag, der aus Erfahrungen bei der Planung multizentrischer Studien erwuchs, brachte kürzlich MACHIN (5). In diesem Vorschlag werden außer Zentren, die sich an einer multizentrischen randomisierten Studie beteiligen, zusätzlich andere Zentren zugelassen, welche entweder nur die Therapie A oder nur die Therapie B verwenden — daß diese letztgenannten Zentren als „ethische Zentren" bezeichnet werden, ist zumindestens als eine etwas unbekümmerte Verwendung dieses Wortes anzusehen. Es ist zu zweifeln, ob die „Mitnahme" von Zentren, die sich der randomisierten Studie nicht anschließen möchten, lohnt. Außer der auch hier wieder ins Spiel kommenden Bayes-Problematik (die Wahl der a-priori-Verteilung beeinflußt wesentlich das Ergebnis des Tests auf Unterschiede zwischen A und B) hat man die psychologische Rückwirkung auf die randomisierenden Zentren zu berücksichtigen: Diese übernehmen die Bürde des Aufklärungsgesprächs (einschließlich des Eingeständnisses, nicht zu wissen, welche Therapie besser ist) und müssen außerdem dulden, daß Zentren, die das Studienprotokoll im Grunde nicht anerkennen, leichter zu großen Patientenzahlen kommen.

Der Kompromißvorschlag von ZELEN (8) zielt darauf ab, den Ärzten das Aufklärungsgespräch zu erleichtern. Randomisiert wird zunächst, ob mit dem Patienten ein Aufklärungsgespräch geführt werden soll oder nicht, die Unaufgeklärten erhalten alle die „Standardtherapie" A. In dem Aufklärungsgespräch wird den Patienten die neue Therapie B vorgeschlagen. Wenn sich ein aufgeklärter Patient nicht zur Therapie B entschließen kann, erhält er A. Daß der Patient, einmal durch die Aufklärung nachdenklich geworden, sich auch noch

für ganz andere Therapien oder den Ausschluß aus der Studie (in der Abb. 2 unten mit X und C bezeichnet) entscheiden kann, ist ein Problem, das ZELEN nicht behandelt (man würde solche Fälle wohl von der Analyse ausschließen). Der abschließende Vergleich bezieht alle Aufgeklärten, ob sie nun A oder B erhalten haben, (als B' in Abb. 2 bezeichnet) ein und stellt sie der Gruppe der Unaufgeklärten gegenüber. Man kann sich leicht überlegen, daß die Differenz der Mittelwerte in diesen Gruppen eine unverzerrte Schätzung des Unterschieds der Erwartungswerte unter B und A, multipliziert mit einem Faktor g, der gerade gleich dem relativen Anteil der mit B Behandelten in der Gruppe B' der Aufgeklärten ist*, darstellt.
Interessant ist die Diskussion zu diesem Vorschlag im New England Journal of Medicine: Er wird sowohl vom Juristen als auch von den Klinikern abgelehnt, die Randomisierung der Aufklärung wird für unethisch gehalten!

Anwendung von Einzelfallstudien
Selten findet man in der statistischen Literatur Methodenprobleme der Einzelfallanalyse behandelt. Prinzipiell lassen sich aber ebenso wie bei der kollektiven Betrachtungsweise, die aggregierte Hypothesen prüft, Versuchsanordnungen und ihre Verwendbarkeit beschreiben.
Ein Anwendungsgebiet solcher Pläne ist die *Hypothesengenerierung*. Dabei hat man im Grunde oft eine Hypothese für ein Kollektiv im Auge, man hofft, die Beobachtung an dem einen Fall lasse sich an anderen bestätigen. Hat man z. B. einen Patienten mit maligner Hypertonie über eine gewisse Zeit mit der Therapiekombination A ohne ausreichenden Erfolg behandelt und bessert sich schließlich die Erkrankung nach dem Wechsel zu einer Therapiekombination B, so liegt es nahe (bei Abwesenheit erkennbarer sonstiger Einflüsse) anzunehmen, die Therapie B sei *bei diesem Patienten* besser als die Therapie A. Sicherlich wird man aufgrund dieser Erfahrung bei anderen auf die Therapie A nicht genügend ansprechenden Patienten versuchen, den Erfolg bei dem einen Fall durch Umsetzen auf Therapie B an den anderen Fällen zu wiederholen. Dann ist man aber wieder bei der *kollektiven* Betrachtungsweise angelangt, denn das Ausprobieren von B wird sich auf „ähnlich gelagerte" Fälle beziehen, die zusammen eine bestimmte Gruppe von Patienten darstellen, welche alle einen gewissen Verlauf der Krankheit aufweisen.

* Der Aufwand an einzubeziehenden Patienten gegenüber einer randomisierten Studie mit Aufklärung aller Patienten liegt daher bei dem g^{-2}fachen, bei 70% B-Fällen in der B'-Gruppe also bei dem Doppelten, bei 50% B-Fällen bei dem Vierfachen usw.

Das Hauptanwendungsgebiet bestimmter Pläne für Einzelfalluntersuchungen liegt aber in der Bestätigung einer Hypothese, die sich nur auf den Einzelfall bezieht. Solche *individuellen Kausalanalysen* treten in der Begutachtung auf. Dabei wird gar keine Verallgemeinerung der Aussage angestrebt. Die Aussagen sollen nur in diesem einen Fall gelten.

Die einfachste Anordnung ist der einmalige Wechsel der Therapie, z. B. die Therapiefolge AB (vgl. Abb. 3, 7). Für das folgende soll als Beurteilungskriterium ein quantitatives stetiges Merkmal zugrunde gelegt werden. Verallgemeinerungen auf andere Merkmale sind leicht zu erhalten (es dürfen bei qualitativen Merkmalen keine irreversiblen Zustände vorkommen, wie schon in der Einleitung betont wurde). Für ein stetiges Merkmal, z. B. den Mittelwert von an drei aufeinanderfolgenden Tagen unter bestimmten Bedingungen gemessenen Blutdruckwerten, würde das Erfolgskriterium E als Differenz zwischen den entsprechenden Mittelwerten unter B und A gewonnen.

Auch wenn alle erkennbaren Umstände, die sonst den Blutdruck beeinflussen können, konstant bleiben, ist der gefundene Unterschied zwischen den Mittelwerten grundsätzlich nicht allein auf den Behandlungswechsel allein zu beziehen: Es fehlt die Information über den Verlauf, wenn die Behandlung A beibehalten worden wäre.

Einen stärkeren Hinweis auf einen unterschiedlichen Effekt der Behandlungen A und B würde man erhalten, wenn nach Rückkehr zur Behandlung A sich die Blutdruckwerte wieder auf das Niveau in der ersten Phase unter A einstellten. Man würde dann die Differenz zwischen dem Doppelten des Mittelwerts unter B und der Summe der Mittelwerte der beiden A-Phasen als Effekt ansehen. Dieser einfachste Fall eines *Wechselversuchs** ist in der ersten Zeile der Pläne unter Punkt 8 der Abb. 3 dargestellt.

Auch diese Versuchsanordnung erlaubt i. a. noch keinen sicheren Schluß auf eine unterschiedliche Wirkung von A und B: Es könnte eine vorübergehende Änderung des Zielkriteriums erfolgt sein, die zufällig mit dem zweimaligen Wechsel der Behandlung zusammentraf. Mit zunehmender Anzahl durchgeführter Wechsel allerdings wird eine Erklärung der Beoachtungen als zufällig synchron mit den

---

* Die Bezeichnung „experimentum crucis" für diesen Plan hat ihre Berechtigung. Bei einer vermuteten Nebenwirkung der Behandlung A handelt es sich im vorliegenden Beispiel um den sog. Reexpositionsversuch, der ethisch bedenklich ist, wenn als Pathomechanismus eine Allergisierung zu diskutieren ist, die nach Sensibilisierung in der ersten Phase A bei nochmaliger Verabreichung zu einem anaphylaktischen Schock führen kann.

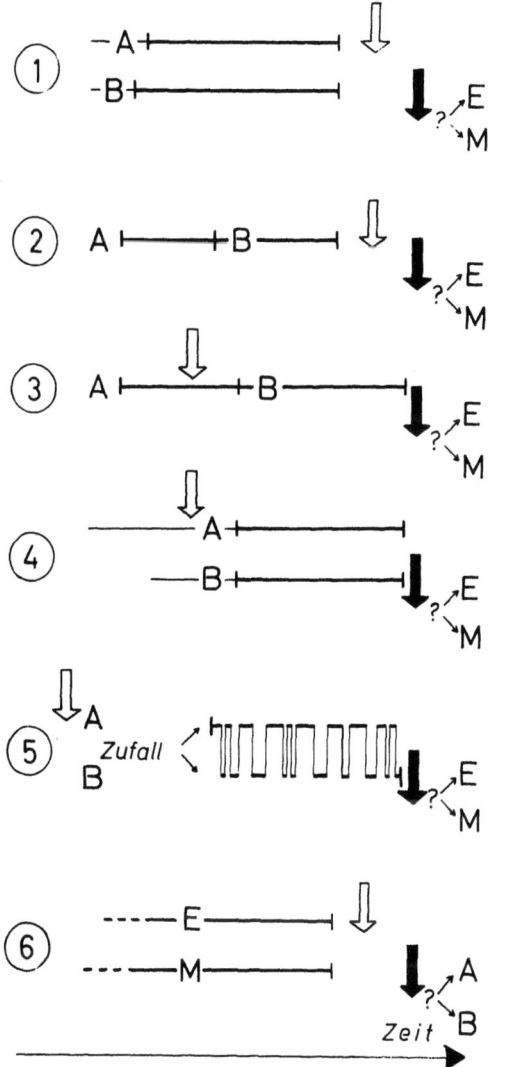

Abb. 1 Schemata der Gruppenvergleiche A, B = Therapien, E = Erfolg, M = Mißerfolg, ⇩ = Planung, ↓ = Auswertung

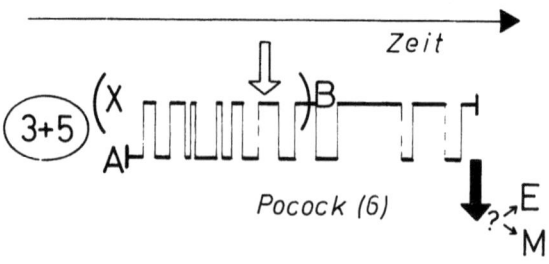

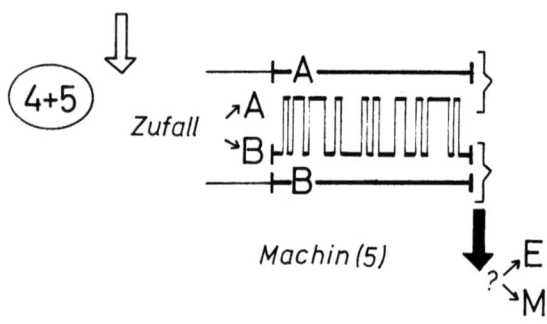

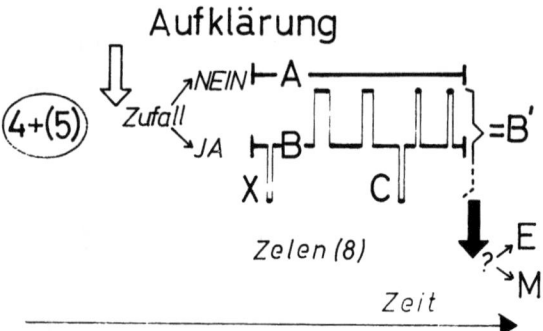

Abb. 2 Schemata für Kompromißlösungen bei Gruppenvergleichen.
A, B, C, X = Therapien, E = Erfolg, M = Mißerfolg
⇩ = Planung ⬇ = Auswertung

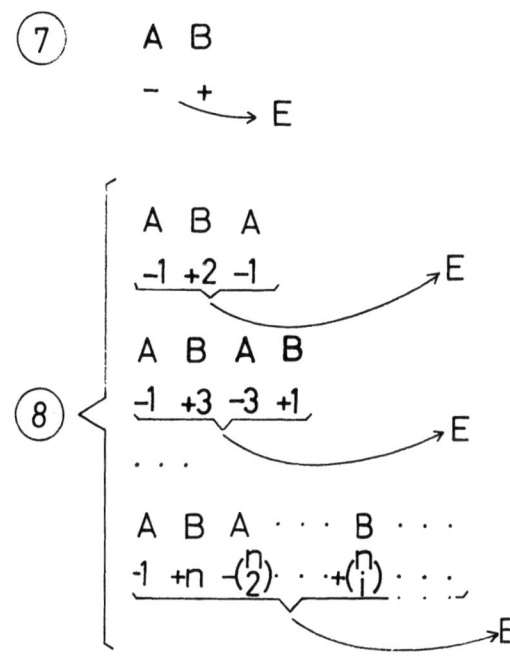

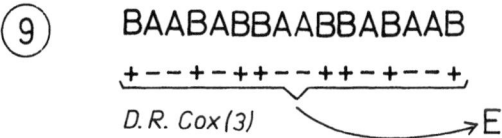

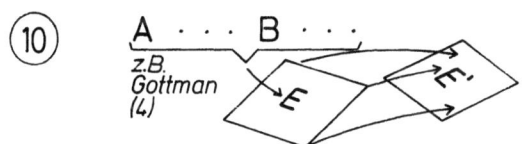

Abb. 3 Schemata der Einzelfallbeurteilungen. A, B = Therapien, E = Unterschied(e) der Therapieeffekte zwischen B und A
E = Parameterschätzungen des Zeitreihenmodells

Therapiewechseln immer unwahrscheinlicher, so daß man genauere Aussagen machen kann. Exakt lautet die Einschränkung zu Aussagen bezüglich des Unterschieds unter A und B, die an einer Versuchsreihe mit n Wechseln gewonnen sind, er sei von einem zeitlichen Spontantrend unbeeinflußt, der durch ein Polynom (n-1)-ten Grades darstellbar ist (so z. B. ist eine mit der Anordnung ABA gewonnene Aussage unbeeinflußt von einem linearen Trend, da n = 2 Wechsel erfolgten).

Ein Nachteil der Wechselpläne ist die sehr geringe Wichtung der ersten und letzten gegenüber den mittleren Beobachtungen, da allgemein die Wichtungsfaktoren nach dem i-ten Wechsel $\binom{n}{i}$ sind (Beispiel: $\binom{9}{4} = 126$). Diesen Nachteil vermeiden die sog. *trendfreien Pläne* (3), welche alle Beobachtungen gleich wichten, dafür jedoch bei recht langen Beobachtungsreihen nur Trendeinflüsse ausschließen, die sich mit Polynomen relativ niedrigen Grades beschreiben lassen (Beispiel: Plan 9 in Abbildung 3, der bei 16 Phasen und 10 Wechseln nur den Einfluß eines Zeittrends eliminieren kann, der sich durch ein Polynom dritten Grades ausdrücken läßt). Ein anderer Nachteil ist die i. a. sehr beschränkte Möglichkeit, Nachwirkungen von Behandlungen zu erfassen.

Eine Verallgemeinerung der linearen Modelle, die auf die systematisch geplanten Therapiewechsel verzichten kann, ist in der Einführung von Zeitreihenmodellen gesehen worden (4). Entsprechend der vorangehenden Darstellungen kann man die Auswertung als eine nichtlineare bzw. nicht notwendig lineare Transformation der Beobachtungen auffassen (Abb. 3, 10). Hier kann man grundsätzlich auch Nachwirkungen berücksichtigen. Die Schwäche dieser Verfahren liegt darin, daß verschiedene Zeitreihenmodelle angewendet werden können und damit die Schwierigkeit der Rechtfertigung eines bestimmten Modells auftaucht. So könnte ein Modell deutliche Unterschiede zwischen A und B zeigen, während ein anderes Modell diesen Effekt womöglich nicht zeigt.

Anwendung einzelfallorientierter Versuchsanordnungen
auf Gruppenvergleiche

Der Übergang von der Betrachtung eines gefundenen Unterschieds zwischen zwei Behandlungen A und B am Einzelfall zu einer Betrachtung solcher Ergebnisse an einer Gruppe von Kranken führt wieder auf Hypothesen über das durchschnittliche Verhalten von Kollektiven zurück. Für solche Versuchsanordnungen kommen dann ebenso wie bei der Einzelfallanalyse nur Zielkriterien in Betracht, deren Än-

derungen reversibel sind. Die zufällige Zuordnung bei kontrollierten Studien bezieht sich jetzt auf die Reihenfolge der Behandlungen. Im einfachsten Fall wird man also die Reihenfolgen AB und BA zufällig zuteilen, entsprechend bei zwei bzw. drei Wechseln die Reihenfolgen ABA und BAB bzw. ABAB und BABA. Man bezeichnet solche Versuchspläne als *Cross-over-Pläne*. Falls man sicher ist, daß keine Nacheffekte einer Behandlung bis in die nächste (oder noch spätere) Phase(n) auftreten können, lassen sich diese Pläne leicht auswerten. Da die Behandlungsvergleiche jeweils innerhalb des Individuums vorgenommen werden, ist die Variabilität zwischen den Individuen ausgeschaltet. Man benötigt für Aussagen gleicher Genauigkeit daher bei Cross-over-Plänen gemeinhin weniger Untersuchungen als bei Vergleichen von Gruppen von Individuen, denen jeweils nur eine Behandlung zugeteilt wird.
Wenn Nacheffekte auftreten können — in diesem Falle sind auch Wechselwirkungen zwischen Direkt- und Nacheffekten prinzipiell möglich —, gehen die Vorzüge der Cross-over-Pläne großenteils verloren. Durch spezielle Auswertungsmethoden oder modifizierte Pläne gelingt es jedoch, auch über diese Effekte Aufschlüsse zu erhalten. Diese Verfahren müssen hier übergangen werden, die Entwicklung auf diesem Gebiet ist noch nicht abgeschlossen.

Andere Pläne
Bei kleineren Studien oder bei Studien mit sehr heterogenen Patientengruppen, an denen Therapieindikationen geprüft werden sollen, hat man damit zu rechnen, daß die randomisierte Zuordnung der Patienten gelegentlich zu deutlich unausgewogenen Zuweisungen in Untergruppen führt, die möglicherweise eine unterschiedliche Prognose haben. In der Regel lassen sich mit einer Zufallszuteilung innerhalb der Prognosegruppen unterschiedliche Besetzungen dieser Art vermeiden. Sind jedoch mehrere Unterteilungsmöglichkeiten prognoserelevant, so können die Untergruppen so klein werden, daß die Zuteilung zu nur einem oder zwei Patienten in Frage kommt. Die hier diskutierten *Kompromisse zwischen zufälliger und systematischer Zuordnung* (bei zwei Therapiearten „biased coin designs") versuchen einen mittleren Weg zu gehen, der auch die Blindbeurteilung ermöglicht. Prinzipiell könnte man unausgeglichene Besetzungen auch in der statistischen Auswertung berücksichtigen. Man würde sich vergewissern, ob eine über alle Patienten gebildete Erfolgsbeurteilung sich auch in den Untergruppen jeweils wiederfindet oder bei Anwendung entsprechender statistischer Ausgleichsverfahren die gefundenen Unterschiede erhalten bleiben.

Um den Überblick über die Versuchspläne mit Hinblick auf die Auswahl für die Prüfung einer bestimmten Fragestellung abzurunden, bleiben noch Vorgehensweisen zu erwähnen, bei denen der Fortgang der Untersuchungen durch das Ergebnis gesteuert wird. Hierzu gehören Pläne mit sequentieller Zuordnung und Auswertungsstrategien mit *sequentiellen Tests.*

Bei den letztgenannten Verfahren hängt von den jeweiligen Zwischenauswertungen nur ab, ob die Untersuchung fortgesetzt werden soll oder nicht. Werden die Auswertungen nur nach Erreichen gewisser Stichprobenumfänge, z. B. nach 40, 80, 120 ... Beobachtungen vorgenommen, so spricht man von *Mehrstufentests.* Die Auswertungspläne, die Entscheidungen über die Fortsetzung nach jeder neuen Beobachtung vorsehen, heißen *Sequentialverfahren.* Beiden Verfahren ist gemeinsam, daß der benötigte Stichprobenumfang durchschnittlich geringer ist als bei einer Untersuchung mit fester Stichprobengröße. Man wird solche Verfahren immer anwenden, wenn das Ergebnis der Behandlung rasch bekannt ist und wenn es auf eine schnelle Entscheidung, welche Therapie besser ist, ankommt. Um die Blindbeurteilung zu ermöglichen, muß die Überwachung der Ergebnisse einer unbeteiligten Person übertragen werden. Die Zufallszuteilung wird bei den Sequentialverfahren manchmal in der Weise beschränkt, daß sich in gewissen Abständen ein Gleichstand der Anzahlen mit A und B behandelter Patienten einstellt (Bildung sog. Zeitblöcke), da sich üblicherweise die sequentielle Beurteilung auf die Gegenüberstellung der Behandlungsergebnisse zweier Patienten stützt, von denen einer mit A, der andere mit B behandelt wurde.

Die *sequentiellen Zuordnungsverfahren* sehen eine Abhängigkeit der Zuordnung zu A oder B von den vorangehenden Ergebnissen vor (2, 7). Ein einfaches Verfahren bei einem qualitativen Zielkriterium (Erfolg/Mißerfolg) teilt dem nächsten Patienten dieselbe Therapieform wie dem vorangehenden zu, wenn bei dem vorangehenden Patienten ein Erfolg beobachtet wurde, anderenfalls wird die andere Therapieform zugeteilt.

Wie bei den sequentiellen Testverfahren, so ist auch bei den sequentiellen Zuordnungsverfahren erforderlich, daß das Behandlungsergebnis rasch bekannt ist. Eine Blindbeurteilung ist praktisch unmöglich. Man könnte diese Versuchsanordnung somit zur Prüfung kurzfristig wirksamer Therapien und bei Vorliegen objektiver Kriterien einsetzen, z.B. zur Beseitigung einer Arrhythmie durch intravenös verabreichte Medikamente. Bisher scheinen Untersuchungen, welche diesen Plan verwenden, noch nicht veröffentlicht worden zu sein.

Zu den Plänen mit ergebnisabhängiger Zuteilung gehören Anordnungen, welche sich vor Aufnahme eines Patienten in die Untersuchungsreihe vergewissern, ob dieser auf die Therapie anspricht. So wurde vorgeschlagen (1), die in dieser Weise identifizierten Responder einem Doppelblindversuch zu unterwerfen, in dem einer zufällig ausgewählten Hälfte der Patienten Placebo verabreicht, der anderen Hälfte das Prüfpräparat weitergegeben wird. Die Beschränkungen liegen hier vor allem in der Auswahl der Patienten, die keine Verallgemeinerung der Ergebnisse erlaubt. Auch liegt der Versuchsanlage die placebo-reactor-Theorie zugrunde, indem die unter Placebo weiterhin beschwerdefreien Patienten als placebo-reactors angesehen werden, was die Anwendung auf den Vergleich zweier aktiver Substanzen unmöglich macht. Daß überdies ein reversibles Zielkriterium gegeben sein muß, schränkt den Anwendungsbereich weiter ein.

Zusammenfassung
Die Wahl der Versuchsanordnung bei klinischen Therapiebeurteilungen hängt einerseits von der Fragestellung, andererseits von den Randbedingungen ab.
Vorherrschend sind Fragestellungen, die sich auf Vergleiche von Therapien beziehen, die für mehr oder weniger homogene Gruppen von Kranken Geltung haben. Diesen an Krankheiten bzw. Indikationen orientierten Hypothesen stehen die seltener auftretenden Hypothesen gegenüber, die sich nur auf ein Individuum beziehen.
Je nach dem möglichen Aufwand und den ethisch vertretbaren Grenzen der mit einem geplanten Vorgehen immer verbundenen Manipulation werden für beide Situationen, die Prüfung aggregierter Hypothesen und die Prüfung von Hypothesen am Einzelfall, die Versuchsanordnungen und ihre Anwendbarkeit besprochen. Pläne zur Prüfung aggregierter Hypothesen, welche prospektiv vorgehen, sollten sich wenn möglich die Vorteile zunutze machen, welche die Zufallszuteilung und Blindbeurteilung bieten. Die Anwendung der Pläne vom Cross-over-Typ ist auf Zielkriterien, die in kürzeren Zeiträumen reversibel sind, beschränkt, verspricht aber genauere Ergebnisse als die Verwendung von Versuchsanordnungen, in denen jeder Patient nur einer Behandlungsart zugeteilt wird.
Da die Auswertung nicht im Vordergrund der Ausführungen steht, werden sequentielle Auswertungsverfahren nicht ausführlich dargestellt. Sequentielle Zuordnungspläne werden nur angedeutet, da eine ergebnisgesteuerte Planung während der Durchführung der Untersuchung bisher praktisch nicht angewendet wurde und zudem die Verwendung der Blindbeurteilung und Zufallszuteilung, zweier wichtiger Planungsprinzipien, ausschließt.

Literatur

1. Amery, W., u. J. Dony: A clinical trial design avoiding undue placebo treatment. J. Clin. Pharmacol. 15 (1975) 674—679
2. Colton, T.: A model for selecting one of two treatments. Bull. Inst. Int. Statist. 39, 3, (1962) 185—200
3. Cox, D. R.: Planning of experiments (Wiley, New York, 1961)
4. Gottman, J. M., R. M. McFall, J. T. Barnett: Design and analysis of research using time series. Psychol. Bull. 72, (1969) 299—306
5. Machin, D.: On the possibility of incorporating patients from non-randomizing centres into a randomised clinical trial. J. Chron. Dis. 32, (1979) 347—353
6. Pocock, S.: The combination of randomized and historical controls in clinical trials. J. Chron. Dis. 29, (1976) 175—188
7. Zelen, M.: Play-the-winner rule and the controlled clinical trial. J. Amer. Statist. Assoc. 64, (1969) 131—146
8. Zelen, M.: A new design for randomized clinical trials (with discussion). New Engl. J. Med. 300, (1979) 1242—1245, 1272—1275

Diskussion

Samson:
Die Selektion durch Aufklärung des Patienten ist das Problem. Wenn Sie das neue Präparat gegen Standard testen, die Bereitschaft, sich dem neuen Präparat auszusetzen, könnte ja ein Störfaktor sein.

Jesdinsky:
Der Vergleich mit den Aufgeklärten und den Nichtaufgeklärten wirft dann mit A und B Behandelte zusammen, und zwar bei den Aufgeklärten. Und dadurch wird der ganze Vergleich natürlich verwässert. Es ist im Grunde genommen ein fairer, aber nicht mehr so effizienter Vergleich. Die Nichtaufgeklärten bekommen alle A und die Aufgeklärten A oder B. Dabei gibt es noch zwei Typen: Die Aufgeklärten dürfen selbst wählen zwischen A und B, oder sie bekommen alle B angeboten (nur die Patienten, die sich weigern, mit dem neuen Mittel behandelt zu werden, erhalten A). Es hat eine große Diskussion gegeben im „New England Journal of Medicine". Die Ärzte haben ZELEN kritisiert, die Randomisierung der Aufklärung sei unethisch.

Gebhardt:
Die Fall-Kontrollstudien scheinen mir eine ganz besonders wichtige Rolle zu spielen. Erst durch Fall-Kontrollstudien war es überhaupt möglich, Doppelblindversuche in diesem Fall anzustellen. Und ich glaube, daß aus vielen Doppelblindversuchen mehr herauskäme, wenn man mehr Fall-Kontrollstudien vorher machen würde.

Kewitz:
Hat MÖSSINGER Fall-Kontrollstudien gemacht?

Gebhardt:
Ja, Mössinger hat zunächst alle Fälle mit Colon irritabile gesammelt und über mehrere Jahre einheitlich mit Asa foetida behandelt. Er stellte danach fest, daß ein Teil dieser Patienten auf diese Behandlung ansprach, nämlich die mit gleichzeitig vorhandener Obstipation, die mit Durchfall dagegen nicht. Für seine Studie hat er daher die Fälle mit Verstopfung herausselektioniert. Nur auf diese Weise konnte ein signifikantes Ergebnis erreicht werden.

Jesdinsky:
Es handelt sich da nicht um eine Fall-Kontrollstudie, sondern es handelt sich um eine Auswahl eines prognostisch für diese Behandlung besseren Krankengutes — die übrigens methodisch etwas dubios ist.
Ich gebe aber ein Beispiel zu einer Fall-Kontrollstudie. Im Boston-Programm hat man aus Fall-Kontrollstudien den Eindruck gewonnen, daß Patienten mit Herzinfarkt seltener Acetyl-Salicyl-Säure nehmen. Das hat man zum Anlaß genommen, nachher kontrollierte Studien mit Acetyl-Salicyl-Säure durchzuführen. Flau war der Hinweis aus der Boston-Studie, das relative Risiko war ungefähr zwei, und entsprechend flau waren auch die Ergebnisse der prospektiven kontrollierten Studien. Es ist interessant, sich zu fragen, warum man aus der Fall-Kontrollstudie so weitreichende Konsequenzen zog: hier stand mit der Thrombozyten-Aggregation ein theoretisches Konzept dahinter.

Kewitz:
Das relative Risiko war nicht sehr hoch.

Gross:
Es wundert mich, daß eine Frage heute noch gar nicht diskutiert wurde, nämlich daß die Selektionierung an sich ein künstliches Kollektiv schafft, das mit den Bedingungen der späteren Praxis sehr wenig zu tun hat. Vielleicht ist das einer der Haupteinwände, die man gegen kontrollierte Studien machen muß, daß sie eben soundso viele Ausschlußkriterien erforderlich machen, um zu einem möglichst homogenen Kollektiv zu gelangen. Dadurch kann die Aussage insofern verfälscht werden, als das erzielte Resultat für die Anwendung unter praktischen Bedingungen nicht zutreffen muß.

Jesdinsky:
Eine direkte Bemerkung dazu: Man braucht die Dokumentation der Ausschlußfälle, das ist eine wichtige Sache. Das muß man alles aufschreiben: Ich habe diesen Patienten ausgeschlossen aus diesem oder jenem Grunde.

Gross:
Dann müssen Sie ihn aber auch noch weiterverfolgen.

Jesdinsky:
Ja. Und zwar ist eine Frage, ob man nur eine bestimmte Schicht untersuchen (eben die Patienten, die nicht ausgeschlossen werden) und auch nur über diese

eine Aussage haben will. Eine spezielle Frage ist, ob man die, die herausgefallen sind, wegen Nichteinwilligung speziell betrachtet. Diese Patienten reagieren vielleicht anders. Man könnte daran denken, ähnlich wie Sie sagten, daß vielleicht der ZELEN-Plan sich lohnt, um den Interventionseffekt der Aufklärung zu untersuchen.

Überla:
Herr Gross, wenn Sie auch bei hoher Selektion und einer kleinen Gruppe durch eine randomisierte Prüfung einen deutlichen Wirkungsunterschied haben, dann verallgemeinern Sie ja nicht aufgrund statistischer Überlegungen, sondern per Analogie. Sie sagen also, wenn bei den Frauen zum Beispiel ein Medikament eine Blutdrucksenkung macht, nachgewiesenermaßen, dann ist es plausibel anzunehmen, daß es auch bei den Männern wirkt, oder bei den Alten. Wenn überhaupt ein Wirkungsunterschied beim Menschen in einer kleinen Gruppe nachgewiesen wurde, dann können Sie das per Analogieschluß auf andere Gruppen, auf Kinder oder auf alte Leute etwa, übertragen. Sie müssen es dort natürlich, wenn es geht, durch empirische Beobachtungen verifizieren. Aber ich würde nicht meinen, daß sozusagen die Stichprobe, die repräsentative Stichprobe, eine Voraussetzung für eine Verallgemeinerung ist.

Kewitz:
Doch, das ist schon ein Problem.

Rahn:
Das ist ja einer der Punkte, den man den Veterans Administration-Studien vorwirft, daß diese Studien grundsätzlich an Männern, an Veteranen, durchgeführt worden sind. Es ist wahrscheinlich nicht ganz richtig, daß man ohne weiteres von den Männern auf die Frauen rückschließt, wahrscheinlich ist die Prognose bei den letzteren etwas günstiger. Man würde also die Therapieempfehlung etwas ändern müssen.

Kewitz:
Bei manchen Krankheiten mit Sicherheit.

Dannehl:
Es wird immer das Selektionsproblem im Zusammenhang mit den experimentellen Studien als ein großer Nachteil dargestellt. Ich glaube aber, man muß das genau umgekehrt sehen, weil darin ein großer Vorteil für die Forschung liegt. Ich bin der Meinung, daß die Antwort auf die Frage, welche Patienten in einer Studie die Induktionsbasis zu bilden haben, sich aus der Fragestellung ableiten muß. Bei experimentellen Studien muß vom Forscher dargelegt werden, warum er gerade diese Gruppe für diese Fragestellung so zusammengestellt hat und nicht anders. Daß er dann mit seinem Experiment zunächst nur für diese so zusammengestellte Patientengruppe eine Aussage macht, ist klar. Und wenn er selbst oder andere dann den Eindruck haben, daß es bei einer

anders zusammengesetzten Gruppe anders sein könnte, nun gut, dann muß ein entsprechendes Experiment mit dieser anders zusammengesetzten Patientengruppe auch gemacht werden. Das ist im Grunde genommen der Ansatz, der mit Experimenten in Versuchsblock-Anordnung verfolgt wird, und bei dem solche sich aus der Fragestellung ableitenden unterschiedlichen Patientengruppen ganz gezielt nebeneinander gestellt werden. Ich finde, vom Forschungsansatz her gibt es da viel mehr Möglichkeiten, als bei der im Grunde inhaltsleeren Allerweltsrepräsentativität. Kein Biologe, auch kein Physiker geht so vor. Sondern sie definieren von der Fragestellung herkommend ihren Untersuchungsgegenstand, ihre Induktionsbasis — dies ist eine wichtige Aufgabe des Forschers. Warum sollte so nicht auch der medizinische Forscher vorgehen? — Und wenn er es schon tut, warum dann mit einem schlechten Gewissen? — Die Übertragung der experimentellen Ergebnisse auf andere Probanden stellt dann das sogenannte Induktionsproblem dar, zu dem mathematisch-statistische Methoden ohnehin keinen Beitrag zu leisten vermögen.*

Jesdinsky:
Ein ganz kurzes Schlußwort: Ich glaube, daß es zuwenig üblich ist, sich vor Durchführung einer randomisierten kontrollierten Studie rigoros zu fragen: Ist diese Studie wirklich nötig?

---

* In den anschließenden Sitzungspausen bin ich immer wieder auf diese Argumentation hin angesprochen worden mit dem Tenor: Wie soll das denn gehen? Ich habe daraufhin mein Argument in diesen weiterführenden „Diskussionen am Rande" wie folgt vervollständigt: In der Tat ist die logische Situation für die Übertragung der experimentellen Ergebnisse auf andere Probanden sehr schlecht. Man muß sich klarmachen, daß sie genauso schlecht ist wie bei der Übertragung von *tier*experimentellen Ergebnissen auf den Menschen! Jedoch, es gibt kein besseres, geeigneteres Tiermodell für die Übertragung von tierexperimentellen Ergebnissen auf den Menschen als den Menschen selbst. Darin liegt — bei gleich schlechter logischer Situation — die Stärke des Experiments am Menschen und nicht in irgendeiner inhaltsleeren Allerweltsrepräsentativität.

Bedeutung und Grenzen des Doppelblindversuchs

von K. H. Rahn

Bei wissenschaftlichen Untersuchungen über die Wirkung von Medikamenten auf Funktionen des menschlichen Organismus oder auf die Krankheit geht es in der Regel darum, den Einfluß des oder der Arzneimittel zu prüfen und dabei alle anderen Einflußfaktoren nach Möglichkeit auszuschalten. Diesem Zweck dienen kontrollierte therapeutische Studien. Hierzu gehört der Doppelblindversuch.
Er ist dadurch charakterisiert, daß weder Proband noch Untersucher wissen, welches Medikament — man würde hier besser sagen Pharmakon — gegeben wird.
Ziel des Doppelblindversuchs ist die Ausschaltung subjektiver Einflüsse wie Vorurteile und Erwartungen bei Proband und Untersucher.
Nicht nur Funktionen des Organismus, sondern auch Krankheitssymptome können durch derartige subjektive Einflüsse verändert werden. Andererseits gibt es eine Reihe mehr oder weniger schlecht objektivierbarer Untersuchungsmethoden — zu nennen wären hier beispielsweise palpatorische und auskultatorische Verfahren —, die durch die Voreingenommenheit der Untersucher in mehr oder minder starkem Maße beeinflußt werden können. Beim doppelten Blindversuch wird neben dem zu prüfenden Pharmakon eine pharmakologisch inerte Substanz — das Placebo — als Kontrolle verwendet. Placebo und zu prüfendes Pharmakon dürfen sich bezüglich Aussehen, Konsistenz, Geschmack und Geruch nicht unterscheiden. Diesen Anforderungen kann in der Regel durch entsprechende pharmazeutische Zubereitungsformen Genüge getan werden. Wenn Placebo und zu prüfendes Medikament — das Verum — geschmacklich nicht identisch gemacht werden können, werden die Stoffe in der Regel in Kapseln verabreicht. Die Probanden werden aufgefordert, diese unzerkaut zu schlucken.
Die Bedeutung subjektiver Einflüsse auf Krankheitssymptome wird deutlich an dem Prozentsatz von Patienten, deren Krankheitserscheinungen durch Placebo beeinflußbar sind. Der Placebo-Effekt ist in starkem Maße von der Art der Erkrankung abhängig.
So werden nach einer Literaturübersicht (3) die Beschwerden von im Mittel 62% der Patienten mit Kopfschmerzen durch Verabreichung von Placebo günstig beeinflußt. In 58% gilt dies für die Seekrankheit, in 49% für rheumatische Beschwerden, in 41% für Husten, in 24% für

Dysmenorrhoe, in 18% für Angina pectoris und in 17% für den erhöhten Blutdruck bei Hypertonie.
Man muß also besonders bei subjektiven Symptomen und bei Funktionen, die in starkem Maße durch subjektive Einflüsse verändert werden können, mit einem Placebo-Effekt rechnen. Ihm Rechnung tragen kann man nur dann, wenn man ihn bei einer therapeutischen Studie quantitativ erfaßt.
Der Placebo-Effekt ist nicht eine für eine bestimmte Erkrankung typische und unveränderliche Größe, wie eine Übersicht über die Heilung nach 4- bis 6wöchiger Therapie bei Ulcus duodeni zeigt (DOBRILLA und FELDER, 1979) (1). Es wurden in verschiedenen Ländern durchgeführte Studien zusammengestellt, bei denen Placebo mit einer Reihe von Pharmaka verglichen wurden. Ein besonders starker Placebo-Effekt wurde bei in Norwegen und in den USA durchgeführten Studien gefunden. Hier heilten die Ulcera bei 60% der Patienten innerhalb von 4 bis 6 Wochen unter Placebo ab. Deutlich geringer war die Placebo-Wirkung bei in Großbritannien durchgeführten Studien. Hier verschwanden die Ulcera innerhalb des Untersuchungszeitraumes nur bei 21 bzw. 22% der Kranken.
Bei vergleichbaren anderen Einflußgrößen wie Diät und Ausmaß der Bettruhe dürften vor allem Unterschiede im sozialen Milieu, aus dem die jeweiligen Probanden stammten, für die unterschiedlichen Placebo-Effekte verantwortlich sein. Eine deutliche Abhängigkeit der Placebo-Wirkung vom sozialen Milieu der Patienten wurde auch bei der Hypertonie gefunden (GRENFELL et.al., 1963) (2).
Nicht vergessen werden sollte, daß auch der eine Untersuchung durchführende Arzt ein außerordentlich wirksames Placebo sein kann. Eine ihm selbst vielleicht nicht bewußt werdende optimistische oder pessimistische Haltung gegenüber einem zu prüfenden Medikament kann Symptome und Meßgrößen beim Probanden beeinflussen. Aus diesem Grunde ist es sinnvoll, daß bei Studien über die Beeinflußbarkeit stark von subjektiven Faktoren abhängiger Parameter nicht nur der Proband, sondern auch der Untersucher „blind" ist.
Die Grenzen des Doppelblindversuchs werden dann erreicht, wenn während der laufenden Untersuchungen der Code gebrochen wird. Nicht selten beruht dies auf dem Nichtbefolgen des Protokolls durch Probanden und Untersucher.
Man sollte glauben, daß derartige Vorgänge selten sind, da bei den heute üblichen Verfahren sowohl Proband als auch Untersucher sich freiwillig bereit erklären, an der Studie teilzunehmen. Aber so wie es gelegentlich vorkommt, daß jemand eine freiwillig sich auferlegte Verpflichtung nicht einhält, scheint auch das Nichtbefolgen des Pro-

tokolls bei Doppelblindversuchen nicht gerade selten zu sein. Bei einer großen Studie über die medikamentöse Behandlung der Angina pectoris stellte man aufgrund von Befragungen nach Abschluß der Untersuchungen fest, daß in der Placebo-Gruppe 7% der Patienten sich nicht streng an das Protokoll gehalten hatten (ZIFFERBLATT und WILBUR, 1978) (5). Der Nachweis eines derartigen Nichtbefolgens des Protokolls ist schwierig. Auch die Bestimmung von Medikamenten oder Zusatzstoffen in Blut und Urin hilft offenbar häufig nicht weiter. So wurden beispielsweise in der bereits erwähnten Studie über die Beeinflussung der Angina pectoris aufgrund von chemischen Untersuchungen nur 10% der Patienten entdeckt, die später bei einer Befragung zugaben, sich nicht exakt an das Protokoll gehalten zu haben.
Besondere Schwierigkeiten ergaben sich bei einer Studie über den Einfluß von Ascorbinsäure auf grippale Infekte (KARLOWSKI et.al., 1975) (4).
Diese Untersuchungen mußten vorzeitig abgebrochen werden, u. a. weil wesentlich mehr Probanden aus der Placebo-Gruppe als aus der Verum-Gruppe aus der Studie ausschieden. Eine Befragung nach Beendigung der Studie ergab, daß offenbar zahlreiche Probanden die ihnen gegebenen Instruktionen nicht einhielten und die Kapseln, die sie unzerkaut herunterschlucken sollten, aufbissen. Infolgedessen war es ihnen möglich festzustellen, ob sie der Placebo- oder der Verum-Gruppe angehörten. Offensichtlich waren viele Probanden aufgrund ihrer Kenntnisse wissenschaftlicher Publikationen — es handelte sich um Angestellte der National Institutes of Health — davon überzeugt, daß Ascorbinsäure sie vor grippalen Infekten schützen werde. Dadurch ist das Ausscheiden aus der Studie erklärbar. Derartige Probleme drohen besonders bei Langzeituntersuchungen und dann, wenn der Proband überzeugt ist, daß ihm durch die Einteilung in eine bestimmte Gruppe Nachteile entstehen könnten. Derartige Erwägungen spielen sicherlich auch bei manchen Untersuchern eine Rolle, insbesondere bei multizentrischen Studien, wo das Engagement der Untersucher oft sehr unterschiedlich ist. Mit dem Augenblick, wo der Code einer Doppelblindstudie gebrochen wird, kommen naturgemäß alle die subjektiven Einflüsse wieder ins Spiel, die man eigentlich durch die Anlage der Untersuchungen ausschließen wollte. Nicht vergessen sollte man, daß in einer derartigen Situation Patienten auch nichtmedikamentöse Faktoren absichtlich verändern können, und daß sie darin noch von Untersuchern ermuntert werden könnten. So ist es denkbar, daß ein Patient mit Hyperlipidämie, der sich an einer Untersuchung mit einem den Plasmalipidspiegel senken-

den Pharmakon beteiligt, die diätetischen Maßnahmen besonders sorgfältig beachtet, wenn er herausfindet, daß er der Placebo-Gruppe angehört.

Sehr erschwert und gelegentlich undurchführbar werden Doppelblindstudien, wenn Probanden oder Untersucher aufgrund von Sekundäreffekten der verabreichten Pharmaka herausfinden, ob sie mit Placebo oder Verum behandelt werden.

Derartige Probleme treten beispielsweise bei Untersuchungen mit Beta-Rezeptorenblockern auf. Nicht selten stellen Probanden und Untersucher aufgrund der Abnahme der Herzfrequenz fest, wann Placebo und wann der Beta-Blocker verabreicht wird. Die Probleme von seiten des Untersuchers kann man dadurch umgehen, daß man ihn nur den zu untersuchenden therapeutischen Effekt, z. B. die Blutdrucksenkung, messen läßt, nicht jedoch die Herzfrequenz. Nicht verhindern kann man allerdings, daß dem Patienten seine Bradykardie auffällt.

Ähnliche Schwierigkeiten ergeben sich, wenn Patient und Untersucher wissen, daß ein in einer Studie gebrauchtes Medikament charakteristische Nebenwirkungen verursacht. So wissen beispielsweise zahlreiche Patienten, daß das Antihypertensivum Hydralazin und ähnliche Verbindungen Kopfschmerzen verursachen können. Es ist vorgekommen, daß Probanden entgegen dem Protokoll die Zahl der eingenommenen Tabletten steigerten, um dadurch Kopfschmerzen auszulösen und infolgedessen die Art der jeweiligen Behandlung herauszufinden.

Wegen der Möglichkeit eines Nichtbefolgens des Protokolls und wegen denkbarer Sekundäreffekte ist es zweckmäßig, am Ende jeder Doppelblinduntersuchung die Probanden und auch die Untersucher zu fragen, ob es ihnen gelungen ist, die Art der Behandlung festzustellen. Es ist jedenfalls besser, die dabei erhaltenen Resultate bei der Auswertung und der Interpretation der Ergebnisse zu berücksichtigen, als die Augen vor der Realität zu verschließen und sich in der falschen Sicherheit zu wiegen, eine rundum geglückte Doppelblinduntersuchung durchgeführt zu haben.

Literatur

1. Dobrilla, G., u. M. Felder: Placebo: Problemstellung und praktische Auswirkungen. Dtsch. med. Wschr. 104, 1023—1026 (1979)
2. Grenfell, R. F., A. H. Briggs, W. C. Holland: Antihypertensive drugs evaluted in a controlled double-blind study. Sth. med. J. 56, 1410 (1963)

3. De Patient en het Placebo. Geneesmiddelenbulletin 13, 55—58 (1979).
4. Karlowski, T. R., T. C. Chalmers, L. D. Frenkel, A. Z. Kapikian, T. L. Lewis, J. M. Lynch: Ascorbic acid for the common cold. JAMA 231, 1038—1042 (1975)
5. Zifferblatt, S. M. u. C. S. Wilbur: A psychological perspective for double-blind trials. Clin. Pharmacol. Ther. 23, 1—10 (1978)

Diskussion

Samson:
Herr Rahn, Sie sprachen ausschließlich von Doppelblindversuchen gegen Placebo. Nun gibt es auch Doppelblindversuche gegen Standardtherapie. Mich interessiert die Frage: Gibt es statistische Probleme, Mengenprobleme, Organisationsprobleme, die Doppelblindversuche gegen Placebo vorzugswürdig erscheinen lassen?

Rahn:
Grundsätzlich sollte man einem Vergleich mit der Standardtherapie den Vorzug geben, wenn es eine begründete Standardtherapie ist. Vor allen Dingen dann, wenn sich bei Nichteinhalten dieser Standardtherapie evtl. eine gesundheitliche Gefährdung für den Patienten ergeben könnte.

Samson:
Das ist nun ein ethisches Problem. Ich meine, ob es methodische Probleme gibt, die — einmal fern aller ethischen Fragen — den Versuch gegen Placebo vorzugswürdig erscheinen lassen, oder ob das nicht der Fall ist. Ich habe gehört, daß man wegen der möglicherweise geringen Wirkunterschiede eine sehr viel größere Probandenzahl braucht, um Signifikanzen herauszufinden.

Rahn:
Wenn Sie gut belegt haben, daß Ihre Standardtherapie effektiv ist, dann sagt natürlich das Nichtfinden eines Unterschiedes zwischen Standardtherapie und neuem Pharmakon doch etwas.

Überla:
Sicher ist die Verblindung ein ganz wichtiges Instrument der Versuchsplanung, aber sie ist zweifellos weniger wichtig als die Randomisierung. Zu dem letzten Punkt, den Sie anschnitten: Wenn man gegen die Standardtherapie randomisiert und Doppelblindstudien macht, und es kommt kein Unterschied heraus, kann man nicht ohne weiteres sagen, es ist gleichwertig; bei diesem Schluß wäre ich sehr vorsichtig. Wir können die Nullhypothese, daß die Medikamente sich nicht unterscheiden, weiter beibehalten. Das hängt von der Fallzahl ab. Bei kleinen Fallzahlen und schlechten Studien kann man immer nachweisen, daß zwei Präparate gleichwertig sind.

Rahn:
Das ist natürlich ein Problem, das Sie bei allen klinischen, überhaupt bei wissenschaftlichen Untersuchungen haben. Wenn Sie keinen Unterschied nachweisen können, dann bedeutet das nicht, daß kein Unterschied besteht.

Überla:
Genauso ist es. Wenn Sie den Vorgang des Findens neuer Arzneien nicht mehr kurzfristig, sondern über Jahrhunderte betrachten, wird es notwendig werden, von Zeit zu Zeit auch mal wieder ein bewährtes Arzneimittel auszulassen und gegen Placebo zu prüfen. Auch wenn dies nicht in unsere jetzigen ethischen Vorstellungen paßt.

Rahn:
Die Idealsituation wäre sicherlich, wenn eine Standardtherapie besteht und wenn keine ethischen Bedenken da sind, daß man alle drei untersucht: Placebo, neues Pharmakon, Standardtherapie.

Überla:
Vom methodischen Standpunkt aus ist der Dreiervergleich für mich das Optimale.

Kewitz:
Herr Überla, ob Sie die Nullhypothese nicht abweisen können, oder ob Sie sagen, die Medikamente sind gleichwertig, das kommt zumindest in der Praxis in der Konsequenz für den behandelnden Arzt auf das gleiche heraus.

Überla:
In diesem Fall bekommt der behandelnde Arzt ein Medikament, das unzureichend untersucht ist, gerade so unzureichend untersucht, daß ich die Nullhypothese beibehalte. Sich gegen diesen Fehler zu wehren, haben wir zur Zeit überhaupt keine methodischen Möglichkeiten. Sie brauchen nur mit genügend kleiner Fallzahl einen Doppelblindversuch zu machen, mit Standardpräparaten gegen jedes neue Placebo. Dann haben Sie nachgewiesen, daß das ein „wirksamer Stoff" ist. Eben dies ist nicht der Fall.

Rahn:
Herr Überla, selbstverständlich wird derjenige, der eine solche Untersuchung kritisch beschaut, schon sagen, die Fallzahl ist mir zu klein. Es kommt noch eine weitere Überlegung hinzu. Das Risiko von Medikamenten ist um so kleiner, je länger sie an eine große Zahl von Patienten gegeben worden sind, ohne daß man schwerwiegende Nebenwirkungen beobachtet hat. Das werden Sie natürlich bei der Interpretation einer Studie, so wie Sie sie geschildert haben, auch berücksichtigen.

Kienle:
Dazu darf ich kurz sagen: Man unterscheidet bei kontrollierten Versuchen

zwischen Prüfung auf Wirksamkeit und Prüfung auf Überlegenheit. Der Vergleich mit anderen Medikamenten ermöglicht nur eine Prüfung auf Überlegenheit. Ich kann dabei nie wissen, ob das unterlegene Medikament wirksam oder schädlich ist, und es kann sein, daß das überlegene Medikament unwirksam und das vergleichende Medikament nur schädlich ist. Deswegen kann man beim Vergleich von zwei Medikamenten oder Therapiestrategien immer nur zu einer Aussage auf Überlegenheit und niemals zu der auf Wirksamkeit kommen.

Man kann nicht auf Gleichwertigkeit prüfen. Man muß nur die Probandenzahl reduzieren, dann verschwindet die Signifikanz jedes Unterschiedes. Man könnte nur ein Testverfahren entwickeln, wie dies WALD bei der Sequentialanalyse gemacht hat, daß man eine Entscheidung treffen kann, daß der Unterschied kleiner als eine bestimmte Erfolgswahrscheinlichkeit ist. Das läßt sich machen.

Sobald Sie auf einen Unterschied mit einem Signifikanztest prüfen, wird die Probandenzahl um so größer, je kleiner die Differenz ist. Das heißt, je wirksamer das Vergleichspräparat ist, desto größer wird die Probandenzahl.

Das ist einfach eine rechnerische Größe. Im übrigen muß man darauf achten, daß Teilnehmer an Doppelblindversuchen in der Regel herausbekommen, ob sie Placebo-Patienten sind, dann nehmen sie andere Medikamente ein, die sie dem Arzt nicht sagen. Im übrigen bin ich gegenüber den hohen Placebo-Raten sehr skeptisch. Wer in der Klinik Trigeminusneuralgien zu behandeln hat und sich daran die Zähne ausbeißt, würde sich Placebo-Raten von 20% bis 30% wünschen. Ohne genauere Analyse glaube ich diese Placebo-Zahlen nicht.

Kewitz:
Deswegen können Sie nicht einfach sagen: „Das glaube ich nicht."

Kienle:
Ich meine, daß die Irrtumsmöglichkeiten beträchtlich sind, daß die Patienten entweder herausbekommen, daß sie Placebo-Patienten sind und einen Effekt vortäuschen, um dem Arzt gefällig zu sein, oder daß sie andere Medikamente einnehmen. Ich möchte hier nur in Frage stellen, ob diese immer wieder angegebenen Placebo-Quoten in der Wirklichkeit stimmen, oder ob da nicht erkannte Täuschungsfaktoren enthalten sind.

Kewitz:
Aber gerade bei der Angina pectoris sieht man das ja auch außerhalb der Doppelblindversuche, daß Phasen der Besserung, besonders am Anfang, auftreten.

Kleinsorge:
Ich möchte jetzt doch auf ein methodisches Problem von der Praxis her hinweisen. Wenn wir gegen ein Standardpräparat prüfen, denkt natürlich jeder, der nachher die Ergebnisse sieht, es handelt sich hier um ein Arzneimittel, das auch in dieser Form im Handel ist. Wenn wir den Wirkstoff kaufen, dann in

Kapseln abfüllen, dann haben wir nicht die einem Handelspräparat entsprechende Bioverfügbarkeit. Häufig sind sehr umfangreiche Arbeiten notwendig, um eine vergleichbare Bioverfügbarkeit nachzuweisen, bzw. es kann nur die Zerfallszeit „in vitro" bestimmt werden. In der Prüfungstechnik selbst könnte man sich dann mit einer Double-Dummy-Technik behelfen, die allerdings sehr aufwendig ist. Wird die Standardsubstanz im Originaldragee gegeben und die Prüfsubstanz in einer Kapsel, wird zusätzlich ein der jeweiligen Darreichungsform entsprechendes Placebo entwickelt, und der Patient erhält bei der Applikation jeweils ein Dragee und eine Kapsel.

Kewitz:
Aber da kommen Sie natürlich wieder in Schwierigkeiten mit der Compliance.

Kleinsorge:
Ich meine, von der Sache her geht es uns ja um ein möglichst exaktes Ergebnis. Eine Verläßlichkeit der Probanden in bezug auf die Einnahme muß so weit wie möglich gegeben sein.

Jesdinsky:
Ich möchte etwas sagen zu der Frage der Gleichwertigkeit. Wenn man vorher einen minimalen klinisch relevanten Unterschied festgelegt hat — das muß man bei den üblichen Sequentialtests gewöhnlich tun —, und das kann man aber auch bei jedem Test mit fest vorgegebenem Stichprobenumfang machen, dann läßt sich durchaus eine Aussage machen, wie groß ist jetzt die Irrtumswahrscheinlichkeit dafür, daß ich da gleiche Wirksamkeit feststelle und es ist doch eine im Grunde unterschiedliche Wirksamkeit da (Betafehler).
Und dann wird neuerdings üblich zu fragen: Wie ist denn gerade (oft wird ja vorher diese minimale interessierende Differenz nicht festgelegt) für die in dieser Stichprobe beobachtete Differenz, wäre sie im Modell vorgegeben, dieser Betafehler. Eine andere Methode zur Beurteilung der Gleichwertigkeit sind die Konfidenz-Intervalle, über die wir schon öfter gesprochen haben. Die sind sehr anschaulich und sind dann ganz weit, wenn wir kleine Stichproben haben. Das ist eine Anschauung in der Skala beobachteter Ergebnisse.

Fincke:
Ich bin bisher davon ausgegangen, daß im doppelten Blindversuch der behandelnde Arzt sich von dem sonst behandelnden Arzt nur darin unterscheidet, daß er blind ist; im übrigen aber den Patienten gleich behandelt. Jetzt habe ich zusätzlich erfahren, daß er nicht nur blind sein muß, sondern sich möglicherweise therapierelevant auch blind *halten* muß. Ich beziehe mich damit auf die Frage des Herzflimmerns. Der Arzt darf demnach nicht alles machen, was er sonst mit dem Patienten tun würde, also laufende Diagnosen stellen, er darf z.B. in diesem Fall die Herzfrequenz nicht messen. Daher meine generelle Frage: Unterscheidet sich der behandelnde Arzt inner- und außerhalb des Doppelblindversuchs durch mehr als in der Tatsache, daß er nicht weiß, welches Medikament der Patient bekommt?

Die zweite Frage: Herr Rahn, Sie haben gesagt, der Code dürfe nicht gebrochen werden. Nun liest man immer wieder, wenn es doch einmal, aus welchen Gründen auch immer, etwa aus ethischen Gründen, notwendig sein sollte, den Code zu brechen, dann sei immerhin noch etwas herausgekommen, wenn auch nicht so ganz verläßlich, wie ein vollständig durchgeführter Versuch. Aber geht es hier nicht um „Alles oder Nichts"? Muß der Versuch nicht ganz durchgeführt werden, weil andernfalls gar nichts „bewiesen" wäre, oder kommt „immerhin doch etwas" heraus, je nach dem Stadium, in dem abgebrochen wurde?
Und drittens: Sie haben eben in der Diskussion gesagt, neben der Prüfung gegen Placebo kommt die Prüfung gegen ein — da haben Sie etwas gezögert und dann haben Sie gesagt — ein bewährtes Standardpräparat in Betracht. Was bedeutet eigentlich das Wort „bewährt", das immer wieder in der Literatur auftaucht? Heißt das schlicht und einfach: ein seinerseits kontrolliert getestetes Mittel? Und wenn es das ist, warum schreibt man dann statt „bewährt" nicht „ein seinerseits kontrolliert getestetes Mittel"?

Rahn:
Um mit dem letzten zu beginnen: Das wäre der Idealzustand. Aber es gibt Standardtherapien in der Klinik, die einfach nicht getestet sind. Wovon man annimmt, ohne daß man es aufgrund wissenschaftlicher Untersuchungen beweisen kann, daß sie nützen, daß sie die Krankheit beeinflussen. Wenn Sie einen Blindversuch machen wollen und Sie haben eine wissenschaftlich begründete Standardtherapie zur Verfügung, würden Sie die als Kontrolle nehmen. Wenn das nicht der Fall ist, können Sie sagen, gut, ich werde auf jeden Fall die Therapie gebrauchen, die als die Standardtherapie bei dieser Erkrankung angesehen wird.
Die erste Frage ist, inwiefern beeinträchtigt die Untersucherrolle die Rolle als behandelnder Arzt?
Schwierigkeiten entstehen, falls die Art der Studie eine dauernde ärztliche Betreuung erforderlich macht, die dabei erhobenen Befunde aber dem Untersucher Aufschluß über die Art der Behandlung geben würden. Bei unseren Untersuchungen über die antihypertensive Wirkung von Beta-Rezeptorenblockern wurden wir gelegentlich mit diesem Problem konfrontiert. Einige Beta-Blocker führen zu einer Abnahme der Herzfrequenz beim Probanden. Ein Untersucher, der den Einfluß dieser Substanzen auf den Blutdruck feststellen will, würde, wenn er regelmäßig bei den an der Studie beteiligten Probanden die Herzfrequenz mißt, wissen, wann Placebo und wann ein Beta-Adrenolytikum verabreicht wird. Auf der anderen Seite ist es, um schwerwiegende Nebenwirkungen zu vermeiden, wichtig, das Verhalten der Herzfrequenz während der Behandlung mit einem Beta-Rezeptorenhemmstoff zu kontrollieren. Ein zu starkes Absinken der Herzfrequenz wäre ein Grund, die Untersuchung abzubrechen oder eventuell die Dosis zu vermindern. In dieser Situation kann man sich dadurch helfen, daß ein Untersucher ausschließlich die Blutdruckwerte bei den Probanden mißt. Daneben untersucht ein Arzt regelmäßig die Probanden nach eventuellen Nebenwirkungen und registriert dabei auch die

Herzfrequenz. Die soeben geschilderte Situation kommt sicher gelegentlich vor, sie ist aber nicht die Regel bei kontrollierten klinischen Versuchen. Häufig wird der Untersucher gleichzeitig die Rolle des behandelnden Arztes übernehmen können, ohne daß dadurch bei Doppelblindversuchen der Code gebrochen wird.

Ihre zweite Frage zielte darauf ab, was geschieht, wenn man gezwungen ist, den Code einer Doppelblinduntersuchung zu brechen. In der Regel wird es sich hierbei um Notfallsituationen handeln. Beispielsweise könnte ein Hypertoniker im Rahmen einer Studie zeitweise mit Placebo, zeitweise mit einem Beta-Rezeptorenblocker behandelt werden. Wird bei diesem Patienten wegen einer Blinddarmentzündung eine Operation erforderlich, will der Narkosearzt, sicher zu Recht, über die Art der gerade laufenden Behandlung informiert werden. Für solche Fälle muß bei der Planung von Studien Vorsorge getroffen werden. Der Code eines individuellen Probanden muß gebrochen werden können, ohne daß dadurch auch die Behandlung aller übrigen an der Studie teilnehmenden Personen bekannt wird. Bei der Auswertung von Doppelblindstudien sind Probanden, bei denen der Code gebrochen werden müßte, gesondert zu berücksichtigen. Schwierig wird die Angelegenheit, wenn dies bei einer großen Anzahl von Probanden geschieht, oder wenn eine Gruppe in der Studie davon besonders stark betroffen ist. Eventuell kann dadurch jegliche Aussagekraft verlorengehen.

Samson:
Herr Rahn, für die rechtliche und auch ethische Bewertung der Doppelblindversuche gegen Placebo ist es in einigen Fällen ganz wichtig zu wissen, welchen Charakter der Placebo-Effekt hat. In der deutschen Literatur scheint es mir so zu sein, daß der Placebo-Effekt überwiegend nur als Störeffekt behandelt wird. Meine Frage geht jetzt dahin, ob man für bestimmte Erkrankungen davon sprechen kann, daß der Placebo-Effekt ein echter Therapieeffekt sein kann. Oder sehen Sie das nicht so?

Rahn:
Ich glaube, Sie müssen hier unterscheiden zwischen einer Aussage, die auf einer wissenschaftlichen Untersuchung beruht, und der Intention, dem Patienten zu helfen und zu nützen. Natürlich ist der Placebo-Effekt an sich etwas Gutes. Wenn Sie einen Patienten haben mit rezidivierender Angina pectoris und Sie wissen, daß der auf eine intravenöse Kochsalzinjektion reagiert, daß seine Schmerzen verschwinden, warum sollten Sie davon nicht Gebrauch machen? Sie dürfen nur nicht sagen, weil Sie einen derartigen Patienten oder auch verschiedene beobachtet haben, daß man die Angina pectoris mit Kochsalzinjektionen effektiv behandeln kann. Da wäre die wissenschaftliche Basis einer solchen Aussage nicht gegeben.

Anlauf:
Die Effekte von Placebos lassen im allgemeinen bei wiederholter Anwendung am gleichen Patienten rasch nach. Bei einmaliger Gabe können ihre Wirkungen daher im Vergleich zu einem Verum leicht überschätzt werden.

Dannehl:
Herr Kienle sagte zu den Placebo-Effekten, daß er von der absoluten Größe der Effekte, die man publiziert findet, keinen einzigen glaube. Herr Kienle, ich kann Sie nur nachdrücklich ermuntern, solche Effekte in ihrer absoluten Höhe nie zu glauben — auch nicht, wenn es sich dabei um ein Verum handelt. Denn es ist gerade eines der wichtigsten Argumente für die kontrollierte klinische Prüfung — die Betonung liegt dabei auf kontrolliert —, daß die Arzneimittel-Effekte in ihrer absoluten Größe nicht reproduzierbar sind, sondern z. B. von den experimentellen Umweltbedingungen abhängig sind. Experimentell reproduzierbar — weil kontrolliert — sind nur die relativen Arzneimittel-Effekte, d. h. der Unterschied der absoluten Arzneimittel-Effekte.

Rahn:
In der Diskussion ist zuwenig auf eine Bemerkung eingegangen worden, die Herr Kienle gemacht hat, nämlich daß wohl das größte Problem bei Doppelblindversuchen, vor allen Dingen, wenn sie lange dauern, die Compliance ist. Daß sich offensichtlich viele Patienten nicht an die Richtlinien, die man ihnen mitgibt, halten. Und offensichtlich tun auch zahlreiche Untersucher das nicht. Ein schwerwiegendes Problem, das man auch mit Blutspiegelbestimmungen nicht so ohne weiteres wird lösen können. Bei der erwähnten amerikanischen Angina-pectoris-Studie wurden Bestimmungen von Medikamenten im Blut und im Urin gemacht. Und von den 7% der Patienten, die zugegeben hatten, daß sie sich nicht an das Protokoll gehalten hatten, wurden nur 0,7%, also 10% derer, die das Nichtbefolgen zugegeben hatten, durch diese Maßnahmen entdeckt. Auf der anderen Seite gilt der Einwand von Herrn Kienle, was die Compliance betrifft, natürlich auch für andere Formen von Studien, er gilt für den einfachen Blindversuch, er gilt auch für die individuelle Beobachtung eines Patienten, und man wird deswegen diesen Nachteil nicht dem Doppelblindversuch anlasten können, der gegenüber anderen Formen von kontrollierten Versuchen doch eine Reihe von Vorteilen bietet. So wie man weiß, daß viele Menschen ihre Steuern nicht regelmäßig bezahlen und man deswegen nicht unbedingt den Schluß ziehen wird, Steuern sind überhaupt abzuschaffen, wird man nicht sagen können, weil die Compliance bei Doppelblindversuchen schlecht ist, hat es auch keinen Sinn, derartige Versuche durchzuführen.

Patientenaufklärung

von H. Kewitz

Die Aufklärung des Patienten über die beabsichtigte Therapie ist für den Arzt nicht ungewohnt, denn jeder therapeutische Eingriff bedarf der Einwilligung und dieser muß eine Aufklärung vorausgehen. Allerdings wissen wir alle, daß Arzt und Patient sich in der Regel rasch, allzu oft auch nur flüchtig verständigen. Der interessierte Patient bedient sich des Beipackzettels oder auch weiterer Informationsquellen.
So geht es bei der klinischen Prüfung nicht. Der Gesetzgeber fordert, daß der Arzt selbst den Patienten umfassend aufklärt, und zwar, wie es heißt, über Wesen, Bedeutung und Tragweite der Untersuchung.
Die Aufklärung soll den Patienten vor Risiken schützen, die er nicht eingehen will, und vor der Willkür forschender Ärzte, und sie soll die forschenden Ärzte vor dem Vorwurf bewahren, Erkenntnisstreben über Heilungsabsichten zu stellen.
Die sich an die Aufklärung anschließende Einwilligung des Patienten muß schriftlich erfolgen oder im Beisein eines Zeugen. Es empfiehlt sich, über die Aufklärung ein Protokoll anzufertigen, in dem die Punkte festgehalten sind, über die mit dem Patienten gesprochen wurde. Wir haben gute Erfahrungen mit folgendem Vorgehen gemacht: Der Arzt und der Zeuge unterschreiben das Protokoll, und davon abgetrennt gibt es eine Einwilligungserklärung, die der Arzt und der Patient unterschreiben und von der dem Patienten eine Kopie übergeben werden kann, wenn er es wünscht.
Die Möglichkeit der mündlichen Einwilligung im Beisein eines Zeugen gibt es nicht bei freiwilligen Probanden, sondern nur bei Patienten, bei denen die klinische Prüfung im Zusammenhang mit der Behandlung steht. Das heißt, daß die *mündliche Einwilligung* unter Zeugen praktisch nur bei dem kontrollierten klinischen Versuch in Frage kommt, z.B. bei schreibunfähigen Patienten infolge Verletzung, Augenkrankheiten, Tumor usw.
Liegt Geschäftsunfähigkeit vor, muß der Rechtspfleger allein oder zusätzlich einwilligen. Jedoch dürfen nicht-geschäftsfähige Patienten nur an Prüfungen teilnehmen, die im Rahmen ihrer Behandlung durchgeführt werden, also wiederum in erster Linie an kontrollierten klinischen Versuchen nur ausnahmsweise an Phase-I- oder Phase-II-Studien.
Gänzlich entfallen darf die Patientenaufklärung und die Einwilli-

gung nur dann, wenn der Behandlungserfolg dadurch gefährdet wird, also bei Patienten mit eingeschränktem Bewußtsein und in lebensbedrohlichen Situationen, wo keine Zeit zu verlieren ist, etwa beim Schock, Herzinfarkt, Schlaganfall oder Vergiftungen.

Wenden wir uns nun dem Inhalt der Aufklärung zu. Der Patient muß die Informationen erhalten, die ihn befähigen, nach seinem freien Willen über die Teilnahme an der Prüfung zu entscheiden. Er darf weder überredet werden, noch dürfen ihm hypothetische Gefahren geschildert werden, die vernünftigerweise nicht als relevant für die Entscheidung anzusehen sind.

Selbstverständlich ist es für den Laien schwer, auch wenn er über eine umfassende Bildung verfügt, selbst wenn er Arzt sein sollte, die komplizierten Zusammenhänge der modernen Arzneitherapie vollständig zu begreifen. Zudem liegt es im Wesen der Krankheit, daß die Unabhängigkeit im Denken und Handeln beeinträchtigt wird, bei hochfieberhaften, sehr schmerzhaften oder bedrohlichen Zuständen stärker als bei Krankheiten, die das subjektive Befinden weniger beeinflussen. Ich will nur sagen, daß die Einwilligung bis zu einem gewissen Grade und in wechselndem Umfang zwangsläufig von dem Vertrauen abhängt, das der Patient dem Arzt entgegenbringt. Notgedrungen muß die Aufklärung dem jeweiligen Einsichtsvermögen des Patienten angemessen werden. Sie erfordert Sorgfalt, Einfühlungsvermögen und Zeit, ein Faktor, der im klinischen Alltag erheblich ins Gewicht fällt. Nach unseren Erfahrungen benötigt der Arzt für die Aufklärung eines Patienten ca. 30 Minuten.

Um den gesetzlichen Anforderungen Rechnung zu tragen, empfiehlt es sich, bei der Aufklärung einen Stichwortkatalog zusammenzustellen, der dem jeweiligen Prüfverfahren angepaßt ist. Der Gesetzgeber fordert, daß der Patient über Wesen, Bedeutung und Tragweite aufzuklären ist.

Die Anhaltspunkte für einen derartigen Katalog sind in Tabelle 1 zusammengestellt. Zunächst möchte der Patient wissen, was gemacht werden soll, welcher Arzt ihn betreut, wie die Untersuchung abläuft und welche Vor- oder Nachteile damit verbunden sein können (Tab. 1, A).

Der Patient sollte nicht darüber hinweggetäuscht werden, daß gerade die Aussagen über Nutzen und Risiken nur mit einem erheblichen Maß an Ungewißheit getroffen werden können und daß diese Ungewißheit der Anlaß zu der Prüfung sein kann.

Nicht einfach ist es, dem Laien das Prinzip der randomisierten Zuteilung und der Doppel-blind-Anordnung zu erklären. Die Patienten verstehen schwer, wie diese Methode mit einer individuellen Kran-

kenbehandlung zu vereinbaren ist. Man muß andererseits zugeben, daß sich die Aufklärung mit dem Prinzip der Methode nicht verträgt; doppel-blind heißt nämlich Unwissenheit von Arzt und Patient, damit Vorurteile ausgeschaltet werden können.
Durch die Aufklärung werden jedoch Vorurteile geschaffen, und das ist nur tolerabel unter der Annahme, daß die Vorurteile gleichmäßig auf die zu vergleichenden Gruppen verteilt sind.
Aber mit dieser methodischen Unzuträglichkeit müssen sich die klinischen Untersucher abfinden. Der Gesetzgeber hat im Arzneimittelgesetz dafür keine Lücke gelassen. Folglich muß der Patient, der an einer kontrollierten klinischen Prüfung teilnehmen soll, erfahren, daß die vergleichend behandelten Patienten eventuell nicht alle gleich gut abschneiden, er also zufällig unter den besser, aber auch unter den schlechter gestellten sein könnte. Der Untersucher muß dem Patienten versichern können, daß er selbst nicht weiß, ob sich die Behandlungserfolge im Einzelfall unterscheiden und welche Therapie die bessere sein könnte. Das gilt natürlich auch für eine Behandlung, in die Placebo einbezogen ist.
Man wird dem Patienten nun sagen, welche Vorkehrungen zu seinem Schutz getroffen wurden (Tab. 1, B). Er ist davon zu unterrichten, daß der Versuchsplan von einem ethischen Komitee geprüft wurde, daß die Versuchsdurchführung von unabhängigen Wissenschaftlern und Ärzten überwacht wird und daß der die Klinik leitende Arzt die unmittelbare ärztliche Verantwortung trägt.
Besonders wichtig ist für viele Patienten, daß sie von einem anerkannten Spezialisten ständig ärztlich betreut und regelmäßig untersucht werden. Diese in Aussicht stehende Fürsorge ist oft ausschlaggebend für die Einwilligung.
Patienten möchten nicht das Gefühl haben, der Willkür von forschenden Ärzten ausgesetzt, gleichsam „Versuchskaninchen" zu sein. Deshalb muß ihnen gesagt werden, daß auf ihre individuellen Belange jede Rücksicht genommen und der Versuch nicht auf Biegen und Brechen zu Ende geführt wird. Der Patient scheidet sofort aus, wenn eine andere Therapie notwendig wird oder eine intercurrente Krankheit auftritt, die durch das Verbleiben in der Studie schwerer zu behandeln ist. Dennoch wird die Überwachung aufrechterhalten.
Der Patient kann jederzeit ohne Angabe von Gründen die Einwilligung widerrufen. Er kann sich also notfalls selbst befreien, wenn er meint, daß er Nachteile hat. Darauf muß er ausdrücklich hingewiesen werden.
Für den Fall, daß trotz aller Vorsichtsmaßnahmen dennoch eine Schädigung eintreten sollte, ist eine Versicherung über 500 000,- DM

abgeschlossen, die unabhängig von der Haftungsverpflichtung anderer, also des Arzneimittelherstellers, Krankenhausträgers oder Arztes, für den Schaden eintritt. Schließlich gibt es Sicherheit, wenn der Patient weiß, daß die Untersuchung nicht im rechtsfreien Raum stattfindet, sondern gesetzliche Regelungen dafür geschaffen wurden und daß auch die größte internationale Ärzteorganisation, der Weltärztebund, sich wiederholt damit befaßt hat. Sollten Patienten danach fragen, weshalb erst vor so kurzer Zeit eine gesetzliche Regelung geschaffen wurde, die Erfahrungen seien somit wohl erst kurz, dann kann man ihnen sagen, daß die gesetzliche Regelung von einer Dienstanweisung in Preußen aus dem Jahre 1901 ihren Ausgang nahm, die in den Grundzügen bereits ähnlich konzipiert war, und daß der Reichsinnminister 1931 auf Vorschlag des Reichsgesundheitsrates eine entsprechende Richtlinie erlassen hatte. Gerade ältere Menschen, und dazu gehören die meisten unserer Patienten, werden beruhigt sein, wenn sie hören, daß es sich nicht um eine „neumodische" Angelegenheit handelt.

An dieser Stelle ist auch eine Aufklärung über die Verpflichtungen der Patienten angebracht, weil auch darin Schutzmaßnahmen liegen können. Nicht selten führt z. B. plötzliches Absetzen zu einer akuten Verschlimmerung. Dosisänderungen können Folgen haben, und Versäumen der Kontrolluntersuchungen kann dazu führen, daß wichtige Nebenwirkungen unerkannt bleiben.

Das Interesse des Untersuchers sollte sich bei kontrollierten klinischen Studien aber ganz besonders darauf richten, den Patienten zu erläutern, daß sie auch dann zu den vorgesehenen Kontrolluntersuchungen erscheinen müssen, wenn die Studienmedikation vorzeitig beendet werden sollte. Die Patienten befolgen diese Anweisung nicht ungern, aber sie müssen sie erhalten. Und für die Auswertung der Resultate sind die „drop-outs" mitunter von ausschlaggebender Bedeutung, was oftmals nicht genügend beachtet wird.

Die Bedeutung der betreffenden Prüfung wird von der Neuartigkeit des Mittels und von der Originalität der Untersuchung abhängig sein (Tab. 1, C). Vielleicht wird der Untersucher mitunter Schwierigkeiten haben, zu erläutern, wofür der 25. gleichwertige β-Blocker bedeutsam sein könnte, oder wie die x-te Wiederholung einer kontrollierten Studie mit dem gleichen Mittel bei der identischen Indikation zu vertreten ist.

Selbstverständlich nimmt die Bedeutung zu, wenn es noch keine anderen Behandlungsverfahren gibt, oder das neue eine deutliche Verbesserung darstellt, sie verliert, wenn es sich um ein „Me-too-Präparat" handelt, dessen klinische Prüfung ethisch kaum zu rechtfertigen ist, obwohl eingestanden werden muß, daß wir nie mit Sicherheit voraussagen können, ob nicht doch eine überraschende Verbesserung vorliegt. Fragt sich, ob wir heute noch genötigt sind, auf diese Chance zu spekulieren.

Die Tragweite der Untersuchung hängt davon ab, ob die vermutete Wirksamkeit als bestätigt oder nicht bestätigt angenommen wird. Ist sie nicht bestätigt, muß auf anderen Wegen nach wirksamen Stoffen gesucht werden.

Läßt sich die Wirksamkeit jedoch bestätigen, dann hängt die Tragweite von der Art, Schwere, Häufigkeit und dem Ausgang der zu behandelnden Krankheit ab sowie von dem Zweck der Anwendung (Tab. 1, D).

Ist die neue Behandlung die einzig verfügbare, dann hat sie einen höheren Stellenwert, als wäre sie eine unter mehreren gleichwertigen.

Nach aller Erfahrung legen nur wenige Patienten auf diesen letzten Gesichtspunkt größeres Gewicht. Mir scheint dies mehr ein theoretisch formaler als praktisch wichtiger Gesichtspunkt zu sein.

Das aufklärende Gespräch gibt uns ausgiebig Gelegenheit, die Sorgen unseres Patienten kennenzulernen, für jüngere Ärzte eine wertvolle Erfahrungsquelle.

Tab. 1 Aufklärung des Patienten über Wesen, Bedeutung und Tragweite der klinischen Prüfung

A. Wesen
1. Art der Prüfung und Ziel der Untersuchung z. B.:
   a. erste Anwendung am Menschen, Verträglichkeit
   b. Wirksamkeitsprüfung bei der vorgesehenen Indikation
   c. Dosisfindung
   d. Pharmakokinetik
   e. Angriffspunkt und Wirkungsweise
   f. kontrollierter klinischer Versuch: Zufallszuteilung, Placebo, blind, doppelblind
2. Parameter, z. B. Blutdruck, Blutentnahmen, Urinsammeln, Herzkatheter, Mortalität
3. Anwendungsweise, z. B. parenteral, oral, örtlich, wiederholt
4. Ablauf der Untersuchung: Beginn, Ende, Verlaufsuntersuchungen
5. Betreuender Arzt
6. Nutzen und Risiken
   a. vermutete Wirksamkeit

b. Nebenwirkungen, vorhersehbar — unvorhersehbar
c. Unsicherheit der Voraussage

B. Schutzmaßnahmen für den Patienten
1. Überwachung des Versuchsplanes und der Durchführung
   a. leitender Arzt
   b. Ethisches Komitee (unabhängige Wissenschaftler und Ärzte)
   c. Überwachungskomitee (vorzeitiger Abbruch bei Überlegenheit einer Gruppe, Eintritt unerwarteter Nebenwirkungen)
2. Ständige ärztliche Überwachung, regelmäßig und zusätzlich ad hoc
3. vorzeitiges Ausscheiden: andere Therapie erforderlich, Auftreten zusätzlicher Krankheiten
4. Widerruf der Einwilligung
5. Versicherungsschutz
6. Rechtliche Grundlage
   a. AMG 1976 §§ 40 und 41
   b. Deklaration des Weltärztebundes, Helsinki 1964, Tokio 1975
7. Verpflichtungen des Patienten
   a. Abmachungen beachten (Essen, Rauchen, Trinken)
   b. kein eigenmächtiges Absetzen
   c. Keine eigenmächtige Dosisveränderung
   d. andere Medikamente nur nach Absprache
   e. Protokoll führen
   f. neue Symptome, Unverträglichkeit melden

C. Bedeutung
1. Art des Mittels, Vergleich mit bereits vorhandenen
   a. völlig neuartig
   b. Weiterentwicklung
   c. zusätzlich zu bereits vorhandenen
2. Originalität der Studie
   a. erste Studie dieser Art
   b. Paralleluntersuchung
   c. multizentrisch, international
   d. Wiederholungsuntersuchung
   e. Neue Indikation

D. Tragweite
1. Genauere Voraussagen über Therapieerfolge
2. Nutzen für den Kranken selbst
3. Nutzen für andere Patienten

4. Neue Erkenntnisse über die Wirkungsweise
5. Neue Erkenntnisse über das Verhalten im Körper bei krankhaften Störungen
6. Neue Erkenntnisse über den Krankheitsablauf
7. Ausgangspunkt für zukünftige Entwicklungen

Diskussion

Gebhardt:
Es ist sicher richtig und wichtig, daß der Patient vor einer klinischen Prüfung über mögliche Risiken unterrichtet wird. Wenn ich aber höre, daß diese Aufklärung allein 30 Minuten dauert, muß ich Ihnen sagen, daß dies zwar in der Klinik möglich, in einer internistischen Fachpraxis z. B. utopisch sein wird, denn für eine solche Zeit ist die Kostenstruktur in der Praxis heute viel zu aufwendig. Die Aufklärung des Patienten darf hier nicht länger als 5 Minuten dauern, sonst bekommen Sie wahrscheinlich keinen niedergelassenen Arzt für eine solche Prüfung. Deshalb müssen Sie leider Ihr Konzept, wenn Sie es in der Praxis verwirklichen wollen, so umstellen, daß es auch praxisadäquat ist. Sonst halte ich es für unrealistisch.

Kewitz:
Dazu kann ich also folgendes sagen:
Erstens sind diese 30 Minuten ein Durchschnittswert. Es gibt Ärzte, die brauchen viel mehr Zeit dazu, und diese glauben, daß sie ganz besonders gut sind. Und es gibt Ärzte, die das tatsächlich in 5 Minuten machen. Dazu sagen die anderen, das sind die autoritären alten Kliniker, bei denen einfach angeordnet wird, und mit ein paar zusätzlichen Worten ist die Sache gemacht. Die Patienten sind dabei nicht schlechter dran als die anderen. Nur wenn Sie es einigermaßen gründlich machen wollen, dann dauert es ungefähr 30 Minuten. Und zweitens die Kosten, die damit verknüpft sind, sind hoch, das weiß ich. Denn das Einkommen der niedergelassenen Ärzte ist nicht gering. Die Hersteller, die daran interessiert sind, tun ihr Bestes, die Zeit zu bezahlen. Ob sie nun die hohen Forderungen, die sie haben, bezahlen können, das weiß ich nicht.

Lewandowski:
Ich möchte anknüpfen an die Eingangsdiskussion von heute morgen, daß es bei dem Geschäft ganz entscheidend auf die freiwillige Bereitschaft des Patienten ankommt, sich an solchen Prüfungen zu beteiligen. Und eine unerläßliche Voraussetzung dafür ist das Vertrauen der Patienten, die Sicherheit, daß wirklich mit ihm ernst umgegangen wird. In diesem Zusammenhang möchte ich Ihnen, Herr Prof. Kewitz, für Ihre Darstellung sowohl dieses Schemas als auch für die Haltung, die darin sichtbar wird, ganz aufrichtig gratulieren. Ich bin davon überzeugt, daß, wenn das über die Grenzen Ihrer Klinik hinaus bekannt wird, es ein nicht zu unterschätzender Beitrag für die notwendige Verbesserung der Praxis der Aufklärung und der klinischen Prüfung werden wird.

Kewitz:
Zu dem, was Frau Noelle-Neumann heute morgen gesagt hat, wäre noch zu bemerken, daß die Situation natürlich ganz anders ist, wenn die Patienten in der Klinik sind und sich mit der Frage auseinandersetzen, ob sie zustimmen oder nicht. Die Erfahrung hat gezeigt, daß es nur wenige Patienten gibt, die ernsthaft krank sind und nicht einwilligen, wenn sie gefragt werden. Auch dieses ziemlich ausführliche Konzept hat nicht dazu geführt, daß die Patienten nicht einwilligen. Das ist die Ausnahme.

Czeniek:
Ich möchte zu dem Interessenkonflikt zwischen dem forschenden Arzt einerseits und dem heilungssuchenden Patienten andererseits etwas sagen. Ich sehe bei dem Leiter eines solchen Versuchs unter bestimmten Voraussetzungen das schwerwiegende Dilemma, daß er nämlich das Ziel seiner Untersuchung gefährdet, wenn er mit seiner Aufklärung sehr weit geht. Ich würde gerne von Ihnen möglichst präzise erfahren: Wie sind eigentlich die Reaktionen der Patienten, wenn man sie bei einem etwas riskanten klinischen Versuch umfassend aufklärt? Wie viele springen ab und wie wirkt sich das insbesondere bei Indikationen aus, die relativ selten sind? Ich denke an einen Fall, wo Sie z. B. durch das Abspringen von zwei oder drei Patienten praktisch die Signifikanz Ihrer Untersuchungen in Frage stellen. Könnte dies nicht dazu führen, daß mancher Arzt, weil er auch nur ein Mensch ist und bei ihm vielleicht das Forschungsinteresse im Vordergrund steht, geneigt ist, in Zweifelsfällen kontra umfassende Aufklärung zu entscheiden?

Kewitz:
Ich glaube, daß die Zahl derjenigen, die aufgrund der Aufklärung abspringen, nicht so groß ist, wie man vermuten könnte. Ich hatte da auch meine Bedenken. Ich habe gelernt, daß das nicht so dramatisch ist. Ganz wichtig ist, daß ein Vertrauensverhältnis zwischen dem Patienten und dem Arzt auf einer sicheren Grundlage besteht. Letzten Endes erwartet der Patient von dem Arzt, daß er ihn nicht in einen Zwiespalt bringt, sondern er erwartet von ihm, daß er ihm einen anständigen Rat erteilt. Und wenn er das Gefühl hat, daß der Rat, den er da bekommt, ehrlich gemeint ist und nicht im Interesse irgendeiner Erkenntnisgewinnung allein abgegeben wird, dann schließt er sich der Empfehlung meistens an.

Samson:
Ich sehe Aufklärungsprobleme bei der Doppelblindstudie gegen Placebo. Sie müssen ja doch beide Gruppen darüber aufklären, daß sie entweder in die Placebo- oder in die Verum-Gruppe kommen. Entsteht da nicht doch folgendes Problem: Wenn Sie hinreichend aufklären und nicht nur das Wort „Placebo" fallenlassen, dann zerstören Sie den Placebo-Effekt. Damit nehmen Sie dem Patienten sogar noch die Chance des Placebo-Effektes und reduzieren ihn auf die bloße Möglichkeit der Selbstheilung.

Kewitz:
Dazu ist folgendes zu sagen: Erstens heißt Placebo ja nicht, „keine Behandlung", sondern es heißt Behandlung unter Einschluß von Placebo. Jeder Patient wird behandelt. Placebo imitiert nur einen der Behandlungsfaktoren. Zweitens: Daß die Aufklärung methodenfeindlich ist bei einer randomisierten Doppelblindstudie, darüber sind sich alle im klaren. Aber man kann eben nicht alles haben, was man gerne möchte.

Rahn:
Dieses Argument ist natürlich auch unterschiedlich schwerwiegend. Wenn Sie eine Erkrankung haben, die 20 Jahre auf einem stabilen Niveau verläuft, und Sie einen Patienten fragen, ob er bereit ist, sich für zwei Monate an einer Studie zu beteiligen, die das Risiko einschließt, daß er vier Wochen einmal mit nichts behandelt wird, dann sieht es natürlich anders aus, als wenn Sie Placebo geben wollen bei einer Erkrankung, die innerhalb von wenigen Wochen tödlich verlaufen kann. Und da kommt eben sehr viel mehr die Forderung, daß man die bisherige Standardtherapie zu Kontrollzwecken heranzieht.

Fülgraff:
Ich möchte noch einmal zurückkommen auf die Bemerkung von Herrn Gebhardt, weil ich, wie Herr Kewitz, es ja für so wichtig halte, daß klinische Prüfungen von Arzneimitteln, gleich welcher Art, mit welcher Art von Methode, in der Praxis durchgeführt werden, unter den Bedingungen der Praxis.
Ich glaube, wir müssen da zwei verschiedene Fälle auseinanderhalten. Nehmen wir mal den ersten Fall, daß es sich darum handelt, ein neues Präparat oder einen neuen Wirkstoff zu testen. Da hat ja in der Regel der Hersteller sein Interesse, und der Hersteller finanziert ja auch die klinische Prüfung, die an Krankenhäusern durchgeführt wird, mit nicht geringen Mitteln. Und das, obwohl dort nicht einmal die Art von Kosten für die Prüfer entstehen, wie sie für Ärzte in eigener Praxis entstehen. Dort ist es ein Zubrot für die Prüfer. Der Hersteller wird also auch ganz zweifellos die Kosten tragen müssen und auch zu tragen bereit sein, die in der Praxis entstehen.
Trennen wir davon den zweiten Fall, wo es nicht darum geht, einen neuen Wirkstoff zu testen, sondern Untersuchungen durchzuführen, wie sie Mössinger gemacht hat, also etwa therapeutische Verfahren der Homöopathie nach der Methodenlehre der klinischen Pharmakologie zu untersuchen. Da wäre ich dankbar, wenn einer der Rechtspraktiker oder Rechtslehrer dazu etwas sagen könnte, wie es sich mit dem Problem der Aufklärung verhält, wenn es darum geht, zugelassene oder registrierte Arzneimittel in einer klinischen Prüfung, welcher Art und Methodik auch immer, zu untersuchen.

Lewandowski:
Die besonderen Regeln des Arzneimittelgesetzes gelten nur, soweit das Medikament nicht zugelassen ist. Bei der Überprüfung bewährter Strategien gelten die allgemeinen ärztlichen Regeln, d.h. Aufklärung in den Fällen, wo Aufklärung geboten ist. Beispielsweise bei der Verabreichung von Hustenmitteln, bei

der Verschreibung von banalen Arzneimitteln ist das selbstverständlich nicht in dem Maße erforderlich, also unproblematisch.

Gebhardt:
Wir machen zur Zeit eine Doppelblindstudie mit Euphorbium beim akuten Fließschnupfen. In diesem Fall sage ich zu meinen Patienten: „Wir haben hier ein neues Schnupfenmittel, das ich bei Ihnen testen möchte. Dazu brauche ich aber einige Vorinformationen. Sie brauchen keine Angst zu haben. Das Präparat hat keine unangenehmen Nebenwirkungen." Die Patienten waren bisher immer einverstanden. Sie erhalten das Prüfpräparat und einen Kontrolltermin in einer Woche. Damit ist die Sache für diesen Patienten beendet. Bei einem solchen Mittel sind ja auch keine Probleme zu erwarten. Eine 30-Minuten-Aufklärung ist deshalb nicht erforderlich. Anders liegen die Dinge dagegen bei völlig neu entwickelten Stoffen, bei denen unter Umständen sogar massive Nebenwirkungen erwartet werden müssen, z. B. bei einem neuen Krebsmittel.

Rahn:
Sie erzählen den Patienten also nicht, was die Teilnahme an der Studie bedeutet? Blutuntersuchungen, Urinuntersuchungen, das machen Sie gar nicht?

Gebhardt:
Wenn ich eine solche Studie machte, würde ich die Patienten selbstverständlich genau informieren und auch die erforderlichen technischen Untersuchungen durchführen.

Jesdinsky:
Ich wollte kurz auf einen anderen Punkt hinweisen, der das Aufklärungsgespräch doch in einer gewissen Weise belastet. Es kommt also ein Patient zu einem Arzt, der hält den Arzt für einen Spezialisten auf dem Gebiet seiner Krankheit. Und jetzt sagt der Arzt zu ihm: „Zuerst einmal muß ich Ihnen erklären, ich weiß jetzt gar nicht, was die beste Behandlung für Sie ist." Und das scheint mir die wesentliche Schwierigkeit zu sein, nicht die verplemperte halbe Stunde. Das ist ja doch viel wichtiger. Das ist eine Art von Prestigeverlust dem Kranken gegenüber, den der Arzt gerade verhindern möchte, da er zu einer Vertrauenskrise führen kann. Und dem muß der Arzt gegensteuern, und das braucht auch viel Zeit. Ich kann mir schwer vorstellen, daß das eine halbe Stunde dauern kann. Aber wahrscheinlich ist da manches abzubauen. Da kommt Rede und Gegenrede. Das haben Sie vielleicht einkalkuliert?

Kewitz:
Ich habe Ihnen die Zeit genannt, die tatsächlich benötigt wird.

Burkhardt:
Habe ich Ihren Aufklärungskatalog richtig verstanden dahingehend, daß Sie doch die Priorität beim Patienten sehen, also bei der Individualethik, oder ist da irgendwo noch ein Aufopferungsanspruch enthalten?

Kewitz:
Ich glaube schon, daß er darin enthalten ist.

Burkhardt:
Sie haben gesagt, der Patient kann herausgenommen werden, wenn es individuell indiziert ist. Die Studie kann als Ganzes abgebrochen werden. Wo steckt er dann noch?

Kewitz:
Zunächst einmal macht der Patient ja mit. Er ist ja einverstanden, er willigt ein, und er hat ein paar Schutzmechanismen zur Verfügung, durch die er selber sich oder sein Arzt ihn vor Unvorhersehbarem oder Ungewißheit, die auftritt, schützen kann. Und letzten Endes kommt natürlich der Aufopferungsgedanke auch in dem letzten Kapitel ins Spiel, wo es um die Tragweite geht.

Böckle:
Mir scheint eben dieses altruistische Motiv, so möchte ich es eigentlich bezeichnen, von nicht zu unterschätzender Bedeutung für die Bereitschaft auch des Mitmachens, gerade eines kranken Menschen. Und ich möchte noch einmal betonen im Anschluß an das, was ich heute morgen so deutlich herausgestellt habe über eine sittliche Pflicht, daß ich Aufklärung nun nicht als eine unangenehme Pflicht betrachte, die einfach nun mal mit diesem Experiment rechtlich verbunden ist, sondern hinsichtlich meiner sittlichen Forderung betrachte ich sie schlechterdings als die Bedingung der Möglichkeit. Denn sittlich handeln heißt nach meinem Grundverständnis: aus Einsicht handeln. Und das ist gerade das, was die sittliche Pflicht unterscheidet von einer rechtlichen Pflicht. Ich will damit nicht sagen, daß man nicht auch Rechtsnormen mit Sinn und Verstand tun soll. Aber letzten Endes zahle ich eben meine Steuer, und es ist eine Steuerpflicht. Das Recht hat Zwangscharakter. Das hat aber die Sittlichkeit gerade nicht. Und da fühlte ich mich heute morgen ein bißchen mißverstanden. Ich verstehe unter Sittlichkeit keine Forderung, die irgendwie in den Zwang hereinstößt.

Kleinsorge:
Diese Auflistung, die uns Herr Kewitz im Zusammenhang mit der Aufklärung des Patienten demonstriert hat, betrachte ich in erster Linie als einen Katalog über das, an was der Arzt alles denken muß. Welche Punkte er berücksichtigt, muß er in jedem Fall entscheiden und gegebenenfalls auch mit dem Prüfungsleiter besprechen. Wie psychologische Kenntnisse dazugehören, eine patientengerechte Packungsbeilage zu schreiben, gehören sie auch zu einer patientengerechten Aufklärung. Als Checkliste ist der Katalog sehr verdienstvoll. Wenn wir aber einen Superperfektionismus anstreben, müßten wir ebenso eine zusätzliche Aufklärung über alle angewandten Methoden und deren Risiken durchführen, also z. B. Herzkatheter.
Ein besonderes Problem stellt sich bei der Aufklärung über Placebo-Gaben im Rahmen des Doppelblindversuches. Meines Erachtens widerspricht eine Auf-

klärung über die exakte Methodik dem Versuchsprinzip und gefährdet eine sinnvolle Durchführung. Ich neige dazu, wenn ich danach gefragt werde, zu empfehlen, grundsätzlich das Wort „Placebo" zu vermeiden. „Placebo" provoziert durch die Berichterstattung in manchen Medien bei vielen Patienten eine Abwehrhaltung, die sich auch auf das Arzt-Patienten-Verhältnis auswirken kann. Denkbar und praktikabel wäre für mich eine Aufklärung über die Technik des Blindversuchs und ein Hinweis darauf, daß der Patient ein Dragée mit einer Substanz erhält, die zwar wirksam sein kann, die aber nicht zu den üblichen Pharma-Wirkstoffen gehört. Das Wort „Placebo" ist ein Wort, das man durchaus mit einem deutschen Wort umschreiben kann, wie dies auch mit dem Begriff „Leertablette" geschehen ist. Auch in der Packungsbeilage darf ich kein Fremdwort gebrauchen, warum soll ich nicht auch bei der Aufklärung diese Gegebenheiten mit deutschen Worten umschreiben?
Es gibt eine Sonderform der Aufklärung, die erfahrungsgemäß immer Schwierigkeiten macht, nämlich im Rahmen der Arzneimittelprüfung bei Kindern. Da müßte neben dem gesetzlichen Vertreter nämlich auch der Minderjährige aufgeklärt werden, soweit er in der Lage ist, Wesen, Bedeutung und Tragweite der klinischen Prüfung einzusehen. Der Arzt muß nach § 40 (4) des AMG also zweimal aufklären. Es bleibt immer eine Ermessensentscheidung, wieweit der Minderjährige in der Lage ist, die Prüfungssituation zu verstehen. Wir haben einmal rückfragen lassen nach einer Aufklärung, was er denn verstanden hat. Ich glaube, ein heranwachsender Minderjähriger ist sicher in der Lage, manches einzusehen, aber das Ergebnis ist doch wenig ermutigend. Diese Erfahrung könnte man sicher auch auf viele Großjährige übertragen, wenn man bis zu 30 Minuten aufklärt. Es würde nur ein Minimum des Inhalts der Aufklärung haftenbleiben.

Rahn:
Es gibt übrigens auch Zahlen darüber. Es gibt eine amerikanische Studie, da wurde ein Analgetikum getestet, und alle Probanden wurden darauf hingewiesen, daß dieses Analgetikum Ulcera und evtl. Blutungen verursachen könnte. Und nach 3 oder 4 Monaten hatten zwei Drittel der Probanden vergessen, daß man ihnen das überhaupt mitgeteilt hatte.

Probleme bei der Realisierung klinischer Prüfungen aus der Sicht des Herstellers

von H. Kleinsorge

Im allgemeinen dürfte der Hersteller, der einen neuen Wirkstoff einer systematischen klinischen Prüfung unterzieht, auch für alle Forschungs- und Entwicklungsarbeiten zuständig sein. Damit muß er sich zwangsläufig auch mit dem Inhalt der vorangegangenen Themen auseinandersetzen. Sich zusätzlich aus der Durchführung der klinischen Untersuchungen ergebende Probleme seien im folgenden als Ausgangspunkte für die Diskussion kurz angesprochen, wobei ich mich ausschließlich auf Fragen beziehen möchte, die sich bei der Einleitung und Durchführung klinischer Prüfungen in der Bundesrepublik Deutschland ergeben können.

1. Die sich aus den Paragraphen 40 (1),1 und 41,1 des AMG ergebenden Voraussetzungen sind bekannt.

„§ 40 (1),1: Die klinische Prüfung eines Arzneimittels darf bei Menschen nur durchgeführt werden, wenn und solange

1. die Risiken, die mit ihr für die Person verbunden sind, bei der sie durchgeführt werden soll, gemessen an der voraussichtlichen Bedeutung des Arzneimittels für die Heilkunde ärztlich vertretbar sind.

§ 41,1: Die klinische Prüfung darf nur durchgeführt werden, wenn die Anwendung des zu prüfenden Arzneimittels nach den Erkenntnissen der medizinischen Wissenschaft angezeigt ist, um das Leben des Kranken zu retten, seine Gesundheit wiederherzustellen oder sein Leiden zu erleichtern."

Bei einer strengen Auslegung dieser Gesichtspunkte wird es im Einzelfall schwierig sein, den Forderungen des § 41,1 immer nachzukommen, insbesondere dann, wenn es sich um neue Wirkstoffe handelt, für deren Indikationsgebiete ein tierexperimentelles Modell nur hinsichtlich einiger Symptome des zu behandelnden Krankheitsbildes entwickelt wurde (z. B. Basis-Antirheumatika, Immunstimulation).

2. Die *Hinterlegung* der pharmakologisch-toxikologischen Unterlagen beim BGA ist eine Vorbedingung der Prüfung zum Zwecke der *Beweissicherung* vor der Erstanwendung einer Substanz am Menschen. Was hinterlegt wird, entscheidet der Hersteller aus eigener Verantwortung. Eine materielle Prüfung erfolgt nicht. Bei einem neuen Wirkstoff kann man sich weitgehend nach 1971 erlassenen

Prüfrichtlinien richten, die nach § 26 (AMG) neu erstellt werden müssen. Bei Kombinationspräparaten aber aus bekannten Substanzen ist jeweils eine Ermessensentscheidung, je nachdem, ob Addition oder Potenzierung eines Effekts zu erwarten ist, notwendig.
Die Frage, was wann hinterlegt werden muß, ist noch offen. Müssen in der Phase-I-Prüfung nur die als Vorbedingung notwendigen experimentellen Berichte hinterlegt werden? Ist eine laufende Hinterlegung zusätzlicher Unterlagen wie der chronischen Toxizität vor Beginn der Phase II (Langzeituntersuchungen) fällig oder muß das gesamte experimentelle Material bereits vor der ersten Prüfung vorliegen? Auch wenn *Tierexperimente* grundsätzlich bejaht werden, bleibt über deren Ausmaß oft eine Diskrepanz zwischen der Entscheidung des verantwortlichen Arzneimittelforschers und den Anforderungen der Behörden im Raum.
3. Da auch ein Prüfpräparat ein Arzneimittel im Sinne des Gesetzes ist (§ 42), muß ein verantwortlicher *Kontroll-* und *Vertriebsleiter* nach § 19 (3) von den zuständigen pharmazeutischen Unternehmen der Länderbehörden genannt werden. Der Kontrolleiter — für die Qualitätskontrolle zuständig — dürfte der gleiche wie bei den Handelspräparaten sein. Der Vertriebsleiter, der die besonderen Vorschriften auch der Etikettierung einschließlich des Vermerkes „für die klinische Prüfung bestimmt" und der für die kontrollierten Studien die spezielle, notwendige Codierung beachten muß, wird im allgemeinen aus der Forschung ernannt werden, da der Vertriebsleiter laut Gesetz keine wissenschaftliche Vorbildung für die Beurteilung von Pharmaka aufweisen muß.
4. Zwar muß der Prüfarzt über die grundlegenden *pharmakologischen und toxikologischen Ergebnisse* aufgeklärt werden, was meist durch ein Exposé erfolgt, die Fülle der Angaben macht es ihm aber häufig schwer, die wesentlichen Fakten, insbesondere hinsichtlich der Risikoabwägung für den Patienten, zu entnehmen, so lange in erster Linie tierexperimentelle Befunde vorliegen. Der Hersteller faßt daher sinnvollerweise solche Befunde noch einmal zusammen, die dem Patienten gegenüber interpretiert werden müssen.
Während der Prüfung auftretende schwere, aber nicht voraussehbare *Nebenwirkungen* müssen unverzüglich dem Prüfungsleiter mitgeteilt werden, damit er z. B. bei einer multizentrischen Studie alle Prüfstellen benachrichtigen kann. Es ist noch offen, ob nach dem AMG unerwünschte Wirkungen für die Zulassungsunterlagen zusammenzufassen sind oder aber gemäß § 62 bereits in der Prüfphase dem BGA die Nebenwirkungen wie bei im Handel befindlichen Arzneimitteln zur Auswertung mitgeteilt werden sollen.

5. Nach dem Beschluß der Bundesärztekammer vom 12. Januar 1979 wird den Landesärztekammern die Bildung *Ethischer Komitees* empfohlen (vier Mediziner, ein Jurist). Dem prüfenden Arzt soll es überlassen sein, gegebenenfalls ein ethisches Komitee um Stellungnahme zu bitten. Auch in dieser Beziehung sind viele Fragen ungeklärt. Wie steht es mit der Koordination der Arbeitsweise solcher Komitees in den einzelnen Ländern? Ist eine Geheimhaltung der Unterlagen gesichert? Bei den bisher bestehenden wissenschaftlich-ethischen Komitees an einzelnen Kliniken (in Hannover, Ulm, München, Essen etc.) ist untereinander eine solche Koordination noch nicht vorhanden.
Ethische Verpflichtungen machen die kritische Abwägung ethischer Gesichtspunkte bei Erstellung des Prüfplanes gegebenenfalls auch gegen den Widerstand des Prüfers (z. B. invasive Methoden) notwendig.
Wie wird sich der aufgeklärte Patient in dieser Hinsicht verhalten? Wird er vor der Einwilligung zur Prüfung den Arzt befragen, ob ein ethisches Komitee zum Prüfplan Stellung genommen hat? Werden etwa Unternehmen mehr und mehr dazu übergehen, „hauseigene" Komitees zu gründen?
Insbesondere ergeben sich ethische Probleme auch bei der Prüfung von neuen Wirkstoffen zur Behandlung lebensgefährlicher Krankheitszustände, wie z. B. des Kreislaufschocks. Hier gibt es keine vorgeschriebenen Verfahrensweisen, sondern nur eine Prüfplanung, die mit großer ethischer und wissenschaftlicher Verantwortung aufgestellt werden muß. Im allgemeinen kann in einem solchen Fall das Prüfpräparat zunächst nur als Zusatztherapie für ein anerkanntes therapeutisches Vorgehen im Vergleich zu diesem allein angewandt werden.
Die Behörden haben sich bisher zu dem Problem der ethischen Komitees zurückhaltend geäußert, wenn man etwa von einem Schreiben des Gesundheitssenators von Berlin absieht, der die ortsansässigen Firmen nicht nur nach klinischen Prüfungen, sondern ausdrücklich auch nach deren Begutachtung durch ethische Komitees befragt hat.
6. In diesem Zusammenhang sei auch der Versuch einiger Landesbehörden erwähnt, die nach § 64, der sich auf die Kontrolle der Produktion und Qualität eines Arzneimittels bezieht, das Recht herleiten wollen, auch die *Durchführung der klinischen Prüfung nach §§ 40 und 41 des AMG zu überwachen.* Von juristischer Seite sind dagegen Einwände erhoben worden. Sachlich ist gegen eine Überprüfung der Einhaltung des AMG m. E. nichts einzuwenden. Eine klare Entscheidung steht noch aus. Wie wird sich der deutsche Arzt aber verhalten,

wenn — wie in den USA — beispielsweise „Monitoren" bzw. „Inspektoren" die Zahl der verwendeten Prüfmuster abzählen und mit der Prüfdokumentation vergleichen und diese wiederum unter Hinzuziehung von Labor- und Krankenblattunterlagen überprüfen?

7. Alle Fragen einer möglichen *Schadenshaftung* sollten vor Beginn der Prüfung geklärt sein. Nicht jede persönliche Ärzte-Haftpflichtversicherung schließt auch Schäden ein, die im Zusammenhang mit einer klinischen Prüfung — durch den Prüfarzt verschuldet — auftreten (Beispiel: Verwechslung einer intravenösen mit einer intramuskulären Injektion trotz klarer Anweisung auf dem Prüfplan). Die Versicherungen müssen über die Frage, ob klinische Prüfungen zur Aufgabe des Arztes gehören, ebenso wie die Steuerbehörden, ob diese Tätigkeit als wissenschaftliche Arbeit einzustufen ist, zu einer eindeutigen Aussage kommen.

Jeder Arzt, der noch nicht zugelassene Medikamente prüft, sollte sich daher bei seiner Versicherung über die Gültigkeit seiner *persönlichen Haftpflichtversicherung* auch im Falle eines Kunstfehlers orientieren. Grundsätzlich müssen Schäden, die im Zusammenhang mit der Applikation des zu prüfenden, noch nicht zugelassenen Pharmakons auftreten, durch Abschluß einer entsprechenden Versicherung zugunsten der in die klinische Prüfung einbezogenen Patienten von seiten der Herstellerfirma abgedeckt werden. Das schreibt das AMG verbindlich vor: „Der Umfang muß in einem angemessenen Verhältnis zu den mit der klinischen Prüfung auftretenden Risiken stehen" (AMG § 40 [3]).

Nach § 40 (1) 8 muß eine *Probandenversicherung* für den Fall eines Schadens vom für das Prüfpräparat verantwortlichen Unternehmen abgeschlossen werden. Ein Versicherungsschutz wird auch für Schäden eintreten, die der pharmazeutische Unternehmer nicht schuldhaft verursacht hat (Deckungssumme für den Fall des Todes oder dauernde Erwerbsunfähigkeit mindestens 500000,— DM).

Bei der Prüfung eintretende Komplikationen, aus denen versicherungsrechtliche Ansprüche abgeleitet werden können, müssen unverzüglich dem Prüfungsleiter gemeldet werden.

Unabhängig davon muß die *Gefährdungshaftung* (§ 84) bei ordnungsgemäßem Gebrauch gesehen werden, die sich auf alle Arzneimittel bezieht, die nach dem AMG zugelassen bzw. von der Zulassung befreit sind. Der pharmazeutische Unternehmer ist zu einer Deckungsvorsorge (§ 94) in Form einer Haftpflichtversicherung bzw. Freistellungs- oder Gewährleistungsversicherung eines inländischen Kreditinstitutes verpflichtet. Eine Verjährung (§ 90) tritt innerhalb von 3

Jahren von dem Zeitpunkt an ein, an dem der Anspruchsberechtigte von dem Schaden Kenntnis nimmt, ohne Rücksicht darauf aber spätestens in 30 Jahren nach den schädigenden Ereignissen. Offen bleibt noch die Frage, wie sich die Versicherungsgesellschaften verhalten, wenn eine Prüfung nicht korrekt nach den §§ 40 und 41 des AMG durchgeführt worden ist (z. B. mangelnde Aufklärung des Patienten).

8. Wie lange müssen *Krankenblattunterlagen von Probanden* allein aus versicherungsrechtlichen Gründen von jedem Prüfarzt bzw. jeder Prüfklinik verwahrt werden? Die Ablage der Prüfunterlagen nach Codenummern beim Hersteller dürfte hier nicht genügen. Ebenso muß den Bestimmungen des *Datenschutzes* gemäß gehandelt werden.

9. Der *Leiter der klinischen Prüfung* kann sowohl beim Hersteller als auch in der Klinik oder in einer Praxis nach § 40 tätig sein. Wesentlich ist, daß er bei multizentrischen Studien die Möglichkeit einer umfassenden Koordination hat (z. B. Information über das Auftreten von Nebenwirkungen). Als Voraussetzung ist eine zweijährige Erfahrung in der klinischen Prüfung vorgesehen. Muß sich das der Hersteller ggf. durch Vorlage von Zeugnissen oder Bescheinigungen belegen lassen? Schwierigkeiten treten oft dadurch auf, daß Experten auf ihrem Gebiet unbedingt selber Prüfungsleiter sein wollen, die Pflichten jedoch dann einem Assistenten übertragen, der darüber nicht aufgeklärt ist.

10. Die *Aufklärung des Prüfarztes* über die Bestimmungen des AMG kann durch ein Merkblatt erfolgen. Die Verantwortung für die sich daraus ergebenden Auflagen, wie die Aufklärung des Patienten etc., kann der Hersteller im einzelnen nicht übernehmen.

11. *Standardsubstanzen,* die für kontrollierte Studien in eine galenische Form gebracht werden, die der des Prüfpräparates gleich ist, haben als Prüfmuster nicht die gleichen Hilfsstoffe und damit nicht die gleiche Bioverfügbarkeit wie Marktpräparate. Häufig sind sehr umfangreiche galenische Arbeiten notwendig, um eine vergleichbare Bioverfügbarkeit nur in vitro nachzuweisen.

In der Prüfungstechnik selbst könnte man sich dann mit einer *Double-Dummy-Technik* behelfen, die allerdings sehr aufwendig ist. Wird die Standardsubstanz im Originaldragée gegeben und die Prüfsubstanz in einer Kapsel, wird zusätzlich ein der jeweiligen Darreichungsform entsprechendes Placebo entwickelt, und der Patient erhält bei der Applikation jeweils ein Dragée und eine Kapsel.

12. Bei Aufstellen und Diskussion des *Prüfplanes* sieht sich der Hersteller auch mit vielen individuellen Wünschen konfrontiert, die mit den speziellen Forschungsarbeiten der Prüfer zusammenhängen.

Dies alles zu erfüllen, kann den Prüfplan erheblich belasten. Bei multizentrischen Prüfungen wiederum ist es schwer, alle Prüfer auf eine eventuell notwendige gleiche *Basis- oder Zusatztherapie* einzuschwören. Durch *Ein- und Ausschlußkriterien* wird die Zahl der in Frage kommenden Patienten verringert und damit die Prüfdauer der Studie verlängert. Auch neigen bei den Plandiskussionen Prüfer häufig dazu, ihrer Klinik und deren Labor mehr zuzumuten als kapazitätsmäßig möglich ist. Ein niedergelassener Arzt befürchtet andererseits vielfach, das Vertrauen seiner Patienten bei Durchführung von *kontrollierten Studien mit Placebo-Anwendung* zu verlieren, über deren Methodik der Patient informiert werden muß. Das AMG § 40 (1,2) fordert ausdrücklich eine Aufklärung des Patienten über „Wesen, Bedeutung und Tragweite der Prüfung". Die Aufklärung über das „Wesen der Prüfung" bringt aber eine Beschränkung, in den meisten Fällen sogar eine Undurchführbarkeit der allerdings auch nur bei strenger Indikationsstellung durchzuführenden Placebo-Untersuchungen mit sich.

Schwierigkeiten bereitet es im Verlauf der klinischen Prüfung, durch *individuelle Beobachtungen des Patienten* Hinweise über neue Indikationen sowie gewisse, nicht vorhersehbare Wirkungsweisen zu erheben. Die notwendige Aufstellung eines Prüfplanes fördert eine programmierte Entscheidung, die im Rahmen kontrollierter Studien wünschenswert ist, bei der jedoch möglicherweise manche Befunde nicht oder kaum erkennbar werden.

13. Die Überprüfung der *Compliance* des Patienten — eine Non-Compliance kann zu erheblichen Fehlentscheidungen führen — stellt ein besonderes Problem dar. Die Markierung der Prüfsubstanzen beispielsweise mit Farbstoffen, die leicht im Urin nachweisbar sind, führt zu einer veränderten Galenik. Die gleichzeitige Untersuchung von Blutspiegeln während der Prüfung eines Wirkstoffes setzt entsprechend empfindliche Meßmethoden voraus, die nicht immer leicht zu entwickeln sind, insbesondere, wenn bereits deswegen die Kinetik unter Mithilfe von radioaktiv markierten Substanzen bestimmt worden ist. Die Bedeutung der Compliance wird durch die Untersuchungen von Frau GUNDERT-REMY aus Heidelberg unterstrichen. Von 306 auf die Einnahme ihres Arzneimittels überprüften Patienten nahmen 24% die verordneten Medikamente nicht ein, und nur 34% der Patienten konnten als zuverlässig gelten. Während im Krankenhaus das Hinstellen der Tagesdosis, d.h. einer *mehrfachen Applikation,* an das Krankenbett sicher die Compliance nicht fördert, also nach Möglichkeit die einzelnen Dosen unter Aufsicht der Schwester gegeben werden müssen, haben sich bei der ambulanten Prüfung abgepackte *Ta-*

gesdosen bewährt, die allerdings einen höheren Kostenaufwand zur Folge haben.
14. Vielfach werden im *Prüfprotokoll* aufgeführte Messungen wie Blutdruck, Pulsfrequenz, Körpertemperatur ohne exakte Angaben des Zeitpunktes der Messungen und der spezifischen Methodik aufgeführt, wodurch Unstimmigkeiten bei der Auswertung entstehen können. So sollte das Protokoll einer Prüfung von Antihypertonika nach HARRIS z. B. enthalten:
   1. Eine Festlegung derjenigen Blutdruckwerte (systolisch und/oder diastolisch), die einen Hochdruck definieren; vorzugsweise in bezug auf Alter und Geschlecht.
   2. Die Definitionskriterien für die Art des Hochdrucks (z. B. essentiell, renovaskulär etc.).
   3. Ein Statement, wie der diastolische Blutdruck gemessen wurde: Phase IV („muffling = Leiserwerden der Korotkoff-Töne") und/oder Phase V („disappearence = Verschwinden des Korotkoff-Geräusches").
   4. Die Angabe der Blutdruckmanschettengröße, wie sie zur Messung benutzt wurde.
   5. Ein Statement darüber — welcher Arm während der ganzen Studie — zur Blutdruckmessung benutzt wurde.
   6. Ein Statement über die Körperhaltung, bei welcher der Blutdruck gemessen wurde (liegend, sitzend, stehend).
   7. Eine Information darüber — unter welchen Bedingungen der Blutdruck gemessen wurde (z. B. „Gelegenheitsblutdruck", „Basalblutdruck" etc.); außerdem sollte die Dauer der physischen und psychischen Ruhe vor der Messung festgelegt sein.
   8. Detaillierte Angaben darüber, an welchem Tag und hauptsächlich zu welcher Tageszeit die Blutdruckmessungen vorgenommen wurden.
   9. Ein Statement über die Methode, nach der der Base-line-Wert (Vorwert, Bezugswert) bestimmt wurde; z. B. Mittelwert dreier aufeinanderfolgender Messungen. Außerdem sollte eine Angabe über den annehmbaren Variabilitätsgrad gemacht werden, z. B. ± 10 mmHg.
   10. Schließlich sollten die „Endpunkte" zur Beurteilung des Therapieerfolges a priori festgelegt werden, z. B. diastolischer Blutdruck: < das obere Limit des Normalwerts; oder Reduktion des diastolischen Blutdrucks um mehr als 10 mmHg etc.
15. Ein besonderes Problem stellt die *klinische Prüfung bei Kindern* dar. Nach § 40 (4) darf das Arzneimittel nur „zum Erkennen oder Verhüten von Krankheiten bei Minderjährigen bestimmt sein". Aus-

drücklich wird aber in § 41, der sich in erster Linie auf die Prüfung am Patienten bezieht, das Kind nicht erwähnt. Aus einer Anfrage muß ich entnehmen, daß auch die zuständige Fachgesellschaft verunsichert ist, obwohl grundsätzlich betont wird, daß man eine eventuell notwendige Dosis für Kinder nicht nur rechnerisch festlegen kann („das Kind ist kein kleiner Erwachsener"). Daß eine Aufklärung und Einwilligung des gesetzlichen Vertreters der Minderjährigen erfolgen muß, ist selbstverständlich. Bei *Einsichtsfähigkeit des Minderjährigen* selber muß aber auch er eine schriftliche Einwilligung geben. Hier liegt eine Ermessensentscheidung vor, die sehr unterschiedlich gehandhabt werden kann.

16. Ein sehr wesentliches Problem erscheint mir auch das zukünftige Verhalten der Versicherungs- bzw. Kostenträger für die Behandlung des in eine Prüfung einbezogenen Patienten zu sein. Schon heute ergibt sich in manchen Einrichtungen die Gegebenheit, daß eine klinische Prüfung durch Einfluß der Krankenversicherungen auf Schwierigkeiten stößt. Zunehmend wird auch der Wunsch nach einer Kostenbeteiligung durch den Hersteller an im Krankenhaus ohnehin routinemäßig zu erfolgenden Untersuchungen bei Patienten, die in eine klinische Prüfung einbezogen wurden, laut.

Ich habe einige Probleme aufgezeigt, denen sich der Hersteller bei der klinischen Prüfung von Arzneimitteln gegenübersieht. Viele lassen sich bei gutem Willen, insbesondere auch bei der Beachtung der Deklaration des Weltärztebundes von Helsinki/Tokio und entsprechender Auslegung des AMG II, lösen. Manche Probleme ergeben sich aber auch aus dem nicht immer unkomplizierten Zusammenspiel zwischen dem Hersteller und allen an der Prüfung beteiligten Personen und Institutionen sowie dem Inhalt der Zielsetzung der Prüfung selbst.

Gehen wir davon aus, daß die klinische Forschung uns helfen soll, Probleme bei der Behandlung von Krankheiten durch „Beurteilen und Erkennen" abzubauen, muß es auch möglich sein, die besonderen Probleme dieser Forschungsrichtung pragmatisch zu lösen und nicht durch ein Zuviel von Vorschriften zu komplizieren.

Literatur

Gundert-Remy, U., V. Möntmann, E. Weber: Studien zur Regelmäßigkeit der Einnahme verordneter Medikamente bei stationären Patienten. Studies on In-Patient Compliance. 1. Methods and Basic Data. Inn. Med. 5, 27—33 (1978)

Hasskarl, H. u. H. Kleinsorge: Arzneimittelprüfung — Arzneimittelrecht. Gustav Fischer Verlag, Stuttgart/New York. 2. Aufl. 1979

Harris, L.: Some Problems of Therapeutic Trials in Hypertension. Journ. Clin. Pharmacol. 16, 165—170 (1976)

Kleinsorge, H.: Klinische Prüfungen in der Praxis unter Berücksichtigung des neuen Arzneimittelgesetzes. Therapiewoche 29, 278—288 (1979)

Diskussion

Fülgraff:
Das einmal hinterlegte Material als Voraussetzung für die klinische Prüfung gilt natürlich auch für die klinische Prüfung zweiter und dritter Indikation.

Kewitz:
Herr Fülgraff hat sicher recht, aber das Problem ergibt sich dann, wenn ein Präparat betroffen ist, das mehr als zwei Jahre alt ist und, da wir praktisch neue Indikationen meist bei alten registrierten Präparaten finden, ist das Problem aktuell.

Lewandowski:
Bei zugelassenen oder als zugelassen geltenden Präparaten, für die noch nichts hinterlegt ist, und die jetzt über den Umfang der Zulassung hinaus geprüft werden, wird nach dem klaren Wortlaut des Gesetzes die Hinterlegung vorgeschrieben. Das Problem ist bekannt, und es gibt hier einen Konsens mit namhaften Juristen der pharmazeutischen Industrie der Bundesrepublik. Wir Juristen haben uns entschlossen, die Auffassung zu vertreten, daß dort die formale Hinterlegung auf jeden Fall erforderlich ist. Wir sind der Meinung, daß man hier nicht gegen den Wortlaut des Gesetzes auslegen sollte, weil auch ein gesundheitspolitischer Aspekt dahintersteckt. Wir sind der Ansicht, daß die gegenwärtigen Vorschriften über die klinische Prüfung weder ein Minimum noch ein Maximum an Schutz gewähren, sondern einen Kompromiß darstellen zwischen den Prinzipien völliger Freiheit der klinischen Prüfung in eigener Verantwortung von Prüfern und Industrie, und der staatlichen Genehmigung, wie wir sie ja in einigen Ländern kennen. Wir sind der Meinung, daß sehr viel dafür spricht, unsere Kompromißlösung in der Bundesrepublik zu erhalten, weil sie in dem empfindlichen Bereich der klinischen Prüfung Nutzen und Risiken der staatlichen Ingerenz angemessen verteilt. Wenn wir natürlich anfangen, an diesem Kompromiß zu manipulieren, und sei es auch für eine Übergangszeit, dann haben wir Juristen aus beiden Lagern die Befürchtung, daß wir damit niemandem einen Dienst tun. Weder der Industrie noch den Wissenschaftlern und schon gar nicht den Patienten.
Entsprechendes gilt allerdings — hier besteht der Konsens nicht, darüber haben wir noch nicht gesprochen — über das Problem der Überwachung der Prüfung durch die Aufsichtsbehörden. Man kann § 64 des Arzneimittelgesetzes so verstehen, daß damit die klassische Qualitätsprüfung gemeint ist, man kann ihn aber auch in erweitertem Sinne sehen. Ich würde empfehlen, noch einmal sehr genau zu überlegen, ob man an dieses Problem mit so ängstlicher Mentalität herangehen sollte, vor allem mit dem Blick auf bestimmte Praktiken in Amerika, die man bei uns mit Sicherheit nicht erwarten kann.

Kleinsorge:
Ich habe dem eigentlich nichts hinzuzufügen, Herr Lewandowski. Ich bin davon selbst überzeugt, daß eine pragmatische Lösung gefunden werden soll, und irgendeiner muß ja die Durchführung eines Gesetzes überwachen. Ich wollte aber doch diesen Hinweis geben, weil ich auch als Prüfer in USA ständig mit diesen Problemen konfrontiert werde.

Samson:
Mir ist aufgefallen, daß während der bisherigen Diskussion eine Voraussetzung für die Arzneimittelprüfung überhaupt nicht behandelt wurde, die ganz außerordentlich problematisch sein kann. Neben der Einwilligung müssen ja noch das Risiko für den Patienten oder Probanden einerseits und die voraussichtliche Bedeutung des Medikamentes für die Heilkunde andererseits abgewogen werden. Da sehe ich gewisse Probleme, wenn das Risiko ein mittleres ist und es sich um ein me-too-Präparat mit kleinen Abweichungen handelt. Wenn man weiterhin bedenkt, daß eine Prüfung, bei der diese Voraussetzung nicht gegeben ist, trotz vollständiger Einwilligung und Einhaltung aller sonstigen Kautelen bestraft wird, müßte doch eigentlich die Pharmaindustrie schon einmal überlegt haben, wie sie mit dieser Vorschrift umzugehen gedenkt.

Kleinsorge:
Das Gesetz fordert in § 40 (1) 1, daß „... die Risiken, die mit der Prüfung für die Person verbunden sind, bei der sie durchgeführt werden soll, gemessen an der voraussichtlichen Bedeutung des Arzneimittels für die Heilkunde..." ärztlich vertretbar sind. Ich glaube, diese Forderung läßt sich erfüllen. Wir haben ja die experimentellen Untersuchungen hinterlegt. Weitere Risiken können wir gegebenenfalls von den Probandenuntersuchungen der Phase I, also ehe wir die erste Prüfung am Patienten beginnen, ableiten.
Ergeben sich im Tierexperiment voraussehbare Risiken, verwerfen wir eine Substanz, d.h. die Forschungsarbeiten werden eingestellt. Es werden sicher viele neue Stoffe aufgrund einer solchen Ermessensentscheidung aus einem Forschungsprogramm eliminiert. Die „Bedeutung für die Heilkunde" ist sehr allgemein formuliert. Auf der anderen Seite wird ja jeder eigentlich nur ein Arzneimittel prüfen, wenn er hofft oder wenn er glaubt, daß es in irgendeiner Weise Vorteile bringen wird. Die Vorteile können wissenschaftlicher Art sein...

Rahn:
... aber auch finanzielle sein.

Kleinsorge:
Das Präparat kann ja auch eine gleiche, aber ökonomischere Therapie möglich machen, wenn die neue Substanz besonders preisgünstig hergestellt werden kann. Ich rede jetzt also nicht nur von rein medizinischen Vorteilen.

Samson:
Die Bedeutung für die Heilkunde! Was Sie vortragen, das scheint vom Gesetzgeber nicht gemeint zu sein.

Kleinsorge:
Ich glaube, wir könnten keine Motivation beim Prüfer erwarten, wenn wir einmal von Honoraren absehen, jedenfalls auch bei uns selber, wenn wir nicht begründeten Anlaß hätten, daß die Entwicklung in irgendeiner Form auch mit einem Vorteil für die Therapie verbunden ist. Es wären sonst auch keine Marktchancen vorhanden.

Gross:
Ein Vorteil kann zum Beispiel auch eine schwächere, eine mildere Wirkung sein.

Kleinsorge:
Dies kann im Einzelfall zutreffen.

Baier:
Vorhin wurde mir das ganz deutlich, daß die Aufklärung nicht nur zur Verbesserung der Prüfsituation, sondern auch unter dem Aspekt des Rechtsschutzes wie auch unter dem Aspekt sozial-ethischer Appelle da ist. Hier interessiert mich jetzt auch eine Mischung von Motivationen, zumal ein Vertreter der Pharmaindustrie gesprochen hat.
Frage: Inwieweit ist für die Stellung der Pharmaindustrie, vor allem ihre Stellung zur klinisch kontrollierten Wirksamkeitsprüfung auch wichtig, daß die Chancen steigen im Rahmen eines Arzneimittelangebotes, das unter Kostendämpfungs-Aspekten sozusagen saniert und dessen Angebot verknappt werden soll, um bestimmten Wirtschaftlichkeitsgeboten der Reichsversicherungsordnung eher zu genügen, als wenn keine solche Wirksamkeitsprüfungen durchgeführt werden oder sie nicht so strengen Kriterien folgen? Eine ökonomisch-wissenschaftliche Mischargumentation, wie sie übrigens völlig legitim für die Industrie ist, d. h., daß die Verordnungsfähigkeit von Arzneimitteln im Rahmen der kassenärztlichen Versorgung ein entscheidendes Motiv sein könnte, genau solche strengen Anforderungen und Kriterien mit Hilfe von Pharmakologen zu fordern. Ein ökonomisches Motiv würde eine ganz bestimmte — vielleicht auch einseitige Wissenschaftlichkeit — begründen.

Kleinsorge:
Erstens, diese Frage hat sich noch nicht gestellt, weil die Auswirkung des Kostendämpfungsgesetzes in dieser Hinsicht noch nicht relevant sein kann. Es liegen nur Vorschläge vor, über die wir ja morgen diskutieren können. Zweitens wird die pharmazeutische Industrie bei neuen Monosubstanzen immer versuchen, einen möglichst eindeutigen Wirksamkeitsnachweis zu erbringen, denn sie hätte sonst Schwierigkeiten bei der Zulassung durch das BGA zu

erwarten und ebenfalls im Ausland. Einen Wirksamkeitsnachweis nur zu erbringen, damit das Präparat nicht in die „Negativliste" kommt, stellt sich im Moment nicht.

Rahn:
Herr Baier fragte, so glaube ich, für alte Substanzen.

Kleinsorge:
Sie meinen jetzt nachprüfen? Solche Tendenzen sind naheliegend. Das ist selbstverständlich. Wir müssen ja immer nach dem Stand der Wissenschaft unsere Aussagen überprüfen. Es ist durchaus möglich, daß, wenn eine anerkannte Substanz in ihrer Wirkung bei einer Indikation angefochten wird, man versucht, nochmals mit neuen Methoden Nachweise zu erbringen. Wobei ja auch der „Stand der Wissenschaft" sich dadurch ergeben kann, daß es neue, aussagefähigere Funktionsproben und neue Labormethoden gibt, die früher nicht in die Prüfung einbezogen worden sind.

Lewandowski:
Die Vorschrift, die eben zitiert wurde, also der Ausgangspunkt der Frage von Herrn Samson, betrifft ja im Grunde genommen nur die klinische Prüfung am gesunden Probanden.

Samson:
Und am Kranken!

Lewandowski:
Nicht in der Form. Ich erwarte im übrigen von der Prüfung neuer Stoffe, neuer Arzneimittel keine Verschärfung der Anforderungen von seiten der Industrie nur deshalb, um einen gesteigerten Wirksamkeitsnachweis aus finanziellen Gründen zu erbringen, und zwar aus der praktischen Überlegung, daß es schon ziemlich schwierig ist, überhaupt zu einem Wirksamkeitsnachweis für neue Substanzen zu gelangen. Und für die zugelassenen Arzneimittel, das wäre also der existierende Markt, daß man da für bestimmte Arzneimittel die Wirksamkeit und ihren Nachweis verbessern kann, dieses Motiv ist natürlich vorhanden, und da wird auch etwas passieren. Aber das ist genau außerhalb der Vorschrift, über die wir uns unterhalten.

Jesdinsky:
Ich wollte Sie etwas fragen, Herr Kleinsorge. Wenn an eine Anmeldepflicht oder Registrierung einer solchen klinischen Prüfung gedacht ist, oder wenn so etwas ins Gespräch kommt, welche Form und welche Stelle, wo das geschehen sollte, würde aus Ihrer Sicht dann die geeigneteste sein?

Kleinsorge:
Ich glaube, Herr Lewandowski hatte schon auf bestimmte mögliche Regelungen hingewiesen. Es werden sicher, nach der jetzigen Lage, die Länderbehörden sein, die solche Anmeldungen entgegennehmen müssen.

Kleinsorge:
Meine Absicht war, einige offenstehende Fragen anzuschneiden, die uns zu schaffen machen, die aber alle nicht so ernst sind, daß sie nicht bewältigt werden können — allerdings machen sie sich eben in der Tagesarbeit eines Herstellers und eines Prüfers bemerkbar.

Diskussion unter Juristen

Moderation: G. Lewandowski, Berlin

Lewandowski:
Wir wollen den Versuch unternehmen, die etwas komplizierte Materie in einer Weise zu erörtern, wie sie nicht unserem Berufsverständnis entspricht. Wir wollen nicht dogmatisch diskutieren, sondern in der Bundesrepublik den einmaligen Versuch unternehmen, unter Juristen diskursiv zu argumentieren.
Sie werden so freundlich sein, uns dabei zu helfen, nehme ich an. Wir haben den Vorsatz gefaßt, nicht historischen Bataillen nachzustellen, sondern zu versuchen, durch Diskussion der rechtlichen Regeln im Hinblick auf die Praxis nicht nur Rechtsanwendung zu betreiben, sondern dabei auch ein Stückchen Rechtsfortbildung zu versuchen. Ich bitte jetzt zunächst Herrn Kollegen Siehr, uns einige wenige systematische Grundbegriffe und Denkmethoden zu erläutern, damit der Stellenwert der weiteren Beiträge vielleicht etwas deutlicher wird.

Siehr:
Das AMG, von dem wir immer gesprochen haben, deckt nur einen Teil der rechtlichen Problematik ab, die wir zu behandeln haben. Dabei erfaßt die rechtliche Betrachtung ihrerseits nur einen Ausschnitt des hier interessierenden sozialethischen Feldes. Das gilt vor allem für die zentrale Aufklärungspflicht, die einen mehrfachen Stellenwert besitzt (Abb. 1).

Stellenwert der Aufklärungspflicht

1. Technokratischer Stellenwert
   a) Voraussetzung für die klinische
      Prüfung: § 40 Abs. 1 Nr. 2
                    Abs. 2 Nr. 1
                    Abs 4 Nr. 4
   b) Schutz vor Bestrafung: § 96 Nr. 10

2. Gesellschaftspolitischer Stellenwert
   Abgrenzung von politischer/wirtschaftlicher Macht Individuum

3. Individueller Stellenwert
   a) Menschenrecht (Art. 1 GG)/(*informed* consent)
   b) Selbstbestimmung
   c) keine Rechtspflicht zur Teilnahme

Abb. 1 Stellenwert der Aufklärungspflicht

Das AMG reicht nun in verschiedene rechtliche Bereiche hinein, von denen ich lediglich zwei ansprechen will (Abb. 2).

Stellung der Arzneimittelprüfung im Rechtssystem

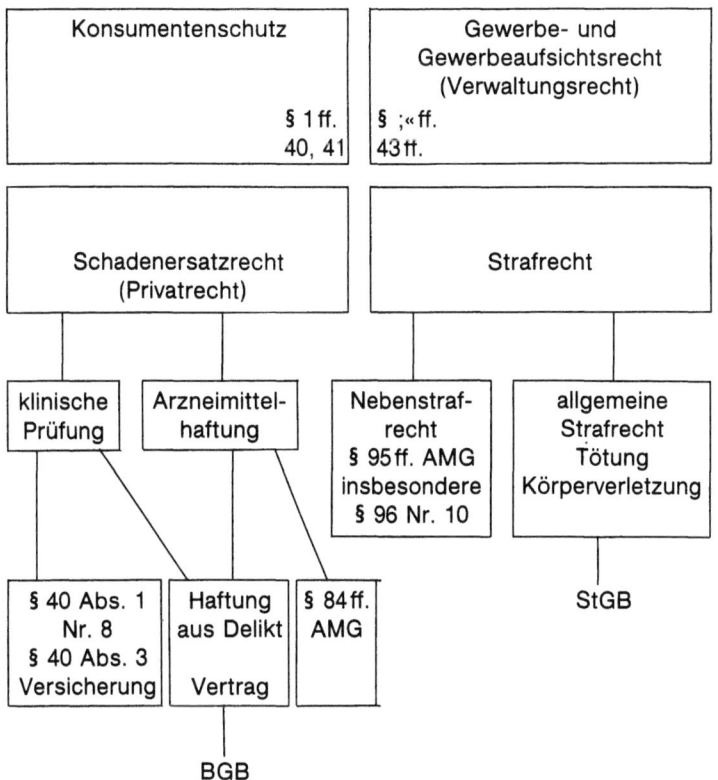

Abb. 2 Stellung der Arzneimittelprüfung im Rechtssystem

Ich nehme heraus den ganzen Aspekt des Konsumentenschutzes und den des Verwaltungsrechts, nämlich des Gewerberechts und der Gewerbeaufsicht. Wir wollen uns im folgenden konzentrieren auf zwei andere Aspekte, nämlich auf das Schadensersatzrecht sowie das Strafrecht, und erst im letzten Teil werden wir übergehen auf die Problematik der §§ 40 und 41 AMG.

Ich will nun kurz erläutern, was es mit dem Schadensersatzrecht und dem Strafrecht auf sich hat. Sie werden sich erinnern, daß in einem Abschnitt, der mit dem § 84 AMG beginnt, etwas über die Arzneimittelhaftung steht. Dort ist

nämlich gesagt, daß für ein ganz gewisses Produkt gehaftet wird, selbst wenn der Hersteller kein Verschulden hat bei der Herbeiführung gewisser Schäden. Die Krux bei diesen Vorschriften ist, daß sie keine abschließende Regelung des Schadensersatzrechtes bilden, sondern daß es daneben auch noch das Bürgerliche Gesetzbuch gibt.
Zu unterscheiden ist zwischen klinischer Prüfung und Arzneimittelhaftung. Nach § 40 AMG muß eine Versicherung für die Probanden abgeschlossen werden. Auch hier kann es vorkommen, daß aus bürgerlichem Recht, also aus Delikt und Vertrag, gehaftet wird, wenn ärztliche Fehler bei der klinischen Prüfung vorkommen. Auf das Strafrecht werden die beiden Kollegen Fincke und Samson näher eingehen. Im Arzneimittelgesetz haben wir sogenannte nebenstrafrechtliche Vorschriften mit den §§ 95 und 96 AMG.
Nach § 96 Nr. 10 AMG wird z. B. bestraft, wenn keine Einwilligung vom Probanden eingeholt wird. Aber damit hat es nicht sein Bewenden. Das allgemeine Strafrecht gilt daneben, d. h. bei der ganzen Frage der Arzneimittelprüfung ist auch dieses Strafrecht zu beachten, denn es besteht daneben noch immer das generelle Verbot, jemanden zu töten oder den Körper eines anderen zu verletzen. Hierbei möchte ich es zunächst belassen und die Diskussion weitergeben an Herrn Lewandowski.

Lewandowski:
Vielen Dank für diese diffizile Darstellung. Unabhängig davon, ob wir nach den Regeln des Strafrechts argumentieren, des bürgerlichen Rechts oder aber nach dem AMG: Alle diese Normen laufen auf eine Grundstruktur hinaus, wonach die ärztliche Handlung, geschehe sie innerhalb einer Prüfung oder außerhalb einer Prüfung, also in einer normalen Therapie, immer nur dann rechtmäßig ist, wenn sie folgender Forderung genügt: Handlung lege artis auf der Grundlage von Einwilligung nach Aufklärung. Damit sind die zentralen Punkte in der Diskussion, von besonderen Formvorschriften abgesehen, immer die Fragen nach der lex artis und nach der Aufklärung aufgrund von Einwilligung. Ich würde dann Herrn Samson bitten, diese Problematik noch etwas zu vertiefen.

Samson:
Bereits die bisherigen Ausführungen zeigen, daß die rechtliche Beurteilung des Arzneimittelversuchs einen Irrgarten darstellt. Ich muß jetzt damit beginnen, noch weitere verwirrende Einzelheiten hinzuzufügen. Das liegt freilich nicht an mir, sondern an der Situation. Es bestehen nicht nur erhebliche Meinungsverschiedenheiten unter Juristen über die Beurteilung einiger Detailfragen. Vielmehr ist auch zu berücksichtigen, daß der Arzneimittelversuch in zahlreichen tatsächlichen Varianten auftritt, die unterschiedlichen rechtlichen Regeln folgen. Ich werde daher zunächst einige dieser Fallgestaltungen darstellen, um sodann die kontroversen Rechtsfragen zu skizzieren.
Der Doppelblindversuch ist nur ein Abschnitt aus der Gesamtheit der Therapieversuche. Die Abb. 3 soll den Standort des uns hier interessierenden Problems und seine Verästelungen verdeutlichen. Aus ihr ergibt sich, daß neben

den Arzneimittelversuchen noch weitere Therapieversuche problematisch sind, man denke z. B. an den Bereich der experimentellen Chirurgie. Bei den Arzneimittelversuchen stellt der Doppelblindversuch wiederum nur einen Ausschnitt dar. Dennoch werde ich mich hier auf ihn beschränken (Abb. 3).

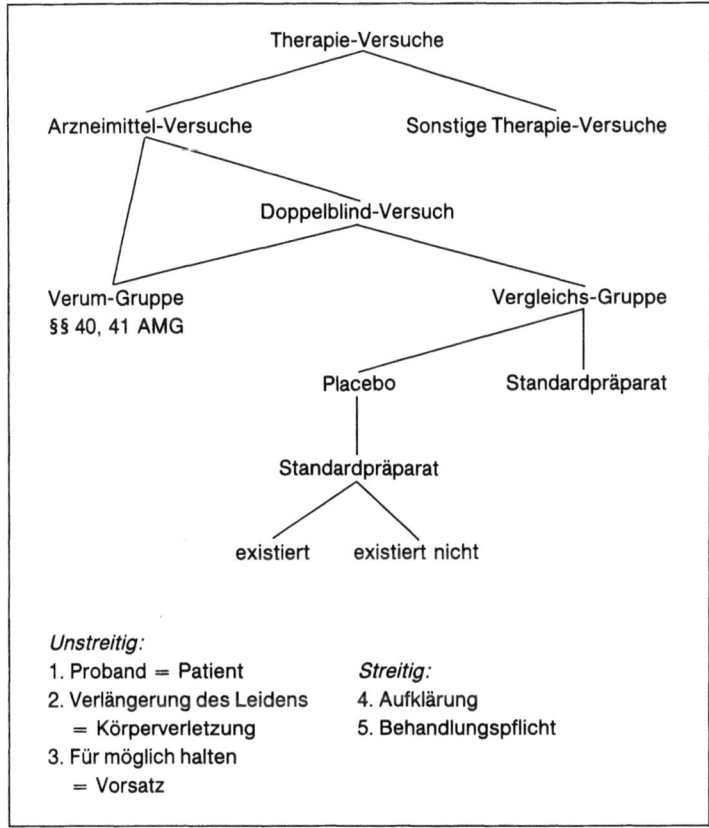

Abb. 3 Zur rechtlichen Beurteilung des Therapieversuchs

Beim Doppelblindversuch ist unter rechtlichen Gesichtspunkten zwischen der Verum-Gruppe, die das zu testende Präparat erhält, und der Vergleichsgruppe zu unterscheiden. Gesetzlich geregelt ist nur die Behandlung der Verum-Gruppe. Für sie finden sich in den §§ 40, 41 AMG eine Fülle von rechtlichen Voraussetzungen, die zwar ihrerseits zahlreiche Probleme aufwerfen, auf die ich hier aber nicht eingehen möchte.
Die Hauptkontroversen unter Juristen spielen sich im Bereich der Vergleichs-

gruppe ab, bei der die rechtliche Beurteilung dann wiederum davon abhängt, ob den Patienten der Vergleichsgruppe ein Placebo oder ein Standardpräparat gegeben wird. Im Bereich der Placebo-Gruppe läßt sich dann wiederum danach unterscheiden, ob ein Standardpräparat existiert oder nicht. Innerhalb der so gekennzeichneten Gruppen sind dann noch weitere rechtlich relevante Abwandlungen denkbar, auf die hier jedoch nicht eingegangen zu werden braucht.

Für die rechtliche Beurteilung der Fallgestaltungen sind zunächst zwei Grundansätze zu unterscheiden. Es ist einmal zu fragen, ob die Gabe des verabreichten Präparates selbst zulässig war. Die Fragestellung kann sich auf die Verum-Gruppe oder die Kontrollgruppe, auf die Gabe eines Placebo oder des Standardpräparates beziehen.

Daneben ist eine weitere Frage zu beantworten: Unter welchen Voraussetzungen ist bei jedem der in den Versuch einbezogenen Patienten die Unterlassung oder Gabe des jeweils anderen Präparates zu rechtfertigen? Besonders spitz wird die Frage bei der Placebo-Gruppe, bei der zu erklären ist, ob die Einbeziehung des getesteten Verums und des Standardpräparates (sofern vorhanden) zulässig war.

Dabei läßt sich zwischen fünf rechtlichen Problemgruppen unterscheiden. Dabei sind — auch zwischen Herrn Fincke und mir — die ersten drei Punkte noch gänzlich unstreitig (s. Abb. 3).

Zunächst ist festzuhalten: auch der Proband ist Patient, und er verliert diese Eigenschaft nicht durch die Einbeziehung in den Versuch. Alle an ihm vorgenommenen Maßnahmen sind unter dem Aspekt der Heilbehandlung zu beurteilen. Es gibt keine Eingriffe an ihm, deren Rechtfertigung auf den Versuchscharakter und den damit verbundenen wissenschaftlichen Fortschritt gestützt werden könnten.

Weiterhin: auch die bloße Leidensverlängerung durch Unterlassung der Gabe heilender oder auch nur palliativer Mittel erfüllt den Tatbestand der Körperverletzung und bedarf daher besonderer Rechtfertigung. Dies scheint ein Umstand, der häufig von Ärzten verkannt wird, wenn sie erklären, es sei sichergestellt, daß dem Patienten keine schweren oder unbehebbaren Schäden zugefügt würden. Auch die Verlängerung des Schmerzes um nur wenige Stunden erfüllt den Tatbestand der Körperverletzung.

Und schließlich besteht Einigkeit darüber, daß das bloße Für-möglich-Halten Vorsatz im Rechtssinne begründet. In dieser Hinsicht ist Herr Fincke vielfach zu Unrecht angegriffen worden. Wenn der Arzt auch nur für möglich hält, daß das getestete Präparat sei es als das Standardpräparat, dann genügt dies für den Vorsatz im Rechtssinne.

Streitig ist jedoch die Behandlung der Punkte 4 und 5. Ich will das hier zunächst nur andeuten:

Mir ist sehr zweifelhaft, ob innerhalb der Vergleichsgruppe tatsächlich über sämtliche Umstände aufgeklärt werden muß. Ich meine vielmehr, daß die Patienten der Placebo-Gruppe nicht aufgeklärt zu werden brauchen, wenn bei ihnen eine Placebo-Therapie ernsthaft in Betracht kommt. Die Placebo-Gabe dient dann unter dem Gesichtspunkt des Versuchs Testzwecken, sie stellt aber

zugleich eine echte Therapiebemühung dar, die durch Aufklärung über ihren Placebo-Charakter zunichte gemacht würde.
Bei der Behandlungspflicht will ich das Problem nur benennen. Es geht dabei zwischen mir und Herrn Fincke im wesentlichen um den Streit darüber, ob der Arzt bei der Gabe von Placebo oder Standardpräparat und vermuteter Überlegenheit des Verums rechtswidrig handelt, weil er verpflichtet ist, allen Patienten das Verum wegen dessen mutmaßlicher Überlegenheit zu geben.

Lewandowski:
Wenn wir in das Schema der rechtlichen Beurteilung zurückkehren, dann lautet hier die entscheidende Frage: Was muß ich tun, um den Behandlungsauftrag zu erfüllen und dem therapeutischen Ziel gerecht zu werden, und inwieweit habe ich die Möglichkeit, wegen der Unsicherheiten in der medizinischen Bewertung der therapeutischen Strategien, verschiedene Ansätze vergleichend zu überprüfen?

Fincke:
In dieser bisher noch möglichst von den Kontroversen nicht berührten Informationsveranstaltung komme ich jetzt auf ein Gebiet, das schon näher an die Kontroversen heranführt. Wir sind, wenn ich dem Schema von Herrn Samson folgen darf, bei den Punkten 4 und 5.
In dieser Darstellung sehen wir, daß Aufklärung und Behandlungspflicht irgendwie zusammengehören, aber es ist noch nicht klar, wie dieser Zusammenhang aussieht.
Es geht also um die Frage: Was muß der Arzt von Rechts wegen, die Ethik mal dahingestellt, eigentlich tun? Wenn in allgemeinen Darstellungen des Arztrechtes die Rede hierauf kommt, werden die Ausführungen meist sehr kurz. So gibt es viele Seiten darüber, was der Arzt *nicht* tun darf, insbesondere, welche Sorgfaltspflichten er zu beachten hat und welche Haftungsfolgen eintreten. Wenn es aber darum geht, was er positiv tun müsse — beim Kaufvertrag ist sehr viel darüber zu lesen, was der Verkäufer tun müsse, um den Vertrag zu erfüllen —, dann steht beim Arztvertrag meistens, der Arzt schulde die nach der lex artis, nach der med. Wissenschaft, angezeigte Behandlung. Das ist typisch für den Juristen, weil er meint, daß dort sein Latein aufhöre und daß die medizinische Wissenschaft schon wisse, was angezeigt ist.
Die lex artis — meiner Ansicht nach besser leges artis, weil es ja auch mehrere Codices der Behandlung geben kann — beschränkt sich nicht auf die Frage, wie eine vorausgesetzte Therapie sorgfältig durchzuführen ist, sondern erfaßt auch die Frage, welche Therapie angezeigt ist.
Nun gibt es aber einen zweiten Grundsatz, der die Tatsache erklärlich macht, daß die Behandlungspflicht im Zivilrecht angesiedelt ist: die Privatautonomie. Niemand zweifelt auch bei einer noch so detaillierten Regelung der Zulassung eines Arzneimittels daran, daß es im Prinzip bei der Privatautonomie bleiben soll. Hier hat der zweite Punkt des Schemas, die Einwilligung, ihren Platz.
Jetzt scheinen sich die beiden Prinzipien zu beißen: Einerseits soll der Patient eine Behandlung zumindest legitimieren dürfen, die nicht der lex artis ent-

spricht, d. h., er soll auch eine unvernünftige Entscheidung treffen dürfen, insbesondere, was die Ablehnung einer bestimmten Behandlung angeht. Andererseits soll sich der Arzt nicht schlicht dem Willen des Patienten unterordnen dürfen, denn er darf auch nicht gegen die lex artis verstoßen. Wie lassen sich nun die beiden Grundprinzipien des Rechts vereinbaren?
Man muß deutlich sehen, daß die beiden in einem Über-Unter-Ordnungsverhältnis zueinander stehen: Die Einwilligung ist übergeordnet, die lex artis wird von ihr (nur im Regelfall) erfaßt. Die Verbindung soll die Aufklärung leisten: „Einwilligung", im Rechtssinn ist es nur die über alles konkret relevante aufgeklärte Einwilligung, setzt voraus, daß der Patient die für ihn einschlägige lex artis verstanden hat. Kommt es dennoch zum Konflikt, weil etwa der erfolgreich aufgeklärte Patient, aus welchen Gründen auch immer, auf einer drittbesten oder gänzlich unvernünftigen Behandlung besteht, so zieht die lex artis den kürzeren: Der Arzt darf sie nicht gegen den Patientenwillen anwenden, und der Verzicht auf die optimale Therapie ist gerechtfertigt, solange er nicht gegen die guten Sitten verstößt.
Im Regelfall stimmt der Patient aber dem vom Arzt pflichtgemäß erläuterten Optimum zu. Daraufhin ist der behandelnde Arzt jedenfalls zivilrechtlich zur Leistung dieses Optimums verpflichtet. Denn die Einwilligung ist die Annahme eines konkretisierenden Vertragsangebots. Die Vorenthaltung einer wirksameren Therapie zugunsten einer weniger wirksamen ist also in diesem Regelfall eines „Behandlungsvertrages" rechtswidrig. Diese Feststellung ist wichtig, weil in der bisherigen Diskussion die „Garantenpflicht" des Arztes zur Gabe des vertraglich vereinbarten Mittels bezweifelt worden ist. Rechtswidrig ist die Unterlassung aber auch ohne eine solche Garantenpflicht schon allein deshalb, weil sie eine Vertragsverletzung darstellt. Das genügt für das negative Verdikt über gewisse Gestaltungen des kontrollierten Versuchs.
Strafrechtlich relevant ist diese Unterlassung freilich nur, wenn die „Garantenpflicht" hinzukommt. Dies ist aber häufiger der Fall, als Herr Samson annimmt, weil es nicht darauf ankommt, ob dem Patienten konkret tatsächlich eine andere Heilungschance abgeschnitten worden ist. Zwar fordert die heutige Strafrechtsdogmatik für diese „Garantenstellungen kraft Übernahme", daß der Täter eine Gefahr geschaffen oder eine Rettungsmöglichkeit abgeschnitten habe; gerade unser Fall sollte aber Anlaß sein, dieses Kriterium zu verfeinern. Denn es berücksichtigt das besondere Vertrauen nicht, das der Patient dem individuellen Arzt, — wie Jakobs es ausdrückt — der „Institution Arzt" entgegenbringt. Wenn es auf konkrete Alternativen ankäme, so hinge die Straftatbestandlichkeit des Unterlassens davon ab, ob der Arzt in der Großstadt neben vielen Kollegen praktiziert oder auf dem Land im weiten Umkreis konkurrenzlos ist!
Damit spitzt sich das Problem auf die Konkretisierung des „Therapieoptimums" zu. Dabei handelt es sich um einen induktiven prognostischen Wahrscheinlichkeitsausschluß aus der ex ante vorliegenden Datengesamtheit. Da zu diesen Daten unstreitig der neueste Stand medizinischer Erkenntnis und die Umstände des konkreten Einzelfalles nach sorgfältiger Diagnose gehören, wird die Frage nach dem *Subjekt* des Urteils entscheidend: wer beurteilt, was

„medizinisch indiziert" ist? Die verbreitete Fragestellung, ob die Beurteilung „mehr objektiv" oder „subjektiv" erfolgen solle, ist terminologisch verfehlt, weil ein Urteil notwendig ein Subjekt voraussetzt, also niemals im strengen Sinn „objektiv" sein kann. Bei der Frage nach dem Subjekt geht es daher um den Gegensatz „generell — individuell".

Das individuelle Urteil des konkreten Arztes scheidet aus, sonst wäre jeder Arzt sich selbst Rechtsmaßstab, auch der Scharlatan, der medizinisches Grundwissen ignoriert. Aber ein rein genereller Maßstab würde dem besonderen Vertrauensverhältnis des Patienten zum individuellen Arzt sowie der möglichen Existenz verschiedener Therapieeinrichtungen nicht gerecht: Die vertraglich vereinbarte Leistung ist häufig unvertretbar, höchstpersönlich. Notwendig ist daher ein „individualisierter" genereller Maßstab, den ich hier nur mit einem Leitbild andeuten kann: optimal — und damit i. d. R. geschuldet — ist diejenige Behandlung, die ein gewissenhafter „Normalarzt" (ggf. *der* Therapierichtung, der der individuelle Arzt angehören mag) seinem eigenen Kind angedeihen lassen würde. Beim „eigenen Kind" würde der Normalarzt das Forschungsinteresse vermutlich eher zurückstellen als bei sich selbst. Dieser Normalarzt ist mit dem Sonderwissen (freilich nicht: Sonderkönnen) des individuellen Arztes ausgestattet und kennt daher insbesondere jene Daten, die den Arzt vielleicht zu einem „Vor-Urteil" zugunsten eines Testpräparates veranlaßt haben. Da es hier um eine Entscheidung in der sozialen Praxis und nicht um Wissenschaftstheorie oder Statistik geht, spielt keine Rolle, woher diese Daten kommen und ob sich der Arzt ihrer Herkunft bewußt ist: Der Normalarzt wird sie zwar ggf. geringer gewichten, aber keinesfalls mangels irgendeiner formalen Qualifikation von vornherein ausschließen. Der kontrollierte Versuch ist nur rechtmäßig, wenn der so gedachte „Normalarzt" die beiden gegeneinander zu prüfenden Mittel ex ante für dergestalt gleichwertig hält, daß er es dem Los überlassen könnte, mit welchem von beiden sein eigenes Kind zu behandeln sei — immer vorausgesetzt, daß der Versuchspatient nach konkret-relevanter Aufklärung alternativ vorsorglich eingewilligt hat.

Zusammengefaßt liegt die „*Generalisierung*" darin, daß dem Urteil über das Optimum das bei normal-sorgfältiger Verfolgung der Literatur erreichbare Wissen über den Stand medizinischer Erkenntnis und Methodik — ggf. beschränkt auf eine Therapierichtung — zugrunde gelegt und von extrem gutem oder schlechtem Können abgesehen wird; die *Individualisierung* darin, daß alles Wissen hinzukommt, über das der individuelle Arzt konkret verfügte; die „*Optimierung*" erfolgt dann nur bildlich nach dem höheren Grad der Wahrscheinlichkeit, praktisch nach dem sozial-normativen Maßstab der Entscheidung in ureigensten, äußerst wichtigen Angelegenheiten. Der „individuelle Einschlag" ist so stark, daß man die Formulierung auch umkehren könnte: Optimum ist, was der individuelle Arzt seinem „eigenen Kind" gegeben hätte, wenn er nach normal-sorgfältiger Diagnose und allgemeiner medizinischer Fortbildung über den Wissensstandard verfügt hätte.

Samson:
Mir ist zweifelhaft, ob diejenigen, die die Kontroverse zwischen Herrn Fincke

einerseits und anderen Kollegen und mir andererseits nicht kennen, vollständig verstanden haben, worum es geht. Ich möchte deswegen versuchen, anhand eines Beispielfalles klarzumachen, wo die Kontroverse liegt. Herr Fincke hat den Fall konstruiert, daß für den Fall einer bestimmten Krebsart ein neues Präparat gefunden wurde, von dem man mutmaßt, es könnte wirksam sein. Wenn jetzt im kontrollierten Versuch die eine Gruppe dieses neue, noch nicht zugelassene Mittel bekommt und die andere Gruppe, die Testgruppe, das Placebo erhält, dann — so die These von Herrn Fincke — macht sich der Arzt einer rechtswidrigen Handlung schuldig. Der Arzt handelt deshalb rechtswidrig, weil er der Testgruppe dieses neue Medikament, das zwar noch nicht zugelassen ist, von dem man aber mutmaßt, es werde irgendwie besser wirken als das, was wir kennen, vorenthalten hat. Das ist die Grundfrage. Die strafrechtliche und zivilrechtliche Haftung hängt nun davon ab, ob den Arzt eine Pflicht trifft, dieses neue, noch nicht zugelassene Medikament auch der Kontrollgruppe zu geben. Das ist die Ausgangsfrage. Und an dieser Stelle unterscheiden wir uns. Es gibt eine ganze Reihe von Argumenten, die gegen eine solche Behandlungspflicht sprechen.
Es handelt sich bei dem neuen Präparat um ein Präparat, das noch nicht zugelassen ist. Das AMG stellt das In-den-Verkehr-Bringen nicht zugelassener Medikamente unter Strafe. Mir scheint es nicht möglich zu sein, zum Gegenstand der vertraglichen Verpflichtung zwischen Arzt und Patient exakt das zu machen, was durch das AMG ausdrücklich unter Strafdrohung verboten ist, nämlich das In-den-Verkehr-Bringen nicht zugelassener Medikamente.
Der zweite Einwand: Jeder Vertrag mit dem Patienten könnte ganz leicht dahin modifiziert werden, daß der Arzt mit dem Patienten verabredet, er gebe ihm naturgemäß nur zugelassene Medikamente. Darüber wird er sich mit dem Patienten, der sonst nicht informiert ist, ganz schnell einigen können. Dann wäre der Vertrag modifiziert, ohne daß eine solche Pflicht besteht. Der Streit um das AMG und um die Frage, ob der Wirksamkeitsnachweis den kontrollierten Versuch voraussetzen soll, wurde zunächst auf dem Gebiet des Verwaltungsrechts und des Staatsrechts geführt. Es ging bei der Diskussion über den Wirksamkeitsnachweis im Prinzip darum, ob dem Staat gestattet sein dürfe, in einem Zustand des Methodenstreites innerhalb der Medizin eine Methode, sei es die der Schulmedizin oder eine andere, verbindlich zu machen, festzuschreiben, daß nur mit Methoden der Schulmedizin der Wirksamkeitsnachweis erfolgen dürfe. Es hat sich die Auffassung durchgesetzt, dies sei nicht zulässig. Es müsse im Bereich streitiger Methoden zulässig sein, sowohl diese als auch jene Methode des Wirksamkeitsnachweises zu akzeptieren. Das ist sicherlich ein Erfolg derjenigen gewesen, die aus dem Bereich der Homöopathie kommen und die sich damit im Bereich des AMG durchgesetzt haben.
Mir scheint nun, daß Herr Fincke mit seiner These, es bestehe eine Pflicht zur Gabe des noch nicht zugelassenen Medikamentes, von dem man mutmaßt, es sei wirksam, diese liberale Grundentscheidung des Gesetzgebers umkehrt. Wenn Sie, Herr Fincke, diese Pflicht aufstellen, dann machen Sie die Methode von Herrn Kienle allein rechtlich verbindlich. Sie sagen nämlich, das intuitive Fühlen, der Gesamteindruck von der Wirksamkeit eines Medikamentes, ver-

pflichte den Arzt, dieses Medikament einzusetzen. Wenn der Schulmediziner sagt, ich habe zwar dieses Vorwissen, das ist für mich aber rechtlich nicht relevant, und es ist für mich auch methodisch nicht relevant, weil ja noch kein Doppelblindversuch stattgefunden hat, dann sagt er dies ja auf der Basis einer bestimmten methodischen Vorstellung von Wahrheit und Beweis im Bereich der Medizin. Und wenn Sie sagen, darauf kommt es nicht an, du darfst diese Zweifel nicht haben, das ist rechtlich nicht erheblich, du bist verpflichtet, bereits bei intuitiv gefühltem vermutlichem Wirksamwerden des Medikamentes das Medikament einzusetzen, dann machen Sie die Methode der Homöopathen zur einzig rechtlich verbindlichen Methode und gehen damit weit über das hinaus, was Sie im ersten Zugriff im Bereich des verwaltungsrechtlichen Streites eigentlich gewollt haben.

Fincke:
Ich beschränke mich auf die Argumente, die eben vorgebracht worden sind. Zunächst: Ich fordere durchaus nicht, etwas zu tun, was das AMG unter Strafe verbietet. Ich meine, daß das AMG die Therapie des Arztes überhaupt nicht regelt. Die Therapiefreiheit sollte — völlig unstreitig — unangetastet gelassen werden. Wenn der Arzt nach meinem „Leitmaßstab" das tut, was er normalerweise auch mit seinem eigenen Kind täte, dann mag es problematisch sein, das Mittel, das er für das überlegenere hält, zu bekommen. Von einer Strafbarkeit oder auch nur Verbotenheit kann keine Rede sein. Das ist der Unterschied zum „In-den-Verkehr-bringen".
Das zweite ist: Es brauche der Arzt doch bloß in dem Vertrag zu sagen, er verwende nur zugelassene Arzneimittel; der Patient wird einverstanden sein, und damit wäre mit einem kleinen Trick das Problem gelöst. Aber das Testpräparat ist ja zugelassen (für den Test), es muß auch nach Ihrer Theorie zugelassen sein. Nur, wenn ich vorhin auf den Vertrag abgestellt habe — und darum geht es jetzt hier —, dann ist die gesamte Problematik der Aufklärung und Einwilligung darin enthalten. Zivilrechtlich ist die Einwilligung nichts anderes als die Annahme eines Angebotes über eine ganz konkrete Behandlung, vielleicht innerhalb einer komplexen Therapie. Und wenn der Arzt etwa sagt, er wolle innerhalb einer ganzen Strategie dieses Mittel einsetzen, und der Patient stimmt zu, dann ist das Mittel angenommen. Das hat nach meiner Auffassung auch Konsequenzen für den Patienten: er muß dann auch mitmachen. Das setzt natürlich die entsprechende relevante Information voraus. Der Arzt müßte also sagen, *warum* ein Mittel zugelassen ist oder nicht, wobei eine wichtige Rolle spielt, daß das Testpräparat für den Test zugelassen ist. Jetzt kommt der springende Punkt der Aufklärung. Der Arzt müßte sagen, was er von den beiden Präparaten, die da in Betracht kommen, aufgrund der ihm zugänglichen Daten, hält. Sagt das nicht, dann kann der Patient soviel zustimmen, wie er will, er hat nicht aufgeklärt ja gesagt.
Das dritte ist die angebliche Monopolisierung der Kienle-Methode. Ich habe bis jetzt nicht gewußt, daß Kienle homöopathische Methoden vertritt, aber ich verstehe von dem ganzen eigentlich gar nichts. Von einer Monopolisierung kann jedenfalls keine Rede sein, denn ich habe ja auf die Entscheidung

abgestellt, die der Arzt in ureigensten Angelegenheiten treffen würde. Aber natürlich nicht der individuelle, sondern der normal informierte Arzt, der zudem das momentane Wissen des individuellen Arztes besitzt. Da kann es durchaus sein — und ich möchte insbesondere nach der gestrigen Veranstaltung die Vermutung äußern, daß das sogar weit überwiegend der Fall ist —, daß der Arzt echt nicht weiß und auch beim eigenen Kind es ruhig einer Lotterie überlassen würde, welches Mittel er nimmt. In diesem Fall habe ich ja keine Bedenken gegen den kontrollierten Versuch.

Siehr:
Ich möchte an die beiden Kollegen noch einmal die Frage richten: Welchen Rat würden Sie dem Arzt und der Industrie geben, und was würden Sie Herrn Kewitz sagen mit seinem Schema, für den Fall eines Doppelblindversuches. Sie müßten wohl in dem dreiteiligen Schema von Herrn Kewitz, das er uns gestern vorgeführt hat, auch einen Punkt einführen unter a), b) und c), der besagen würde, der Arzt habe den Patienten aufgeklärt, daß nur zugelassene Präparate benutzt werden, und zwar nicht bloß für den Test zugelassene, sondern vom BGA zugelassene Präparate. Das würde für Herrn Kewitz außerordentliche Bedeutung haben. Würden Sie diese Konsequenz ziehen?

Samson:
Ich möchte durch ein Beispiel konkretisieren. Es laufen im Augenblick die Vorbereitungen für den Test von Interferon bei einem kindlichen Karzinom. Die Firma ist bereit, bestimmte Mengen Interferon zu produzieren und zur Verfügung zu stellen. Und man meint, daß Interferon möglicherweise günstige Wirkungen für dieses kindliche Ca hat. Meine Frage an Herrn Fincke: Wie würden Sie die Verpflichtung des Arztes im Zusammenspiel mit dem Produzenten sehen, wenn er jetzt vor der Frage steht: Wen behandle ich mit Interferon?

Fincke:
Die beiden Fragen lassen sich schlecht kombinieren. Zum ersten muß ich sagen, daß gegen das Schema von Herrn Kewitz ohnehin Bedenken bestehen, weil es viel zu vollständig ist. Wenn das AMG etwa von Bedeutung und Tragweite der klinischen Prüfung spricht, dann ist nicht etwa die generelle Bedeutung der klinischen Prüfung als Institution gemeint, sondern *dieser* konkreten klinischen Prüfung. Wollte man in das Kewitzsche Schema jeweils den Satz einfügen: „Ich verwende nur zugelassene Präparate", so würde das, was wirklich zählt, unterschlagen; nämlich: Wie schätzt der Arzt das Mittel ein? Außerdem trifft die Information nicht zu, wenn der Arzt, wie Herr Siehr vorschlägt, behauptet, nur *für den Verkehr* zugelassene Mittel verwenden zu wollen; er will ja auch das Testmittel einsetzen.

Lewandowski:
Entschuldigen Sie bitte, wenn ich unterbreche. Ich möchte an dieser Stelle ein Mißverständnis ausräumen. Möglicherweise wird das Schema von Herrn Ke-

witz so verstanden, daß damit im großen und ganzen der Pflichtrahmen der Aufklärung umrissen wird. Dem ist nicht so. Ganz sicher ist die juristische Pflicht zur Aufklärung weitaus enger als das, was uns Herr Kewitz vorgestellt hat. Ich habe mich aber gestern ganz bewußt für dieses Modell ausgesprochen, weil ich meine, daß die rechtliche Minimalaufklärung vom Patienten besser aufgenommen wird und das Vertrauensverhältnis sich leichter herstellen läßt, wenn der Patient seine Einwilligungshandlung im Gesamtrahmen der ärztlichen Handlung sieht. So würde ich diesen umfassenden Katalog, den Herr Kewitz aufstellt, eher als ein Konzept ansehen, das dem Patienten seine eigene Verantwortlichkeit in dem Zusammenwirken mit dem Arzt für den Behandlungserfolg, aber auch für den Prüferfolg, deutlich macht. Aber das nur am Rande. Ich würde jetzt sagen, es wäre schön, wenn Sie ganz kurz sagen könnten, ob Sie gegen diese Interferon-Gabe, wie sie Kollege Samson geschildert hat, Bedenken hätten oder nicht. Und auf welchen Kriterien diese Entscheidung dann beruht. Dann könnten wir an diesem konkreten Beispiel vielleicht herausbekommen, ob es eine praktische Divergenz in unseren Auffassungen gibt oder nicht. Und wenn es die nicht gibt, ist es schon eine bemerkenswerte Geschichte.

Fincke:
Ich kann dazu keine Entscheidung treffen, weil ich zuwenig Informationen habe. Wende ich mein Schema nur auf den Fall an, so wie Sie es gewünscht haben, so liegt das Problem jetzt auf der Rechtmäßigkeits-/Rechtswidrigkeitsebene.

Samson:
Das unterstellen Sie. Der konkrete Arzt soll der Auffassung sein: Wenn überhaupt etwas helfen kann, dann Interferon und sonst nichts.

Fincke:
Der Arzt ist zum Therapieoptimum verpflichtet.

Samson:
Bei wem? Bei jedermann, oder bei dem, den er vertraglich in den Versuch mit dem Ziel der Interferon-Gabe aufnimmt?

Fincke:
Wir waren uns von Anfang an beide einig, daß es sich hier um eine Behandlung handelt, daß also der Patient Patient ist. Es liegt kein Experimentiervertrag vor. Folglich spielt es gar keine Rolle.

Samson:
Das Problem ist doch: Der Arzt hat vom Produzenten eine bestimmte begrenzte Menge Interferon bekommen. Mehr wird aus den verschiedensten Gründen nicht geliefert. Einmal ist es zu teuer, zweitens nicht herstellbar in der Menge, und drittens wird sich der Produzent auch hüten, das nicht zuge-

lassene Medikament zu anderen Zwecken als zu Versuchszwecken herauszugeben. Weil das nämlich Strafbares in den Verkehr bringen würde.

Fincke:
Darüber kann man streiten. Im übrigen geht es jetzt um die Auswahl der Patienten mit infauster Prognose. Denn ich habe ein Mittel, das ich für „besser als nichts" halte, nur nicht in ausreichender Quantität für alle Patienten, deren Behandlung ich bereits übernommen habe. Dann ist die Situation die gleiche, wie wenn ich nur eine Herz-Lungen-Maschine habe und zu viele Patienten. Wenn ich jetzt etwa die Wirksamkeit der Herz-Lungen-Maschine testen wollte und zu diesem Zweck die Priorität anders einteilte als nach dem schlichten zeitlichen Eintreffen der Patienten, so würde ich das für rechtswidrig halten.

Samson:
Nein, das ist ein anderes Problem: Sie meinen jetzt die kritischen Fälle, bei denen rein faktisch beschränkte Möglichkeiten bestehen. Aber hier kommt doch hinzu, daß rechtlich beschränkte Möglichkeiten bestehen, weil der Produzent eben nicht beliebig Interferon, selbst wenn er könnte, produzieren dürfte. Er dürfte eben vor Zulassung nur für Versuchszwecke — Prüfzwecke — produzieren.

Fincke:
Das ist eine verwaltungsrechtliche Behauptung, die sehr streitig ist. Zumindest sehr bestritten werden kann. Ein Hersteller kann herstellen, was er will.

Samson:
Aber nicht abgeben.

Granitza:
Ich meine, wenn ich das ergänzend sagen darf, Sie führen ja mit Ihrer Argumentation den Hersteller in eine ganz schwierige Position. Denn der muß sich nun überlegen, ob er sagt, jetzt werden in der Forschung Überstunden gemacht. Das geht gar nicht anders. Hier ist ein Mittel da, ob rechtlich oder eher ethisch begründet, resultiert auf einmal eine Pflicht zum Forschen, zum schneller Forschen, eine Pflicht zum schneller „In-den-Verkehr-bringen", und der arme Wissenschaftler, der mit diesem Problem schwanger geht, dem raucht der Kopf. Ich würde das dann nicht nur als ärztliches Problem sehen, sondern auch als ein Herstellerproblem.

Lewandowski:
Ich meine, daß die Tatsache, ob das Medikament zugelassen ist oder nicht, hier im Grunde unerheblich ist. In Wirklichkeit geht es, meiner Meinung nach, um die Frage, ob ich allgemein als Arzt zu einem therapeutischen Optimum verpflichtet bin und nach welchen Maßstäben ich dieses Optimum beurteile. Die Schwierigkeiten entstehen dann daraus, daß ich in der medizinischen Bewertung der sich anbietenden Alternativen nicht sicher bin.

Meiner Auffassung nach zwingt mich der Behandlungsauftrag nicht zur Gabe des Präparates, von dem ich nur das Gefühl oder die Intuition der Überlegenheit habe. Hier läßt, so meine ich, die Rechtsordnung in der Tat dem Akteur einen gewissen Spielraum, und zwar deshalb, weil sie die Unsicherheit des Wissens über die Erfolgswahrscheinlichkeit oder über das Risiko, das mit der Therapie verbunden ist, nicht beseitigen kann und diese Unsicherheit sozusagen als Beurteilungsvoraussetzung akzeptiert. Ich möchte dies an zwei Beispielen erläutern, allerdings nicht in herkömmlicher juristischer Manier, sondern mehr vom praktischen Ergebnis her.

Nehmen wir zunächst ein bewährtes Medikament, für das sich plötzlich aus Tierversuchen oder aus Beobachtungen am Patienten der Verdacht eines gravierenden Risikos ergibt. Ich würde eine Optimierungspflicht in dem Sinne, daß man unter allen Umständen die Strategie wählen muß, die praktisch unbelastet ist, zum Ausschluß dieses Arzneimittels führen müssen, auch für die klinische Prüfung. Und in der Tat, so wird auch argumentiert. Wenn ein Verdacht diskutiert wird, sagt man heute, müssen wir Maßnahmen treffen. Aber wir können das Präparat auch nicht mehr prüfen, das ist unethisch. Ich halte das persönlich für eine sehr verkürzte Betrachtungsweise, sogar für eine gefährliche und deswegen rechtlich auch nicht akzeptable. Denn sie läuft im Ergebnis darauf hinaus, daß, je besser unsere Erkenntnismöglichkeiten sind, je früher wir sehen, was mit dem Medikament möglicherweise passieren kann, desto eher verkürzen wir uns die therapeutische Möglichkeit. Und wenn man das Problem so löst, wie es heute von vielen mit Nonchalance gemacht wird, dann fordert man geradezu zur diagnostischen und therapeutischen Blindheit auf, weil bei dieser Haltung das therapeutische Arsenal um so größer ist, je weniger man sich um die Folgen dessen, was man tut, kümmert.

Und das zweite Beispiel ist bekannt und klingt nach Polemik: In anderen Bereichen des gesellschaftlichen Lebens verhalten wir uns auch ganz anders als nach einem intuitiven Optimum: Nämlich z. B. beim Großversuch auf der Autobahn mit Geschwindigkeitsbegrenzung. Auch hier werden mehrere Strategien miteinander verglichen, obwohl das Vorwissen viel stärker ist als am Anfang einer klinischen Prüfung.

Kewitz:

Ich möchte die Frage noch ergänzen, weil nämlich im Gesetz steht unter § 41,1, daß die klinische Prüfung nur durchgeführt werden kann, wenn die medizinische Wissenschaft glaubt, daß es wirksam ist.

Fincke:

Es geht darum, was zwischen der Intuition auf der einen Seite und dem Ergebnis eines kontrollierten Versuchs andererseits relativ verläßlich ist. Jeder weiß einerseits, daß es Informationen gibt, die relevant sind, obwohl sie nicht aus dem kontrollierten Versuch stammen. Jeder weiß aber auch, daß ein Gefühl der Hoffnung bei der Bestimmung des Therapieoptimums nicht unbedingt verwertet werden muß. Ich halte daran fest, daß die Rechtsprechung das „Therapieoptimum" als Prinzip fordert, so schwierig es auch zu bestimmen sein mag.

Das Optimum bestimmt sich nach einem praktischen Urteil, auch wenn es von einer quasi „mathematischen" Modellvorstellung ausgeht. Theoretisch ist denkbar, daß „Null-Wissen" nicht nur statistische Annahme ist, sondern faktisch vorliegt. Nur darf man das „Wissen" nicht auf Ergebnisse kontrollierter Versuche oder auch nur auf „Anerkanntes", „Bewährtes" reduzieren, weil ein praktisches Urteil sämtliche momentan vorliegenden Informationen verwertet, und weil sich die genannten qualifizierten Daten nicht qualitativ vom sonstigen Erfahrungsschatz unterscheiden. Wie sich der Strafverfolger bei der Verdachtsquantifizierung nicht auf präsent-bewußte Erfahrungsdaten beschränken darf, so könnte es eine sträfliche Spielerei sein, wenn der Arzt seine Urteilsbasis künstlich verkürzt.
Da alle Informationen zusammenkommen, ist es irreführend, wenn man innerhalb der Evidenz gewisse Gruppen unterscheidet, wie etwa „Intuition", „Hoffnung", „bekannt", „eingeführt", „bewährt".
Solche Kategorien vermischen die Gegensatzpaare objektiv—subjektiv, generell—individuell, bewußt—unterbewußt, und den Grad der Wahrscheinlichkeit, die alle an je gesonderter Stelle Bedeutung haben, dergestalt, daß sie ihren Aussagewert verlieren. Statt dessen sollte man nur noch auf den Grad der Wahrscheinlichkeit abstellen. Der ist zwar im Regelfall nicht exakt bestimmbar, man muß ihn sich aber als Punkt auf der Wahrscheinlichkeitsskala vorstellen. Dieser Punkt ist Produkt *aller* momentan vorliegenden Daten, die nach der Praxis der Ärzte relevant sind, ohne Rücksicht darauf, woher sie kommen. Daß sie nicht das Ergebnis eines kontrollierten Versuchs sein müssen, ist bei den Antibiotika vielleicht besonders manifest, in anderen Fällen weniger offensichtlich, aber im Prinzip nicht anders. Man kann sich jedenfalls nicht, wie das der Kollege Koller mal vorgeschlagen hat, darauf zurückziehen, daß man ja Nullwissen habe, weil die Statistik das Nullwissen diktiert. Das jedenfalls spielt keine Rolle.

Lewandowski:
Ich möchte hier vorschlagen, daß wir einen Augenblick abbrechen, weil wir uns vorgenommen haben, einen bestimmten Zeitplan einzuhalten. Möglicherweise werden sich die unterschiedlichen rechtlichen Positionen mit der Zeit weiter minimieren und in den praktischen Ergebnissen wahrscheinlich kaum noch zu unterscheiden sein. Das sage ich nicht, um einen Konsens herbeizureden, sondern um Ihnen, den betroffenen Medizinern, diese Unsicherheit zu nehmen: An wen sollen wir uns halten, wenn die Juristen, an die wir uns in dieser Frage wenden müssen, so kontrovers sind. Auch wir haben manchmal das Bedürfnis, zu denselben Ergebnissen aufgrund verschiedener Prozeduren zu kommen.
Jetzt wollen wir zu einem anderen Thema gelangen. Es ist ja nicht so, daß wir uns mit diesen Fragen beschäftigen, weil sie allein der Erweiterung des Wissens und dem Fortschreiten der Erkenntnis dienen, sondern weil sie von erheblicher praktischer Bedeutung sind. Für die gesellschaftliche Anerkennung der klinischen Prüfung spielt unserer Auffassung nach der Vollzug der Vorschriften, die Anwendung der Prinzipien in der Praxis, eine entscheidende

Rolle. Nachdem wir gestern Herrn Kleinsorge darüber gehört haben, kann heute Herr Granitza als Syndikus der Firma Schering seine Erfahrung und seine Probleme aus der Sicht eines großen Unternehmens darstellen.

Granitza:
Ich bitte um Nachsicht, wenn ich mich in praktische Niederungen hineinbewege. Wir haben ja eben gesehen, daß es bei dem ganzen Thema nicht nur darum geht, den § 40 und 41 AMG auf seine praktische Durchsetzbarkeit hin abzuklopfen; sondern es steht dahinter das gesamte Strafrecht, und gerade die Konzentrierung auf die Vergleichsgruppe rückte beinahe die §§ 40, 41 ein wenig in den Hintergrund und zeigte sehr deutlich, daß die Probleme unter Umständen an ganz anderer Stelle liegen.
Gleichwohl ist es, glaube ich, richtig festzuhalten, daß wir uns im Augenblick in einem rechtlichen Versuch befinden. Wir prüfen die Frage, ob die §§ 40, 41 AMG halten, oder ob das Leben an ihnen vorbeigeht mit der Folge, daß diese §§ irgendwann einmal fallen werden. Ich glaube, daß diese Frage sich daran entscheiden wird, wie sich diese §§ in der Praxis durchsetzen lassen. Welche strafrechtlichen, verwaltungsrechtlichen Urteile wird es geben, die diese §§ entweder fortentwickeln oder aber ad absurdum führen? Im Augenblick, glaube ich, haben wir Juristen nahezu einen Konsens, daß wir sagen, wir haben das Gefühl, es geht damit. Wo liegen aber die Schwierigkeiten, wo liegen damit auch die Aufgaben für den Juristen, um diesen Satz — Es geht damit! — zu belegen und vielleicht auch zur Aufgabe zu machen.

1. Bürokratisierung

2. Zielkonflikte
   Hersteller – Arzt – Patient

3. Verständigungsprobleme
   Arzt – Jurist
   z. B. Leiter „Klinischer Prüfung"
   – Versicherung
   – Einwilligung

4. Strikte Einhaltung des Gesetzes
   – das Gesetz nicht unterlaufen
   – das Gesetz nicht erweitern

5. Öffentlichkeit

Abb. 4 Juristische Problemfelder bei der praktischen Anwendung des Arzneimittelgesetzes.

Einmal in der praktischen Anwendung, ich sehe es jetzt sehr spezifisch aus der Sicht des Industriejuristen. In der praktischen Anwendung tritt in Erscheinung: Erstens ein Mehr an Bürokratisierung, und zwar nicht nur deswegen, weil Daten gesammelt werden müssen, um dem eigentlichen Ziel der klinischen Prüfung — nämlich Unterlagen über Wirksamkeit und Unbedenklichkeit zu bekommen — gerecht zu werden. Sondern weil daneben in den §§ 40, 41 der Probanden-/Patientenschutz verankert ist, der seinerseits nun wieder eine Fülle von Unterlagen, Formularen und Daten bedingt; der Proband/Patient muß ja z. B. versichert werden. Dafür müssen Daten und Formulare ausgearbeitet werden. Das ist für die Ärzte in der Praxis ganz sicher etwas Schreckliches, wenn sie Aufzeichnungen führen müssen, damit nachher im Versicherungsfall festgestellt werden kann, ob der Patient versichert war oder nicht, oder abgelesen werden kann, ob man sich innerhalb des Prüfplanes bewegt hat oder nicht. Alles Fragen, die im Ernstfall Relevanz erlangen.
Zweitens: die Zielkonflikte, die bei der praktischen Durchführung der klinischen Prüfung entstehen mögen, nimmt das Gesetz nicht weg. Wir haben, und da möchte ich mich sehr kurz fassen, hier ja schon den Zielkonflikt „Arzt—Patient", „forschender Arzt", „Arzt mit Heilauftrag" behandelt. Ich möchte sagen, daß auch zwischen Hersteller und prüfendem Arzt durchaus Konflikte bestehen, die man versucht, durch einen Prüfauftrag oder ähnliches zu fassen und zu kanalisieren. Aber die Vorstellung, die der prüfende Arzt hat, und die, die der Hersteller hat, gehen oft auseinander und sind anders motiviert.
Drittens: Ein weiteres Thema, bei dem die praktische Bewährung zur Sprache kommt, ist die Frage: Können sich Arzt und Jurist überhaupt noch verständigen? Ist der Jurist überhaupt in der Lage, den § 40, 41 so zu erläutern, daß der Arzt mit ihm in der Praxis arbeiten kann? Sie wissen, daß Sie jeden Juristen ganz schnell in schreckliche Probleme bringen, wenn Sie ihn fragen, wer ist der Leiter der klinischen Prüfung und wer führt die klinische Prüfung durch. Dann beginnen einstündige Kolloquien über die Auslegung der Begriffe in §§ 40, 41, und was herauskommt, hat manchmal den Anschein von Trostlosigkeit. Arzt und Jurist gehen auseinander, ohne sich recht verstanden zu haben. Das gleiche passiert, wenn man darüber diskutiert: Liegt denn überhaupt eine klinische Prüfung vor, die unter die §§ 40, 41 fällt oder vielleicht eine Prüfung, die über den § 42 (der wieder auf den § 29 verweist) aus diesem Rahmen herausfällt? Und wenn der Jurist das feststellt, dann muß er erläutern, daß dann das Allgemeine Strafrecht gilt, usw., usw.
Eine Fülle von Verständigungsproblemen, die, und das ist die Aufgabe des Firmenjuristen, einfach handhabbar und praktisch gemacht werden müssen. Und das ist eben in der Praxis leider oft gar nicht möglich.
Viertens: Das vierte Thema ist die Versicherung. Die simple Frage des Arztes, bin ich ausreichend abgedeckt, ist ein so weites Feld, daß hier weitere große Verständigungsprobleme existieren.
Über Aufklärung und Einwilligung will ich schließlich gar nicht erst sprechen.
Auf der anderen Seite scheint mir aus der Praxis doch zu resultieren, daß sich ein gewisser Konsens sowohl zwischen prüfenden Ärzten und Juristen ergibt, dieses Gesetz ernst zu nehmen und es einzuhalten. Damit ist ein anderes Ge-

setz, was genauso denkbar ist, zu vermeiden. Das Gesetz scheint durchaus eine ausgewogene Lösung darzustellen, aber nur wenn man von diesem Grundbewußtsein ausgeht, wird es auch halten.
Das heißt auf der einen Seite, daß sowohl Arzt als auch Hersteller ein Auge darauf haben müssen, daß das AMG nicht unterlaufen wird. Zu dieser Frage ein Beispiel: Es gibt bei einem unserer Prüfpräparate eine Strafanzeige, weil angeblich der § 41 verletzt sei. Die richtet sich sowohl gegen die prüfenden Ärzte als auch gegen den Hersteller. Es ist nun unsere Pflicht, nachzusehen, ob das System funktioniert hat, ob die Ärzte aufgeklärt haben oder nicht. Wir gehen davon aus, daß das Arzt-Patienten-Verhältnis auch im Rahmen der klinischen Prüfung weiter existiert, daß Aufklärung und Einwilligung primär ein Problem des prüfenden Arztes ist, aber sekundär auch ein Problem des Herstellers, der sich darüber vergewissern muß, ob die Sache klappt. Wenn sie nicht klappt, müssen Konsequenzen gezogen werden.
Der Fall ist auch in der Zeitung nachzulesen, er bezieht sich auf ein Prostaglandin, das an mehreren Kliniken in Berlin geprüft worden ist. Die Behauptung ist die, daß den Frauen, die in diese Kliniken gegangen sind, um dort die Leibesfrucht abzutöten, ein Präparat gegeben worden ist in dieser Indikation, ohne daß sie aufgeklärt worden sind, welche Begleit- und Nebenwirkungen im einzelnen auftreten können und welche Vorteile gegenüber anderen Methoden bestehen.
Ich habe nicht den Eindruck, daß dieser Vorwurf gerechtfertigt ist. Aber als Hersteller muß man sich darum kümmern und als prüfender Arzt ist man recht schnell in ein strafrechtliches Ermittlungsverfahren einbezogen. Und was hinzukommt, das ist vielleicht der letzte Punkt, den ich anschneiden wollte. Es genügt nicht, daß Industrie, Jurist und Arzt die gemeinsame Basis und Verständigungsmöglichkeit haben, sondern es kommt hinzu, daß eine große Aufklärungsarbeit auch in der Öffentlichkeit geleistet werden muß, wenn die §§ 40, 41 überleben sollen. Die Zeitungsberichte in dem erwähnten Fall sind z. T. erschreckend. Da wird geschrieben, daß die ganze Sache eine besonders peinliche Note dadurch bekäme, daß nun der Hersteller auch noch eine Versicherung auf Leben und Gesundheit der Prüfpatienten abgeschlossen habe und daran könne man doch wohl sehen, was in Wahrheit auf dem Spiele steht!!
Die einfache Tatsache, daß das Gesetz zum Abschluß einer Probanden-Versicherung verpflichtet, führt zu einer absurden Argumentation. Das, was eigentlich vernünftig ist, muß der Öffentlichkeit erklärt werden, damit Mißverständnisse nicht zum Risiko für die Gesetzesparagraphen werden.

Lewandowski:
Ich würde dann hier gerne für unser Fachgespräch einen vorläufigen Schlußstrich ziehen wollen. Vielleicht haben Sie aus der Diskussion den Eindruck gewonnen, daß wir ungeachtet aller Schwierigkeiten in den letzten Jahren sehr viel weiter in der Vertiefung und in der Lösung einiger Probleme gelangt sind. Das Verdienst, daß sich in dieser Richtung etwas entwickelt hat, gebührt zweifellos dem Arzneimittelgesetz und seinen Schöpfern. Damit haben wir schon

nach wenigen Jahren der Geltung des neuen Gesetzes etwas mehr Sicherheit für den Patienten erreicht, aber auch für die Akteure.

Samson:
Ich möchte versuchen, die Harmonie, die sich jetzt hier andeutet, zu relativieren. Einmal glaube ich, sollten wir nicht so tun, als seien wir uns einig in der rechtlichen Beurteilung. Man muß aber auch noch einen anderen, ganz wichtigen Gesichtspunkt sehen: Es besteht die ganz große Gefahr, daß der Bereich der klinischen Prüfung in der Diskussion beschränkt bleibt auf die wenigen Insider, die sich damit praktisch beschäftigen und die wenigen Juristen, die ihre Veranstaltungen verzieren. Wir müssen aber sehen, daß bei solchen Vorgängen, wie Herr Granitza sie jetzt geschildert hat, Juristen zu urteilen haben, die sämtliche Vorinformationen nicht besitzen. Ich sehe die Gefahr, daß irgendwann einmal vom grünen Tisch her durch Juristen entschieden wird, die die erforderlichen Informationen nicht haben.
Es hat immerhin zweieinhalb Jahre gedauert, bis Herr Fincke und ich uns ein wenig angenähert haben, und ich befürchte, daß ein Staatsanwalt so lange nicht nachdenkt, wenn er die Entscheidung über Einstellung oder Anklage zu treffen hat.

Granitza:
Was Herr Samson oben gesagt hat, kann ich nur lebhaft unterstützen. Die Frage, wann der § 40 und wann der § 41 gilt, und was Gesunde, was Kranke sind — und das bei Diagnostika, bei Abtreibungsmitteln, oder bei oralen Kontrazeptiva — diese Fragen sind für einen mit einem normalen Juristenverstand ausgestatteten Staatsanwalt ohne Insider-Wissen eine Aufgabe.
In dieses Horn möchte ich wirklich hineinblasen. Die Entscheidungen über diese Dinge werden leider an ganz anderer Stelle getroffen, und je mehr wir uns hier unterhalten und einig werden, um so interessanter mag das sein. Aber da wird nicht über das Schicksal der §§ 40/41 entschieden, hier an unserem Tisch. Das muß man ganz klar sehen.

Bock:
Mir scheint sowohl nach dieser Diskussion als auch nach der Lektüre des Buches von Herrn Fincke, daß das sogenannte Vorwissen ein ganz kritischer Punkt ist, da es sehr unterschiedlich bewertet werden kann. Einerseits kann ich mir eine Situation überhaupt nicht vorstellen, in der es vor einer Prüfung ein Vorwissen gibt, das absolut Null ist. Andererseits kann ein Vorwissen, das in einer bereits vorliegenden Studie besteht, durchaus als unzureichend betrachtet werden in bezug auf die mögliche Überlegenheit eines Testpräparates. Ich habe aus der Lektüre Ihres Buches, Herr Fincke, den Eindruck behalten, wenn ich eine Prüfung mache, bei der ich wirklich nicht weiß, ob das Testpräparat der Standardtherapie gleichwertig, über- oder unterlegen ist, dann mache ich mich letztlich strafbar, weil ich je nach dem späteren Ausgang des Experimentes irgendeiner Gruppe irgendeine wirksame Behandlung vorenthalten habe. Wenn ich aber auch nur das geringste Vorwissen über einen

möglichen überlegenen Effekt des Testpräparates gegenüber der Standardtherapie habe, und sei es aus einem Tierversuch, dann mache ich mich auch strafbar, weil ich dann der Gruppe mit der Standardtherapie eine möglicherweise bessere Behandlung vorenthalte. Das war der Eindruck, den manche Ärzte aus der Lektüre Ihres Buches gewonnen haben: Man kann machen, was man will, man steht immer mit einem Bein im Gefängnis.

Fincke:
Das ist ein Mißverständnis. Unter Nullwissen habe ich bisher die Situation verstanden, daß der Arzt nicht weiß, welches von zwei Mitteln *überlegen* ist. Nicht, daß er nichts weiß — er kann eine Menge von ganz entscheidendem Wissen haben —, sondern daß er das nicht entscheiden kann. Das wäre der Fall der Gleichwertigkeit, in dem das eine Bein schon mal *nicht* im Gefängnis steht.
Das andere Bein, das ist § 41 Nr. 1, ist dann betroffen, wenn Nullwissen in einem anderen, nämlich im absoluten Sinn verstanden wird, d. h. ohne Rücksicht auf andere Arzneimittel: daß der Arzt überhaupt nichts über Risiken und Nutzen weiß.

Gross:
Herr Fincke, Sie erheben also die Intuition zum juristischen Prinzip. Wer aber die Intuition nicht hat, der macht sich dann eigentlich strafbar, wenn er Patienten behandelt. Wer sie hat, der soll nach seiner Intuition handeln; wer sie nicht hat, der enthält dem Patienten etwas vor. Das ist das, was ich nicht verstehe. Die Intuition ist doch etwas ganz Individuelles. Wie kann ich das zur Maxime erheben und sagen, jeder muß nach seiner Intuition handeln. Was dabei herauskommt, ist ein ganz verschiedenes Handeln.

Samson:
Das Problem steckt doch darin, daß der § 41 Nr. 1 AMG ein Vorwissen voraussetzt, damit der Versuch überhaupt zulässig wird. Die Frage ist jetzt, ob das Vorwissen, das dort vorausgesetzt wird, identisch ist mit dem Vorwissen, das genügt, um eine Therapiepflicht im Sinne von Herrn Fincke zu begründen. Wenn man diese Frage bejaht, wenn man sagt, was für § 41 erforderlich ist, reicht aus, um eine allgemeine Behandlungspflicht zu begründen, dann ist der kontrollierte Versuch tot. Ich habe in der Tat, Herr Fincke, Sie bisher immer so verstanden, daß Identität zwischen diesen beiden Vorwissen besteht. Dagegen wenden sich Ihre Kritiker, die meinen, in § 41 Nr. 1 sei ein geringeres Vorwissen ausreichend und erforderlich als das Vorwissen, das zur allgemeinen Therapieverpflichtung führt.

Kienle:
Sie haben doch gestern an der Tafel der Aufklärung gesehen, wie herumgedruckst wurde, daß man den Patienten ja faktisch doch nicht aufklärt und nun nach einem Trick sucht, daß er so aufgeklärt wird, daß er nicht weiß, worüber er aufgeklärt ist. Das kam doch eigentlich ganz deutlich heraus, daß man ihn im Grunde nicht aufklären kann, daß er Placebo bekommt.

Fülgraff:
Das war eine Außenseiterposition.

Kienle:
Es ist doch gesagt worden, daß die Patienten so aufgeklärt werden, daß sie eben nicht genau wissen, daß sie Placebo bekommen.

Fülgraff:
Aber das hat wirklich nur einer gesagt.

Kienle:
Ich sehe das Problem darin, daß wir die Erkenntnislage über das zu prüfende Medikament je nach der Zielsetzung unterschiedlich beurteilen. Wenn wir einen kontrollierten Versuch durchführen wollen, sinkt die Erkenntnisgewißheit soweit, daß wir dem Patienten erklären können, daß wir keinen Unterschied erkennen können. Solange sich die Erkenntnisgewißheit in Abhängigkeit von der Zielsetzung so gravierend verändert, stehen wir vor einer problematischen Situation. Die andere Seite müssen wir realistisch sehen. Wer ein Arzneimittel anmelden will, fürchtet doch die Frage, warum er nicht doppelblind geprüft und die Wirksamkeit nicht ausreichend nachgewiesen habe. Das ist der Druck, dem man sich ausgesetzt sieht, wenn man ein Arzneimittel zugelassen oder akzeptiert haben will. Der Hersteller muß eben prüfen lassen. Nun tritt das Problem auf: Man muß einen Doppelblindversuch machen, der eigentlich nicht durchführbar ist. Man beginnt zu laborieren. Man kann versuchen, um formal aus der Klemme zu kommen, das Vorwissen zu einem Nullwissen zu deklarieren. Im Grunde genommen weiß man aber etwas ganz anderes, als man es für den Versuch behauptet, um doppelblind prüfen zu können.

Lewandowski:
Herr Kienle, Ihre Logik ist nicht zu bestreiten. Ihre Ausführung baut aber ganz entscheidend auf der Voraussetzung auf, daß der kontrollierte klinische Versuch der Doppelblindstudie die Regelanforderung des Arzneimittelgesetzes zum Wirksamkeitsnachweis ist, und das ist nicht der Fall.

Kienle:
Nein, aber wenn die Leute in der Vorstellung arbeiten, es sei so. Ich bin mit Ihnen einig.

Lewandowski:
Viele Auffassungen sind möglich, wenn man falsche Prämissen annimmt. Ich würde aber warnen, diese falschen Vorstellungen zur Grundlage unserer Auseinandersetzung zu machen. Wenn man sich zu sehr mit falschen Positionen auseinandersetzt, dann macht man sich oft selbst dabei schmutzig.

Kewitz:
Herr Samson hat vorhin gesagt in seiner einleitenden Ansprache, für möglich gehaltene Wirksamkeit genügt für den Vorsatz. Sie haben die Position noch einmal geklärt in dem letzten, was Sie gesagt haben. Der Konflikt, der da bestehenbleibt zwischen § 41,1 und Strafgesetz, der bedrückt mich. Da frage ich mich, warum können die Juristen nicht in das Arzneimittelgesetz irgendeine Regelung aufnehmen, daß der kontrollierte klinische Versuch nicht rechtswidrig ist. Warum kann man das denn nicht gesetzlich feststellen?

Lewandowski:
Das könnte man. Das hat der Bundestag nicht getan. Es ist eine politische Entscheidung, das nicht so zu machen.

Kewitz:
Und wo bekommt man das erläutert?

Lewandowski:
Wenn man den Ausschußbericht liest und wenn man die Entstehungsgeschichte des Gesetzes verfolgt, dann weiß man, daß der Bundestag eine bewußte Entscheidung getroffen hat.

Samson:
Man muß ganz deutlich sehen, daß in der Anhörung der Sachverständigen nicht ein Grund dafür liegt, daß man sich dieser Frage nicht näher angenommen hat. Dort wurde nämlich von medizinischen Sachverständigen erklärt, Doppelblindversuche gegen Placebo kämen im deutschen Sprachraum praktisch nicht vor. Sie seien ganz bedeutungslos.

Kewitz:
Da weiß man doch inzwischen, daß diese Aussage nicht stimmt.

Samson:
Das ist die typische Reaktion der Mediziner gegenüber Juristen. In der Vorstellung, sie könnten ihre Positionen halten, vertuschen sie gelegentlich tatsächliche Umstände. Und erreichen genau das Gegenteil dessen, was sie erreichen wollen. Anstatt dem Juristen das faktische Problem auf den Tisch zu legen und seinen Berufsehrgeiz so anzustacheln, daß er nun zu Problemlösungen aufgerufen wird, neigen die Mediziner dazu — ich weiß das aus leidvoller Erfahrung —, sich gegenüber den Juristen abzuschirmen und stacheln den umgekehrten Berufsehrgeiz an, nämlich einmal nachzusehen, ob wirklich alles in Ordnung ist. Das ist der Mechanismus, der hier abgelaufen ist.

Kewitz:
Herr Samson, aber wenn man jetzt nun weiß, daß es anders ist, warum faßt man nicht ins Auge, dieses gesetzlich zu regeln?

Rahn:
Ich habe hierzu noch ein Problem. Wie wollen Sie eigentlich entscheiden, wann das Vorwissen genügend ist, um zu sagen, eine Behandlung ist wirksam. Das scheint ja ein sehr wichtiger Punkt zu sein. Ich habe den Eindruck, während der ganzen Diskussion geht man immer stillschweigend davon aus, wenn einmal eine gut kontrollierte Untersuchung durchgeführt ist, ist dieses Problem gelöst. Aber das widerspricht doch der Wirklichkeit. Wir wissen, daß Untersuchungen, die man als gut kontrolliert ansehen würde, es nicht sind, wenn man Zusatzinformationen bekommt, die manchmal nicht veröffentlicht wurden. Und man weiß auch, daß gelegentlich bei Untersuchungen gepfuscht wird. Gestern ist beispielsweise von Herrn Kienle die japanische Studie genannt worden, wo für den Schulmediziner etwas Überraschendes herausgekommen ist. Es ging um positiv inotrop wirkende Pharmaka. Da würde ich sagen, es ist doch eine gute Gewohnheit bei Untersuchern, die in der Forschung tätig sind, daß sie keineswegs von der Richtigkeit jeder Publikation überzeugt sind. Sie wollen auf jeden Fall eine Bestätigung durch weitere Autoren haben. Man könnte sagen, wenn zwei oder drei Leute dasselbe gefunden haben, dann bin ich sicher, daß die Aussage richtig ist. Aber die Erfahrung hat gezeigt, daß es doch keineswegs so ist. Es kommt vor, daß jahrelang sich irgendeine Meinung hält und auch immer wieder durch Publikationen belegt wird, und dann plötzlich kommt eine Untersuchung, die sagt, daß das alles nicht richtig war.

Lewandowski:
Wir dürfen eben nicht mehr aufgrund weniger Befunde zu festen Meinungen gelangen und Abweichungen als rechtswidrig und unethisch bezeichnen. Dazu muß man sich anstrengen.

Fülgraff:
Ich möchte noch einmal auf das „Wissen" zurückkommen. Kann es nicht sein, daß in dieser Diskussion heute vormittag Herr Fincke und Herr Kienle einerseits, und manche andere, die sich an der Diskussion beteiligt haben andererseits, jeweils unter „Wissen" etwas anderes verstehen? Und daß wir eigentlich da ansetzen müssen, um die Kontroverse aufzulösen und nicht an strafrechtlichen Konsequenzen. Was also verstehen die beiden Seiten unter „Wissen", und wenn wir das geklärt haben, ist der Rest erledigt.
Zum zweiten möchte ich noch etwas zur Placebo-Frage sagen. Ich halte persönlich, trotz der gestrigen Diskussion, die gezeigt hat, daß Versuche gegen Placebo eine größere Aussageschärfe erreichen können, als Versuche gegen andere Präparate, jede Art von Prüfung gegenüber Placebo nur für vertretbar, wenn die an der Prüfung Beteiligten die begründete Vermutung haben können, daß die verfügbaren Arzneimittel den natürlichen Krankheitsverlauf nicht erkennbar zum Vorteil des Patienten verändern können. Das heißt, der Arzt zweifelt an der Wirksamkeit der vorhandenen Arzneimittel für das bestimmte Gebiet und ist auch gegenüber dem neuen Arzneimittel hinreichend skeptisch. Nur dann halte ich eine Prüfung gegen Placebo überhaupt für vertretbar.

Kleinsorge:
Ich möchte Herrn Fülgraff noch ergänzen und etwas ganz klar aussprechen: Es liegt in der Luft, daß die Vermutung auftaucht — und sicher nicht unbegründet in einzelnen Fällen —, einzelne Hersteller prüften gegen Placebo, um auf jeden Fall ein positives Ergebnis zu erbringen. Dieser Eindruck muß unbedingt vermieden werden. Deswegen stimme ich dem, was Herr Fülgraff sagt, durchaus zu. Es darf nicht gegen Placebo geprüft werden, wenn auch nur ein solcher Verdacht entstehen könnte. Eine klare Indikation zur Prüfung gegen Placebos ergibt sich allerdings, wenn die Aussage über die Wirksamkeit in erster Linie auf subjektiven Parametern beruht. Ferner können wir auf Placebos nicht in der Auslaßperiode einer kontrollierten Studie verzichten, oder dann, wenn eine sogenannte gesicherte „Standardtherapie" nicht existent ist.

Granitza:
Zwei Bemerkungen zu dem Vorangegangenen. Die eine betrifft das Gespräch Herr Samson/Herr Kewitz. Da hatte ich so ein bißchen das Gefühl, daß die Mediziner Anforderungen an die Juristen haben: „Macht doch mal ein Gesetz und schreibt klar rein, was zulässig ist." Ein bißchen können wir Juristen das auch zurückgeben. Wovor wir immer Respekt haben, ist der Stand der medizinischen Wissenschaft. D. h., wenn die Mediziner miteinander diskutieren und zu einem gemeinsamen Ergebnis kommen, sind wir überglücklich. Da mag es sein, daß der kontrollierte klinische Versuch dabei ist. Es hat keinen Sinn, daß etwas in eine Anordnung reingeschrieben wird, was in der medizinischen Wissenschaft nicht akzeptiert ist. Das war Punkt 1.
Punkt 2: Diese „Vorwissens"-Diskussion scheint mir, und insofern möchte ich mich voll dem anschließen, was Herr Lewandowski sagt, ein bißchen zu vereinfachend zu sein. Was an Vorwissen auf einen klinischen Prüfer einströmt, ist doch immer nur Mosaikstein-Wissen. Das sind Mosaiksteine zur Wirksamkeit, das sind, wenn er Glück hat, Mosaiksteine zur Unbedenklichkeit. Aber bei der Entscheidung, ob er in einem Versuch das eine gegen das andere abwägen kann und dann in ethische oder strafrechtliche Probleme gerät, da kommt es ja nicht auf diese einzelnen Mosaiksteine an, sondern es kommt auf ein Bild von Wirksamkeit, auf ein Bild von Unbedenklichkeit an, und es kommt darüber hinaus — und auch das steht im Gesetz — auf eine Abwägung dieser Geschichten an. Und das, würde ich sagen, ist in sich so kompliziert und so miteinander verschachtelt, daß ich schon meine, ein prüfender Arzt hat den Zustand der Unschuld für eine sehr lange Zeit.

Siebr:
Einmal ist in Amerika gesagt worden: „Wir können nicht entscheiden, was letzten Endes Recht und Unrecht ist, das werden die Gerichte tun." Daraus ergibt sich für den Mediziner eine unhaltbare Situation. Zivilrechtlich ist er versichert und kann sich versichern. Unter strafrechtlichen Gesichtspunkten kann ich nur folgende Ratschläge geben: Man muß natürlich den Patienten oder Probanden voll aufklären, man muß möglichst alles offenlegen, was man getan hat, und schließlich sollte man sich mit seinen Kollegen ins Gespräch

setzen, sich möglichst mit ihnen beraten und auch das offenlegen. Das sind sozusagen die „notariellen" Ratschläge, die ich geben kann. Im übrigen bleibt es bei dem, was in Amerika gesagt worden ist.

Samson:
Ich möchte als erfahrener Strafverteidiger dringend davor warnen, alles, was man tut, offenzulegen.

Fincke:
Als Trost möchte ich dem Katalog der Ratschläge noch hinzufügen: Bevor man bestraft wird, gehört ja auch noch das Unrechtsbewußtsein dazu.

Samson:
Seit Ihrem Buch ist das doch immer vorhanden.

Fincke:
Das hängt jetzt auch wieder zusammen mit dem, was Herr Gross angesprochen hat: Sollte Intuition etwa zur Rechtspflicht gemacht werden? Wenn ich sie nicht habe, werde ich bestraft dafür, daß mir das nicht in die Wiege gelegt ist? In der Tat besteht ein ganz gewaltiger Unterschied zwischen dem, was der individuelle Arzt denkt und kann, und dem, was zur generellen Rechtspflicht gemacht wird. Jetzt gibt es aber die Schwierigkeit bei der Bestimmung der generellen Rechtspflicht. Wenn ich Können, Wissen und Intuition des individuellen Arztes nicht zugrunde legen kann, was denn dann? Das Urteil muß ein Subjekt haben. Einerseits muß auch die ganz große Kapazität, die an der Spitze der Forschungsfront steht, einmal die Möglichkeit haben, „Atem zu holen" und sich, wie Herr Samson es ausgedrückt hat, auf Standardtherapie zurückziehen. Denn diese Spitzenkapazität — es gibt viele Ausnahmen, es sei nur einmal als Prinzip hingestellt — ist nicht der Maßstab.
Andererseits aber auch nicht der Durchschnittsarzt, nicht nur deswegen, weil es den nicht gibt, sondern deswegen, weil eben verschiedene Therapierichtungen zur Kenntnis zu nehmen sind.
Zur Lösung habe ich einen generellen Maßstab mit „individuellem Einschlag" vorgeschlagen: Es entscheidet zwar der gedachte gewissenhafte „Normalarzt", der ggf. der vom Patienten in Anspruch genommenen besonderen Therapierichtung angehört und durchaus auch mehrere gleich vertretbare Behandlungen „anbieten" kann; aber dieser Normalarzt ist mit dem Sonderwissen (nicht: Sonderkönnen, das wäre die „Kapazität") des individuellen behandelnden Arztes ausgestattet und kennt daher insbesondere jene Daten, die den Arzt ggf. zu einem „Vor-Urteil" zugunsten des Testmittels veranlaßt haben.

Samson:
Ist das Vorwissen des § 41 Nr. 1 relevant?

Fincke:
Ja, und das ist jetzt die zweite Frage. Der § 41 Nr. 1 begründet so, wie er da steht, nicht die Einsatzpflicht des Testpräparates. Aber das ergibt sich aus meinem Buch auch, wenn man es genau liest.

Lewandowski:
Wir werden es noch einmal genau lesen.

Fincke:
Um mit einem ganz kurzen Satz zu schließen: Ich habe in dem Buch gesagt, daß bei Gleichwertigkeit das Problem nicht auftaucht.

Patientenschutz und therapeutischer Fortschritt

von G. Fülgraff

Meine Aufgabe hier verstehe ich so, daß ich Voraussetzung für eine offene Diskussion schaffen soll. Ich halte dabei keinen in sich abgewogenen Vortrag; eher werde ich mich einseitig und damit provozierend äußern in der Hoffnung, dadurch die Diskussion möglichst schnell auf die kritischen Punkte zu bringen.
Das mir aufgegebene Thema enthält zwei Begriffe zur kontradiktorischen Diskussion. Schon die Möglichkeit eines Gegensatzes zwischen Patientenschutz und therapeutischem Fortschritt rührt aber an das Grundverständnis des ärztlichen Berufs und scheint mir typisch und spezifisch für unsere Zeit und Kultur. Was kann mit therapeutischem Fortschritt gemeint sein, vor dem man die Patienten schützen müsse, so fragte wohl ein Besucher von außerhalb, aus anderer Zeit oder von anderem Stern, oder noch direkter: Muß man dort Patienten vor ihren Ärzten schützen?
Was aber ist ein therapeutischer Fortschritt wert, der zu Lasten von Patienten ginge? Geraten wir mit dieser Frage nicht mitten hinein in den Interessenkonflikt von Individual- und Sozialethik, in dem der Arzt nach den Maßstäben ärztlicher Ethik nichts zu suchen hat, da seine Verpflichtung auf das Wohl des Individuums, das sich ihm anvertraut hat, außer Zweifel steht? Mir scheint in der Tat, daß wir alles tun müssen, um Patientenschutz und therapeutischen Fortschritt nie in Gegensatz zueinander zu bringen, und daß wir dort, wo der Gegensatz droht, eher auf den Fortschritt zu verzichten haben, dessen Preis sonst fragwürdig hoch wird.
Wenn also ein Interessenkonflikt droht, sei es aus wirtschaftlichen Überlegungen, sei es aus allzu engagiertem Forscherdrang, muß unsere Position als Ärzte immer auf seiten unserer Patienten sein, und zwar der realen heutigen, nicht der künftigen, denen ein eventueller Fortschritt einmal zugute kommen könnte.
Andererseits besagt ein nicht nur in Kreisen der Industrie, sondern auch in ärztlichen Kreisen nicht selten gehörtes Argument, daß Fortschritt nicht denkbar sei ohne Bereitschaft zum Risiko. Aber cui bono? Wer geht das Risiko ein und wer hat den Vorteil davon? Wir nennen beispielsweise einen Chirurgen „mutig", der einen schwierigen, noch nie gemachten Eingriff, einen — wie wir sagen — „gewagten" Eingriff das erste Mal bei einem Patienten anwendet. Wir bewundern seinen Mut, nicht den des Patienten.

Bevor ich im folgenden drei Aspekte meines Themas zur Diskussion herausgreife, möchte ich klarstellen, daß die Überlegungen zum Patientenschutz sich auf alle Formen klinischer Therapieforschung beziehen. Der Arzneimittelforschung kann dabei weder im positiven noch im negativen Sinne eine diskriminierende Stellung zugewiesen werden. Was für sie gilt, sollte z. B. mutatis mutandis auch für chirurgische oder psychotherapeutische Verfahren gelten.

Erste These: Patientenschutz und therapeutischer Fortschritt können voneinander profitieren.

Was bedeutet heute therapeutischer Fortschritt? Lohnt es sich, alles zu erproben, was den Reiz der Neuheit hat? Ist Fortschritt nur darin zu sehen, neue Chemikalien verfügbar zu machen, und sei es auch zur Behandlung bisher nicht oder noch nicht ausreichend beeinflußbarer Krankheiten? Trotz unbestritten leistungsfähiger Medizin und hoher Ausgaben für medizinische Versorgung sind die Menschen kränker geworden. Ivan Illich gewinnt Anhänger mit seinen Thesen über die Enteignung der Gesundheit und die Nemesis der Medizin. Wir sind von dem Punkt der Kontraproduktivität nicht mehr weit entfernt, an dem mehr technischer und wissenschaftlicher Fortschritt mit weiteren Autonomieverlusten für den einzelnen bezahlt wird und die Effizienz des Systems trotz Leistungssteigerungen insgesamt eher abnimmt. Wir müssen auch im Bereich der Medizin wie in anderen Bereichen umdenken und uns von der Fortschrittsgläubigkeit lösen. Immer mehr Menschen wenden sich von dem Fortschritt in der Medizin ab, der die Ärzte wortkarg gemacht hat und der die Patienten auf den Weg in die Apotheke gebracht hat, sich mit einem Rezept eine Dosis Chemie zu holen.
Müssen wir uns nicht darauf verständigen, daß jeder Gewinn von Sicherheit im Umgang mit den Arzneimitteln, die wir schon haben, therapeutischer Fortschritt par excellence ist? Therapeutischer Fortschritt bedeutet danach nicht nur, diese Arzneimittel sicherer zu machen im Sinne von unbedenklich, sondern auch unsere Autonomie zurückgewinnen, indem wir wieder lernen, sie zielgerichteter und kritischer und das heißt auch insgesamt seltener einzusetzen in dem Bewußtsein, daß andere therapeutische Strategien vielfach wirksamer sind und daß Arzneimittel als Krücken zur Lebenshilfe und Lebensbewältigung nicht geeignet sind. Wenn wir therapeutischen Fortschritt so verstehen, gibt es keine Konflikte mit Patientenschutzgrundsätzen, als da sind Respektierung des Behandlungsauftrages, der auf eine optimale Therapie gerichtet ist, das Recht des Patienten

auf Aufklärung und die Achtung seines Selbstbestimmungsrechts. Im Gegenteil: Die Teilnahme an Untersuchungen, die eine Fortschreibung der Nutzen/Risiko-Bewertung zum Ziel haben, dürfte keine Probleme aufwerfen. Auch die Hersteller von Arzneimitteln werden erkennen, daß sich längerfristig die Forschung zur Verbesserung der relativen Sicherheit im Umgang mit Arzneimitteln auszahlen wird, im Hinblick darauf, daß kritisches Verbraucherbewußtsein in unserer Öffentlichkeit zunehmen wird und daß spektakuläre Erfolge bei der Entwicklung neuer Wirkstoffe eher seltener werden dürften.

Zweite These: Therapeutischer Fortschritt und Innovation werden durch Regelungen zum Schutz der Patienten nicht gehemmt. Die gegenwärtigen Schutzvorschriften bedürfen der Umsetzung in die Praxis.

Es wird befürchtet, daß eine innovative Therapieforschung unmöglich werde, wenn mit dem Patientenschutz Ernst gemacht würde. Schließlich bestehe ein Konflikt mit den Sicherheitsansprüchen des Patienten, wenn Nutzen und Risiko einer neuen Behandlung noch ungewiß seien im Vergleich zu einer eingeführten therapeutischen Strategie. Wie soll man denn, so heißt es, erwarten können, daß ein Patient noch einwillige, an einer Prüfung teilzunehmen, wenn er minutiös über alle möglichen Risiken aufgeklärt sei einschließlich des Hinweises, daß man nicht wisse, womit er nun wirklich behandelt werde (Doppelblind und Zufallszuteilung). Aber auf welche ärztliche Ethik beruft man sich dabei eigentlich?
Ich halte die Regelungen über den Patientenschutz, wie sie sich aus dem bürgerlichen, dem Strafrecht und den neuen Vorschriften des Arzneimittelgesetzes ergeben, nicht für übertrieben, andererseits aber auch unter allen Gesichtspunkten für ausreichend. Sie beinhalten, daß die Therapie ärztlich angezeigt sein muß und der Patient nach voller Aufklärung seine Einwilligung erteilt haben muß. Beides sind Voraussetzungen, die dem ärztlichen Normensystem entsprechen. Bei der klinischen Prüfung von Arzneimitteln kommt noch hinzu, daß die pharmakologisch-toxikologischen Unterlagen beim Bundesgesundheitsamt hinterlegt sein müssen und der Hersteller eine Versicherung gegen mögliche Schäden abgeschlossen hat. Ein weitergehender Schutz, etwa durch Einführung einer Genehmigungspflicht für klinische Prüfungen, erscheint mir zur Zeit nicht erforderlich. Zumindest bleibt abzuwarten, wie sich die geltenden Schutzvorschriften in der Praxis bewähren. Die derzeitige Diskussion um die Behinderung der klinischen Forschung durch Regelun-

gen zum Schutz der Patienten wird häufiger auf der Basis von Vorurteilen als auf der Basis von Erfahrungen ausgetragen. Andererseits muß man befürchten, daß noch ein erhebliches Vollzugsdefizit besteht, was die Anwendung der Regelungen zum Schutz der Patienten in der Praxis anlangt.
Ob wirklich eine Behinderung der Erprobung neuer Therapien durch die Regelungen über den Patientenschutz eintreten wird, bleibt demnach abzuwarten. Sie ist um so unwahrscheinlicher, je strikter die Schutzvorschriften durch an den Prüfungen beteiligte Ärzte beachtet und eingehalten werden. Die Angst des Menschen, Objekt der Profilierungssucht von Menschen in Gestalt sachlichen Engagements oder Opfer nicht durchschaubarer Sachzwänge zu werden, ist nicht unbegründet. Dieser Angst müssen wir alle mehr als bisher Rechnung tragen. Kann der Patient dagegen künftig sicher sein, nicht ungefragt Teil eines Versuchs zu werden, ernstgenommen und umfassend unterrichtet zu werden und in einem Versuch entscheidender Bezugspunkt zu bleiben und nicht Opfer zugunsten eines abstrakten Versuchsplans zu werden, wird er auch eher bereit sein, an einem Versuch teilzunehmen. Es liegt also an uns Ärzten, dem Patienten diese Sicherheit zu geben. Das setzt aber voraus, daß wir ihm diese Sicherheit in der Praxis nicht nur vorspiegeln, sondern auch ernsthaft bieten können. Nach meiner Einschätzung kann da noch vieles verbessert werden.

Dritte These: Die klinischen Pharmakologen sind aufgerufen, über neue Formen der Evaluierung therapeutischer Strategien nachzudenken. Die Forderungen des Patientenschutzes können diese ohnehin angezeigten Überlegungen beschleunigen.

Nicht zuletzt die Diskussion um Clofibrat hat wieder einmal gezeigt, daß sogar in derart gut geplanten und durchgeführten großen Studien ex post Mängel der Art entdeckt werden, daß jedermann jeweils die Ergebnisse der Studie anzweifeln kann, die seinen Interessen zuwiderlaufen. Danach muß die in Kreisen klinischer Pharmakologen sicher als provokant empfundene Frage erlaubt sein, ob die heute noch geforderten und akzeptierten Formen der Erprobung wirklich die am besten geeigneten Methoden darstellen oder ob nicht andere Modelle vorstellbar sind. Ich möchte nicht einem Verzicht auf Wissenschaftlichkeit das Wort reden, sondern eher mehr Wissenschaftlichkeit wünschen, in der gleichzeitigen Hoffnung, daß es gelingt, Methoden zu finden, die dem Selbstbestimmungsrecht mehr Rechnung tragen als Zufallszuteilungen.

Biometrie und Statistik müssen sich fragen lassen, ob der kontrollierte klinische Versuch die einzige Methode darstellt zur Sicherung der Vergleichbarkeit. Die Wissenschaften sollten versuchen, neue Denkmodelle zu entwickeln bzw. die bestehenden Methoden zur Datenerhebung, -auswertung und -deutung zu verbessern. Vergessen wir nicht, daß der kontrollierte klinische Versuch besonderen Wert auf die Ausschaltung von Störfaktoren legt, andererseits aber gerade dadurch viel Aussagewert für die Anwendung in der Praxis verloren geht. Vielleicht lassen sich aus Versuchen, in denen der Patient das Gefühl haben kann, entscheidender Bezugspunkt für ärztliches Handeln zu sein, repräsentativere Erkenntnisse gewinnen, gerade wenn die sonst störenden subjektiven Einflüsse in Auswertung und Deutung einbezogen werden.

Die Aufgabe ist unverändert. Wir brauchen mehr Kenntnis über Arzneimittel, oder allgemeiner, über den Wert therapeutischer Verfahren. Wir werden — schon aus Kapazitäts- und Kostengründen — diese Aufgabe um so weniger lösen, je mehr wir den derzeitigen Forderungen der Methodologen folgen und den kontrollierten klinischen Versuch mit Zufallszuteilung und doppelblinder Prüfung gegen Placebo zur Voraussetzung machen.

Lassen Sie mich schließen mit der Anekdote von jenem inzwischen selbst berühmt gewordenen Wissenschaftler, der nach 20 Jahren seine alte Universität wieder besucht und an einem Seminar seines damaligen Lehrers als Gast teilnimmt. Staunend fällt ihm auf, daß dieser noch immer dieselben Fragen stellt wie damals. Natürlich sagt der Ältere, die Fragen sind dieselben geblieben, aber die Antworten haben sich geändert. Lassen Sie uns für die unverändert gebliebene Herausforderung neue Lösungen suchen!

Diskussion

Kleinsorge:
Ich darf meine Freude zum Ausdruck bringen, daß Sie den Begriff „Therapieforschung" erweitert haben auf alle Verfahren, auf chirurgische, psychotherapeutische und wohl auch auf Maßnahmen aus dem Bereich der physikalischen Medizin. Ich möchte mir noch eine Erweiterung auch auf „invasive diagnostische Methoden" wünschen, die alle mit Eingriffen am Patienten verbunden sind.

Samson:
Herr Fülgraff, ich möchte mit einem Frontalangriff beginnen und hoffe, daß Sie mir ihn nicht verübeln werden. Ich halte Ihre Ausführungen und Ihre Posi-

tion, die darin zum Ausdruck kommt, für schlichtweg naiv. Es mag sein, daß diese Naivität für Ihre Tätigkeit im BGA nötig ist. Lassen Sie mich das ausführen. Sicher ist doch, daß jedes Handeln im sozialen Kontakt riskant ist. Und es ist unmöglich, jedes Risiko zu vermeiden. Das führte zur Handlungsunfähigkeit. So daß es immer nur um die Frage des Maßes des hinzunehmenden Risikos gehen kann und nicht um die Beseitigung von Risiko überhaupt. Bei der Frage nun, welches Risiko wir hinzunehmen bereit sind, kommt es ja nicht so sehr auf das Maß des Risikos an, sondern auf das Maß des Nutzens, das wir diesem Risiko abgewinnen. Und wenn das so ist, und wir weiter feststellen müssen, daß die Nutzeneinschätzung in der Gesellschaft eine ziemlich beliebige und rein subjektiv ist, dann lassen sich auch solche Fragen erklären, wie Herr Lewandowski sie mit dem Autobahnversuch gestellt hat. Wir empfinden den Nutzen von Straßenverkehr ganz unmittelbar und sind bereit, 16 000 Tote und mehrere hunderttausend Verletzte jährlich hinzunehmen. Würden wir den Nutzen von Arzneimittelversuchen genauso unmittelbar empfinden und einschätzen, dann wären wir auch bereit, ihre Risiken einzugehen. Oder umgekehrt gesagt: weil wir den Nutzen von therapeutischem Fortschritt kritisch betrachten, sind wir nicht bereit, Risiken einzugehen, die wir woanders hinnehmen. Aus dieser Analyse ergeben sich ganz handfeste praktische Konsequenzen für die Rechtsanwendung, auch in Ihrem Bereich, aber grundsätzlich im gesamten Bereich der Regelung riskanter Unternehmungen, Großtechnologien usw. Das Gesetz tut immer so, als gehe es um Risikoabschätzung. In den Vorschriften des AMG, z.B. auch bei der Rücknahme von Arzneimitteln, kommt es nach dem AMG darauf an, geht es um die Frage, ob nach wissenschaftlicher Erkenntnis ein noch hinzunehmender Risikotatbestand gegeben ist oder nicht.
In Wahrheit jedoch ist das keine Frage des Fachwissenschaftlers, sondern es handelt sich im wesentlichen um eine Frage rechtspolitischer Natur, nämlich, in welchem Maße wir noch bereit sind, Nutzen zu sehen und zu akzeptieren. Und schließlich das letzte: Meines Erachtens muß diese Analyse auch zu der Frage führen, wer eigentlich bei dem in der Gesellschaft offenbar zerfallenen Grundkonsens über den Nutzen-Fortschritt noch kompetent ist, diese Entscheidung zu fällen. Meine These ist: nicht der Fachwissenschaftler, wahrscheinlich auch nicht die Behörde, sondern irgendeine andere besser legitimierte Instanz.

Fülgraff:
Können Sie mir noch sagen, wo Sie dabei einen Dissens sehen zu dem, was ich vorgetragen habe?

Samson:
Das kann ich sagen. Sie suggerieren eine heile Welt, als sei es möglich, Patientenschutz zu betreiben nur nach Risikogesichtspunkten. Darum geht es überhaupt nicht. Es geht überhaupt nicht um Risikohöhen, sondern um Nutzeneinschätzung. Wir sind bereit, jedes Risiko und jeden Schaden hinzunehmen, wenn wir den Nutzen subjektiv positiv empfinden.

Fincke:
Ich habe eigentlich schon einen Dissens gesehen, jedenfalls sehe ich jetzt einen zu Herrn Samson, wenn er nämlich zu schnell, obwohl er das wahrscheinlich letztlich nicht will, zu schnell die Parallele zu dem allgemein erlaubten Risiko zieht. Es geht nicht einfach darum, daß wir vielleicht den Nutzen des Straßenverkehrs höher schätzen als den Nutzen des medizinischen Fortschritts. Sondern es geht darum, in welchem Zusammenhang sich die Frage des Risikos stellt. Bei sonstigen — selbstverständlich notwendigen, weil sonst zur Handlungsunfähigkeit führenden — Risikohandlungen habe ich es in der Hand, ob Gefährdeter oder auch als Täter im strafrechtlichen Sinn, welche Sicherheitsvorkehrungen ich treffen will oder nicht. Demgegenüber besteht das Besondere dieser einen Forschungsmethode, um die es hier geht, ja darin, daß ich in den Ablauf nicht eingreifen darf. Den Fall Autobahn, den vorhin Herr Lewandowski eingeführt hat und der nicht behandelt worden ist, will ich im Hinblick hierauf noch einmal näher beleuchten. Es darf zwar auch bei dem Vergleich mit verschiedenen Höchstgeschwindigkeiten insofern nicht eingegriffen werden, als bei der Kontrollstrecke natürlich nicht zwischendurch, während der Versuch läuft, doch wieder eine niedrigere Höchstgeschwindigkeit vorgeschrieben wird. Aber hier hat es eben der Fahrer in der Hand, sich quasi selbst der Testgruppe zuzuteilen, indem er so langsam fährt, wie er will. Also ich meine, daß der Vergleich zu dem allgemeinen Risiko, den wir in Kauf nehmen müssen, zu dem besonderen Risiko beim kontrollierten Versuch hinkt.

Samson:
Einen Satz dazu. Ich halte es für naiv anzunehmen, der Autofahrer könne sein Risiko steuern. Das ist nicht der Fall.

Böckle:
Es geht nicht nur um die Risikoeinschätzung, sondern es geht auch um Zielvorstellungen, vor allem jetzt wieder sozial-ethisch gesehen. Es geht um die Zielvorstellung: Was soll eigentlich wissenschaftlicher Fortschritt. Und Sie wissen, wie sehr diese Frage auch mit der Frage nach Lebensqualität zusammenhängt. Bei den vielfältigen Verflechtungen des medizinischen Fortschritts mit der Entwicklung der Gesellschaft wird man nach Prioritäten suchen müssen. Sollen Forschung und Einsatz konzentriert werden auf die Bekämpfung lebensgefährlicher seltener Krankheiten, oder sollen die Bemühungen und die verfügbaren Mittel stärker eingesetzt werden zu einer perfekteren Beherrschung alltäglicher Beschwerden, die zwar das Leben nicht bedrohen, aber das optimale Funktionieren stören und so die Lebensqualität vermindern? Desgleichen müßte man nicht bloß die schädigende Nebenwirkung beim Individuum, sondern die gesellschaftlichen Wirkungen beim Großeinsatz von Mitteln selbst prüfen und in die Überlegungen mit einbeziehen. Denken Sie an die Psycho-Pharmaka.

Baier:
Ja, ich möchte opponieren gegen den Vergleich der Opfer bzw. des Schadens, der durch den Straßenverkehr entsteht und den Risiken, die durch Arzneimittelprüfverfahren entstehen. Herr Fincke wird vermutlich das gleiche meinen in einer anderen Sprache. Wenn technische Verfahren vorhanden sind, deren Kalküle durch Experten beherrscht werden, und es ist ganz eindeutig, daß Schäden in solchen Verfahren eintreten, muß das natürlich diesen Experten schuldhaft oder wie auch immer, jedenfalls kausal zugerechnet werden. Dagegen sind die Opfer im Straßenverkehr ja verursacht durch Irrationalität oder menschliches Versagen derjenigen, die diese Opfer haben oder selbst Opfer sind. Sie werden dann übrigens straf- und zivilrechtlich durchaus als Individuum benannt. Wenn man im Straßenverkehr nachweisen könnte, daß die Opfer des Straßenverkehrs eine reine Funktion der Automobilindustrie sind, dann käme sofort die gleiche Zurechnung von Schuld und Kausalität. Insofern ist beides nicht vergleichbar.

Jesdinsky:
Ich vermute gerade, daß der kontrollierte klinische Versuch oder der Doppelblindversuch sich erheblich von dem Straßenverkehrsversuch unterscheidet, da ja keine Steuerung durch den Versuchsleiter stattfinden kann. Der Ausschluß von Patienten aus der Untersuchungsreihe kann doch Zielkriterium sein, kann doch sehr wohl gerade das gewünschte Ergebnis darstellen. Den Autobahnversuch kann man nicht abbrechen zuungunsten irgendeines Individuums. Aber die erwähnte Definition des Zielkriteriums in dem Doppelblindversuch gestattet gerade den Abbruch in der Weise, daß der Kranke optimal behandelt wird. Ich muß Herrn Fincke noch einmal fragen — ich habe versucht, das in der Pause zu klären: Würden Sie anstreben, Herr Fincke, die Methode des Doppelblindversuchs zu kriminalisieren und generell zu verbieten? Wenn Sie darauf aus sind, dann hätten Sie schon genug in dieser Richtung gesagt. Aber Sie können hier auch sagen, Sie seien nicht darauf aus. Ich möchte eine Erklärung haben.

Czeniek:
Ich möchte eine selbstkritische Bemerkung machen: Wir Juristen bilden uns ein, daß wir mit den Normen des Strafrechts rationale Regelungen schaffen. Wir glauben, daß wir uns ganz rational am Rechtsgüterschutz orientieren. Wir übersehen dabei gern eine merkwürdige Widersprüchlichkeit unserer normativen Wertungen. Häufig tolerieren wir bestimmte gefährliche Handlungen. Ein bestimmtes Verhalten wiederum, das sogar eine geringere soziale Schädlichkeit oder Gefährlichkeit aufweist, tolerieren wir aber nicht. Wir rechtfertigen unsere Entscheidung mit der Formel von der sogenannten „Sozialadäquanz". Ich leite hieraus die These her, daß wir in weiten Bereichen auch heute noch höchst irrationale rechtliche Wertungen vornehmen. Zu fordern wäre, auch hier auf eine stärkere Rationalität der rechtlichen Wertungen zu achten. Denken Sie nur einmal an die Gesundheitsschädlichkeit bestimmter allgemein üblicher Handlungen: das Zigarettenrauchen, das Alkoholtrin-

ken. Niemand käme auf die Idee, hier etwa ein generelles Verbot auszusprechen.
Das uns hier beschäftigende Problem scheint mir zu sein: Im Augenblick besteht die paradoxe Situation, daß die Rechtmäßigkeit von Arzneimittelprüfungen von der Erfüllung außergewöhnlich strenger Anforderungen abhängig gemacht wird, während in vergleichbaren anderen Bereichen höchst gefährliche Zustände und Handlungen von der Gesellschaft allgemein toleriert werden, weil sie als „sozialadäquat" gelten.

Kewitz:
Ich glaube, es erübrigt sich zu sagen, daß ich mit sehr vielen Punkten, Herr Fülgraff, die Sie gesagt haben, voll übereinstimme. Aber ich habe an einigen Punkten doch ein bißchen Kritik. Sie haben drei Thesen aufgestellt, aber in keiner der Thesen appellieren Sie an den Patienten, sondern vielleicht an den Verbraucher oder die Bevölkerung oder jedenfalls an diejenigen, die daraus, daß wir medizinische Technik haben, Nutzen ziehen wollen und davon auch ziemlich unlimitiert Gebrauch machen. Ich denke erstens an die Verwendung von Abortiva und die Forderung der Selbstbestimmung über das Schicksal der Leibesfrucht überhaupt. Ob das nun ein Eingriff operativer Art oder pharmakologischer Art ist, sei dahingestellt. Ich denke zweitens an den ungeheuren Verbrauch von Tranquilizern und anderen Beruhigungsmitteln. Ich glaube, daß etwa 30 bis 40% der erwachsenen Bevölkerung ständig solche Mittel einnimmt, ohne irgendwelche Gefahren zu wittern. Vom Arzt verordnet oder auch nicht verordnet, aber sicher vorwiegend vom Arzt verordnet. Nur, der Arzt steht natürlich auch unter einem gewissen Einfluß, wenn nicht sogar Zwang der Allgemeinheit. Er wird sich von dem Fortschrittsglauben oder vom Glauben an die Chemie, der allgemein verbreitet ist, nicht lösen können. Insofern würde ich meinen, Sie müßten eine vierte These hinzusetzen, damit da etwas geändert wird. Denn der Arzt alleine wird es nicht schaffen, es wird eine Veränderung des allgemeinen Bewußtseins notwendig sein.
Der Zweifel, den ich anmelden würde, betrifft die kontrollierten klinischen Versuche. Daß Sie nicht differenzieren, das stört mich daran. Der kontrollierte klinische Versuch ist ein Sprung nach vorne gewesen, ins Experiment, und dies ist ein ganz entscheidender Entwicklungsschritt. Ich akzeptiere Ihren Aufruf, weitere Methoden zu entwickeln, sich Gedanken zu machen, wie man es besser machen könnte. Aber ich denke, daß es sich um bessere experimentelle Methoden handeln müßte. Aber ich würde mich dagegen wehren, den Schritt zurück zu machen oder aufgerufen zu werden, rückwärts zu gehen, zu nicht experimentellen Verfahren.

Burkhardt:
Ich wollte noch einmal auf das Autobahnbeispiel zurückkommen, besonders auf die Bemerkung von Herrn Jesdinsky dazu. Ich habe Herrn Jesdinsky dahingehend verstanden, daß er sagt, wir führen kontrollierte Versuche mit Priorität der Individualethik durch, und dann kann nichts passieren. Das meine ich auch. Ich bestreite nur, daß Sie dann noch in nennenswertem Umfang zu signifikanten Ergebnissen kommen. Und das ist der Konflikt.

Fincke:
Die Antwort muß sehr entschieden und eindeutig ausfallen. Es ist ja jetzt gerade so angeklungen, als ob ich nachträglich eine Begründung für ein vorgefaßtes Ziel suche. Ich beurteile eine bestimmte Kontrollmethode, und es schien mir unstreitig, daß es einen Unterschied zwischen Individualbehandlung und Experiment gibt. In dieser Annahme prüfte ich erst dieses Experiment auf seine rechtliche Zulässigkeit. Und wenn Sie sagen, es bestehe kein Unterschied, es gebe nur Individualtherapie, dann ist das nicht der Gegenstand meiner Untersuchungen gewesen. Das nehme ich dann zur Kenntnis. Ob es stimmt, das mögen die Fachleute beurteilen. Ich jedenfalls habe auf dieser Tagung schon wieder von neuen Unterschieden gehört.

Fülgraff:
Ich bin überrascht, wie wenig Angriff die Thesen von mir gefunden haben. Ich habe eigentlich gedacht, daß ich nach diesem Vortrag hier sehr einsam sitzen würde. Aber selbst der angekündigte Angriff war keiner. Ich stimme dem, was Sie, Herr Samson, gesagt haben, zu. Wenn Sie Ihren ersten Satz streichen im Protokoll, ist es natürlich angenehmer. Aber es muß nicht sein. Ich möchte einen Kommentar dazu noch geben und dabei auch eingehen auf den Vergleich mit den Autobahnen, weil er m. E. noch aus einem anderen Grund hinkt. Sehen Sie, der individuelle Patient, an dem eine kontrollierte klinische Prüfung durchgeführt wird, hat vom Ergebnis dieses Versuchs nichts. Es sei denn, er erkrankt in 20 Jahren noch einmal an derselben Krankheit. Der Fortschritt, der als Ergebnis der Prüfung entsteht, kommt anderen, dritten Patienten viel später zugute.
Der Autobahnfahrer, der an einem Autobahnexperiment teilnimmt, wird vom Ergebnis des Experiments etwas haben, falls die Regierung dem Ergebnis des Experiments folgt.
Der Arzt muß immer daran denken, daß er dem Wohl seines heutigen individuellen Patienten verpflichtet ist, wobei ich gar nicht behaupte, daß das die Möglichkeiten ausschließt, Prüfungen zu machen. Wir müssen uns nur auch darüber im klaren sein, daß nicht alles, was an klinischer Forschung im weitesten Sinne durchgeführt wird und was oft mit Zumutungen für Patienten verbunden ist, zum Fortschritt führt. Ich wollte weiterhin sagen, daß wir gelegentlich die Belastung unterschätzen, die wir dem Patienten zumuten, und gelegentlich den Nutzen überschätzen, der von der Forschung, die wir durchführen, zu erwarten ist. Das muß man einfach selbstkritisch sagen.
Nun zu den Einwänden von Herrn Kewitz: Der erste Punkt war, daß ich versäumt habe, auch an ganz andere, die hier nicht sitzen, zu appellieren. Ich habe aber bewußt das Gespräch in diesem Kreis geführt und habe an die, die hier sitzen, appelliert.
Zum zweiten: Natürlich bedeutet der kontrollierte klinische Versuch in der Methodologie einen qualitativen Sprung nach vorn. Wir haben ja schließlich zusammen ein Buch darüber herausgegeben. Es wird nur möglicherweise zu unbedacht eine Methode angewendet in Situationen, in denen auch andere Verfahren mit mehr Autonomie für den Patienten zu Ergebnissen führen wür-

den, mit denen die Medizin danach leben kann. Da müssen wir vielleicht ein bißchen selbstkritischer werden.

Kleinsorge:
Wie auch gestern Herr Jesdinsky am Schluß seines Referates gesagt hat: Wir müssen uns immer wieder fragen, ist dieser kontrollierte Versuch wirklich notwendig? Auf diese kritische Betrachtung können wir uns sicher grundsätzlich einigen.

Bedrohung der Therapiefreiheit

von R. Czeniek

Im Rahmen des Krankenversicherungs-Kostendämpfungsgesetzes vom 26. Juni 1977 hat der Gesetzgeber die Bundesausschüsse der gesetzlichen Krankenkassen und der Kassenärzte verpflichtet, die von ihnen zu beschließenden Arzneimittelrichtlinien nach § 368p Abs. 1 RVO in der Weise zu ergänzen,
„daß dem Arzt der Preisvergleich und die Auswahl therapiegerechter Verordnungsmengen ermöglicht wird". (Preisvergleichsliste)
Durch die Anfügung eines neuen Absatzes 8 in § 368p RVO wurde den Bundesausschüssen darüber hinaus die Pflicht auferlegt,
„unter Berücksichtigung der Therapiefreiheit und der Zumutbarkeit für die Versicherten in Richtlinien zu beschließen, welche Arzneimittel oder Arzneimittelgruppen, Verband- und Heilmittel, die ihrer allgemeinen Anwendung nach bei geringfügigen Gesundheitsstörungen verordnet werden, nicht oder nur bei Vorliegen besonderer Voraussetzungen zu Lasten der Krankenkassen verordnet werden dürfen". (Negativliste)
Die „Preisvergleichsliste" in der Fassung vom 19. Juni 1978 umfaßt gegenwärtig im wesentlichen nur Monopräparate. Eine Erweiterung um Kombinationspräparate ist geplant. Sie soll — mindestens vorübergehend — für eine Preistransparenz auf dem Arzneimittelmarkt sorgen, bis die durch den Kabinettsbeschluß vom 15. Oktober 1975 über die Eckwerte im Zusammenhang mit der Neuordnung des Arzneimittelmarkts berufene Sachverständigenkommission beim Bundesgesundheitsamt die nach Anwendungsgebieten gegliederten „Transparenzlisten" vollständig erarbeitet hat. Bisher sind lediglich zwei Transparenzlisten bekanntgemacht worden.
Über die „Negativliste" hat kürzlich der Bundesausschuß der Ärzte und der Krankenkassen nach langwierigen und kontroversen Beratungen mehrheitlich eine Entscheidung gefällt. Zu ihrer Verbindlichkeit bedarf sie aber noch der Zustimmung des Bundesministers für Arbeit und Sozialordnung.
Diese Entscheidungen des Gesetzgebers geben mir Anlaß zu folgenden Bemerkungen:
1. Die Therapiefreiheit ist kein Privileg des Arztes, sondern dient ausschließlich dem Wohle des Patienten. Sie schafft die Voraussetzungen dafür, daß sich der Arzt nach pflichtgemäßem Ermessen frei von äußeren Reglementierungen im Rahmen seines individuellen Thera-

pieplanes für dasjenige Arzneimittel entscheiden kann, das seiner Überzeugung nach für den einzelnen Patienten bei der konkreten Indikation den optimalen therapeutischen Nutzen gewährleistet.
2. Bei der Ausgestaltung der Zulassungsvoraussetzungen des 2. AMG 1976 hat der Gesetzgeber dafür Sorge getragen, daß die Therapiefreiheit des Arztes unangetastet bleibt. Er hat sich erfolgreich dem Versuch widersetzt, durch ein rigoroses, nach einheitlichen Kriterien ausgerichtetes Prüfverfahren eine weitgehende Bereinigung des Arzneimittelmarktes vorzunehmen, der unter dem Vorwand einer notwendigen Verbesserung der Arzneimittelsicherheit vor allem die Arzneimittel mit umstrittener therapeutischer Wirksamkeit durch Versagung der Zulassung zum Opfer gefallen wären. Zur Wahrung des Wissenschaftspluralismus auch in der Arzneimitteltherapie, vor allem zum Schutze der besonderen Therapieeinrichtungen vor einer Majorisierung durch eine bestimmte als *der* Stand der wissenschaftlichen Erkenntnisse deklarierte Lehrmeinung, hat der Gesetzgeber medizinische Erfahrungen gleichwertig neben medizinisch-klinische Erkenntnisse gestellt. Aus diesem Grunde verzichtet er bewußt darauf, vom Hersteller generell den zwingenden Beweis der Wirksamkeit in Form eines jederzeit reproduzierbaren Ergebnisses eines nach einheitlichen Methoden ausgerichteten naturwissenschaftlichen Experiments zu verlangen. Unter bestimmten Voraussetzungen ist dem Hersteller lediglich die Pflicht auferlegt worden, nachzuweisen, daß jeweils mit der Bedeutung der Indikation korrespondierende, mehr oder minder deutliche Indizien für die behauptete Wirksamkeit des Arzneimittels sprechen.
3. Neben dem vom 2. AMG 1976 verfolgten gesundheitspolitischen Ziel einer nachhaltigen Verbesserung der Arzneimittelsicherheit bei Wahrung der Therapiefreiheit des Arztes kommt dem in der RVO angesiedelten Aspekt der Wirtschaftlichkeit von Arzneimittelverordnungen der Kassenärzte ein eigenständiger und gleichrangiger sozialpolitischer Wert zu.
Der Grad der Wirtschaftlichkeit der Verschreibungspraxis wird ganz maßgeblich von den besonderen Verhältnissen des deutschen Arzneimittelmarktes bestimmt, der sich noch immer durch eine mangelhafte Preistransparenz sowohl für Fachkreise als auch für Laien auszeichnet. Von einem einigermaßen funktionierenden Preiswettbewerb für die Ware „Arzneimittel" kann man kaum sprechen, solange angesichts der Strukturen des deutschen Arzneimittelmarktes — lediglich 28% des Gesamtumsatzes von Arzneimitteln entfallen auf die Selbstmedikation — eine Steuerung der Nachfrage nach Arzneimitteln über deren Preis nur unzureichend gegeben ist.

4. Wenn eine bedenkliche Kostenentwicklung die Finanzierung des Gesundheitswesens gefährdet, ist es legitim, auch durch eine größere Transparenz der Preise von einander vergleichbaren Arzneimitteln einen Beitrag zur Kostendämpfung zu leisten. Grundsätzlich ist daher die Einrichtung von Gremien, deren Arbeitsergebnisse für eine größere preisliche Transparenz des vorhandenen Arzneimittelangebotes sorgen sollen, als ein positiver Beitrag zur Verbesserung der Funktionsfähigkeit des Arzneimittelmarktes im Hinblick auf die Preiselastizität der Nachfrage nach einzelnen Präparaten zu bewerten. Solange die objektive Information des Verbrauchers oder des verordnenden Arztes im Vordergrund steht, kann von einer Bedrohung der Therapiefreiheit des behandelnden Arztes keine Rede sein.

5. Die Erstellung von Preisvergleichs- oder Transparenzlisten ist jedoch mit erheblichen Risiken behaftet, die aus der Komplexität und Schwierigkeit der Materie resultieren: Da ein isolierter Preisvergleich ohne Bezugnahme auf den unterschiedlichen therapeutischen Nutzen des einzelnen Arzneimittels sinnlos und — unter dem Gesichtspunkt der Arzneimittelsicherheit — auch gefährlich wäre, kann erst eine Klassifizierung der Arzneimittel in verschiedene therapeutische Qualitätsgruppen dem Verbraucher oder dem verordnenden Arzt die Möglichkeit eröffnen, sich für das preiswerteste — nicht jedoch für das billigste — Arzneimittel zu entscheiden. Die objektive Beurteilung des therapeutischen Wertes eines Arzneimittels als Parameter für dessen Preiswürdigkeit stellt höchste Anforderungen an die Mitglieder der entscheidenden Gremien. Wie bei der Zulassungsentscheidung über ein Arzneimittel bestimmen die angewandten Bewertungsmethoden das Ergebnis. Eine einseitige Zusammensetzung der Prüfer oder eine unangemessene Methode kann zu einer Verzerrung der Ergebnisse führen, die Arzneimittel einer bestimmten Therapierichtung diskriminiert. Wie im 2. AMG 1976 sind entscheidungstheoretische Lösungen anzustreben.

6. Gemessen an diesen Anforderungen erscheint es bedenklich, den Bundesausschüssen der gesetzlichen Krankenkassen und der Kassenärzte die Kompetenz zur Erstellung von Preisvergleichslisten gemäß § 368p Abs. 1 RVO zu übertragen. Das erhebliche Eigeninteresse an einer Dämpfung der Arzneimittelkosten kann dazu führen, daß bei der Klassifizierung eines Arzneimittels der Preisaspekt ein zu starkes Gewicht gegenüber dem Gesichtspunkt des therapeutischen Nutzens erhält.

7. Preisvergleichs- oder Transparenzlisten stellen auch erheblich höhere Anforderungen an den verordnenden Arzt, der zukünftig zu ei-

ner flexiblen Preis-Nutzen-Abwägung unter Berücksichtigung der konkreten Indikation gezwungen ist. Bei vitalen Indikationen wird der Aspekt der Wirtschaftlichkeit weitgehend hinter dem des therapeutischen Nutzens zurücktreten; bei banalen Indikationen hingegen, auf die sich der größere Teil der Arzneimittelverordnungen bezieht, gewinnt die Frage des Preises eines Arzneimittels ein erheblich größeres Gewicht. Die Gefahr ist nicht von der Hand zu weisen, daß sich der verordnende Arzt zur Verkürzung des Entscheidungsprozesses und aus einer verständlichen Abneigung vor einem besonderen Begründungszwang heraus zu stark an dem leicht feststellbaren Kriterium des Preises eines Arzneimittels orientiert und damit faktisch der Entstehung der „Billigmedizin" Vorschub leistet. Entsprechende Warnungen der Pharmaindustrie dürfen nicht von vornherein als Zweckpropaganda abgewertet werden. Die unter Wirtschaftlichkeitsaspekten durchaus sinnvolle Bevorzugung des bei gleichem therapeutischen Nutzen billigeren Präparates kann zu einer Wettbewerbsverzerrung zwischen forschenden Unternehmen und Nachahmern führen mit der Folge, daß mittelfristig die Aufwendungen für die Arzneimittelforschung und damit auch die Chancen des therapeutischen Fortschritts auf dem Arzneimittelsektor sinken.

Diese indirekte Steuerung der Verordnungspraxis, die mittelfristig gewisse Gefahren für den therapeutischen Fortschritt in sich birgt, darf jedoch nicht einer aktuellen Bedrohung der Therapiefreiheit der Ärzte gleichgestellt werden. Davon könnte erst die Rede sein, wenn etwa durch rechtsverbindliche sog. „Positivlisten" in Verbindung mit der Androhung von — finanziellen — Sanktionen unmittelbar in die therapeutische Entscheidung des Arztes eingegriffen würde. Bisher sind die vorhandenen Preisvergleichs- oder Transparenzlisten lediglich ein mehr oder minder hilfreiches Angebot an den kostenbewußten Arzt ohne normativen Charakter.

8. Mit der Schaffung einer „Negativliste" wird in verdeckter Form eine besondere Spielart der Selbstbeteiligung des Versicherten in der gesetzlichen Krankenversicherung begründet. Die Notwendigkeit, bestimmte Bagatellarzneimittel aus eigener Tasche bezahlen zu müssen, kann bei manchen Versicherten über den finanziellen Aspekt hinaus auch die Erkenntnis fördern, daß ein Großteil der geringfügigen Gesundheitsstörungen, wie Kopfschmerzen, Schlaflosigkeit, Nervosität, Abgespanntheit oder Verdauungsstörungen besser durch eine gesundheitsbewußte Lebensweise, als durch den bequemen Griff zum Arzneimittel beseitigt werden könnte.

Angesichts des vorherrschenden Anspruchsdenkens bei vielen Versicherten und des naiven Glaubens an die problemlosen Wirkungen

der Arzneimittel ist jedoch zu befürchten, daß der Appell des Gesetzgebers mißverstanden wird und damit gleichzeitig die beabsichtigten Kostendämpfungen durch die Praxis unterlaufen werden. In vielen Fällen wird es dem Versicherten gelingen, den Arzt zu bewegen, ihm ungeachtet der banalen Indikationen ein Arzneimittel zu verordnen, das von den Krankenkassen ersetzt wird.
Bei der anstehenden Ärzteschwemme und damit einhergehendem größeren Wettbewerb um den einzelnen Patienten dürfte die Gefahr einer nicht indikationsgerechten Übermedikation bei geringfügigen Gesundheitsstörungen zunehmen. Diese Tendenz läßt sich durchaus als eine sachfremde Beeinflussung der Therapiefreiheit des Arztes werten.

Diskussion

Siehr:
Ich möchte die anwesenden Mediziner fragen: Fühlen Sie sich denn schon durch diese Listen in Ihrer Therapiefreiheit bedroht?

Gebhardt:
Ich halte den Versuch, auf diese Weise Kosten zu sparen, schon vom Ansatz her für verfehlt. Da sich ein Mensch nur dann zu vernunftgemäßem Handeln bereitfindet, wenn er Verstöße gegen dieses Prinzip am eigenen Geldbeutel spürt, ist eine Besserung der Kostenstruktur im Gesundheitswesen erst dann zu erwarten, wenn das System so geändert wird, daß falsches Verhalten zu finanziellen Verlusten bei allen am System beteiligten Partnern: Patient, Arzt, Krankenkasse, Krankenhaus führt. Durch eine Negativliste wird dieser Zweck nicht erreicht. Da der Patient durch das System der gesetzlichen Krankenversicherung an einen Selbstbedienungsladen ohne Kasse am Ausgang gewöhnt ist, wird er versuchen, den Arzt unter Druck zu setzen, ein teureres Medikament, das die Kasse zahlt, zu verschreiben, obwohl dies im vorliegenden Fall gar nicht angezeigt wäre. Dadurch könnte die Therapiefreiheit des Arztes indirekt beeinträchtigt werden.

Kienle:
Also etwa 30% der Einnahmen der niedergelassenen Ärzte sollen gegenwärtig aus Früherkennungsmaßnahmen resultieren.
Die Frage ist völlig ungeklärt, ob die Krebsfrühdiagnostik zu etwas anderem führt als zu einem verlängerten Krankheitsbewußtsein. Anstatt diese Frage zu klären, zahlen wir lieber die erforderlichen Summen, weil es ein heißes Eisen ist. Es gibt noch andere Fragen. Als das Clofibrat verboten wurde, führte der Vorgang nur zur Marktverlagerung; anstatt auf die fragwürdige Lipidsenker-Therapie zu verzichten, verordnete man teure, vorwiegend clofibrinsäurehal-

tige, weniger geprüfte Lipidsenker. Einen gesundheitspolitischen Effekt hatte das Verbot nicht, sondern nur einen marktverschiebenden.
Dann möchte ich noch auf ein anderes Problem hinweisen. Man spricht von der Begrenzung des Indikationsanspruches, aber in der Regel nur nach oben. Es ist ganz richtig, daß man ein Mittel, das für einen leichten Infekt geeignet wäre, nicht für die tuberkulöse Meningitis empfehlen soll. Der unberechtigt erhöhte Indikationsanspruch ist aber selten.
Das Umgekehrte ist das Häufigste; z. B. bei den Antibiotika die Anwendung im Indikationsbereich nach unten nach dem Motto, daß aus dem leichten Infekt kein schwerer Infekt wird. Bedenken wir, daß in England nur ein Zehntel der Herzglykoside verordnet wird wie in der Bundesrepublik. Wir haben also das Problem, daß Arzneimittel, bei denen der Indikationsanspruch für schwere Erkrankungen adäquat ist, bei leichten Erkrankungen, für die sie weder geprüft noch notwendig sind, angewendet werden. Wir haben hier also den Antibiotikamißbrauch, die weit überzogene Herzglykosidbehandlung. Insofern sind die jetzt vorgelegten Listen unehrlich. Man drückt sich um das gesundheitspolitische Problem und versucht, dem schwächsten Partner den Schwarzen Peter zuzuschieben. Und damit ist man bei dem Grundproblem aller dirigistischen Maßnahmen, daß man zu keiner echten Korrektur kommt, sondern nur noch austüftelt, wie man jemandem bei dem zwangsläufig sich einstellenden Desaster die Schuld in die Schuhe schieben kann.

Baier:
Ich wollte nur darauf aufmerksam machen, daß durch Negativlisten nicht nur eine Substitution von Arzneimitteln durch teurere Arzneimittel zu erwarten ist, sondern auch eine Substitution durch andere Gesundheitsleistungen. Das zeigt ein europäischer Vergleich sofort, nämlich das Ausweichen auf Psychotherapie und vor allem die Zunahme der Krankenhausfrequenz. In England ist das Arzneimittelvolumen wesentlich geringer als in der Bundesrepublik. Dafür sind Ausgaben für Krankenhausbehandlungen wesentlich höher. Das hielte ich bei uns insbesondere deshalb für fatal, weil die Kostensteuerung im Krankenhaus bereits bis jetzt dem Gesetzgeber nicht gelungen ist.

Bock:
Ich möchte fragen, was man unter Therapiefreiheit eigentlich zu verstehen hat und wo deren Grenzen liegen. Ist damit etwa gemeint, daß der Arzt auf Kosten der Solidargemeinschaft der Versicherten alles verordnen kann, was er subjektiv oder intuitiv für gerechtfertigt hält? Oder sind hier bestimmte Medikamente oder andere therapeutische Maßnahmen ausgenommen, wobei sich die Liste erlaubter Medikamente nicht notwendig mit dem deckt, was vom BGA zugelassen ist. Unbegrenzt kann die Therapiefreiheit ja nicht sein, einmal, um die Versichertengemeinschaft gegen ungerechtfertigte Ansprüche und Ausgaben zu schützen, zum anderen aber auch, um den Patienten vor gefährlichen oder auch harmlosen, dafür aber kostspieligen Scharlatanerien zu schützen. Wo ist hier die Grenze zu ziehen?

Kleinsorge:
Da müßte man doch mal diejenigen befragen, die hinsichtlich der RVO Bescheid wissen. Da gibt es doch den Passus von der Behandlung nach den „Regeln der ärztlichen Kunst". Dies ist jedoch eine Aussage, die einer sehr klaren Definition nach unseren heutigen Begriffen bedürfte.

Czeniek:
Es besteht ein Spannungsverhältnis zwischen dem Prinzip der Therapiefreiheit und den Regeln der ärztlichen Kunst. Die Therapiefreiheit ist kein Privileg des Arztes, das ihm einen Freiraum verschafft, sondern die Therapiefreiheit besteht zum Wohle des Patienten, ist also ein fremdnütziges Recht. Sie soll dem Arzt frei von äußeren Reglementierungen die Möglichkeit eröffnen, sich nach den Regeln der ärztlichen Kunst für die seiner Überzeugung nach optimale Therapie zu entscheiden. In der Reichsversicherungsordnung ist außerdem noch das Gebot der Wirtschaftlichkeit verankert. Sie verpflichtet den Arzt — genauer: den Kassenarzt —, sich bei zwei gleichwertigen Präparaten für das billigere zu entscheiden. Diese Nutzen/Preis-Analyse ist eine Regel, die wir im Kassenarztrecht schon sehr lange haben. Niemand war bisher auf die Idee gekommen, hierin eine unzulässige Einschränkung der Therapiefreiheit des Arztes zu sehen. Erst nach der jüngsten Änderung des § 368p RVO kam der Verdacht auf, daß ein bestimmtes Ziel, das bei der Reform des Arzneimittelrechtes nicht erreicht wurde, nämlich eine großzügige Marktbereinigung auf dem Arzneimittelsektor, nun durch die Hintertür der Reichsversicherungsordnung eingeführt wird.
Der Gesetzgeber hat sich hier nicht sehr konsequent verhalten. Er hat innerhalb kürzester Frist zwei Gesetze verabschiedet, die gegensätzlichen Prinzipien folgen.

Kleinsorge:
Herr Bock hat gefragt, wo setzt der Gesetzgeber die Grenzen? Kann von rechtlicher Seite überhaupt eine klare Grenze gezogen werden? Wir kommen wahrscheinlich auf denselben komplexen Entscheidungsvorgang, wie schon mehrfach auch in den Fragen der klinischen Prüfung angeklungen ist, nämlich den Begriff der „Ermessensentscheidungen", die auf verschiedenen Gesichtspunkten beruhen.

Kewitz:
Ich möchte noch einmal zur Differenzierung raten, denn Therapiefreiheit heißt ja nicht nur bestimmte Präparate zu verordnen. Nur um die geht es hier. Der Doktor kann natürlich alle anderen therapeutischen Eingriffe ebenfalls frei wählen. Er kann auch selber operieren, wenn er gerade Chirurg ist, kann selber eine große Psychoanalyse durchführen oder physikalische Maßnahmen anordnen. Ich könnte mir denken, daß der Arzt, wenn er die Therapiefreiheit ernst nimmt, wieder rezeptieren wird. Es könnte geschäftstüchtige Leute geben, die darauf eingehen.
In der Dermatologie wird das heute noch gemacht. Da wird rezeptiert und das

geht auf anderen Gebieten natürlich auch. Im Moment ist es unbequem, vielleicht auch zu mühsam, damit anzufangen. Aber es wäre sehr viel teurer. Und wahrscheinlich auch schlechter.

Lewandowski:
Therapiefreiheit ist, meiner Meinung nach, eine rechtliche Konsequenz aus der Unsicherheit der ärztlichen Situation gegenüber dem konkreten Behandlungsziel: da bei unserem lückenhaften Wissen die Rechtsregel weitgehend Willkür wäre, muß es bei der Therapiefreiheit bleiben. Sie hat nie bedeutet, daß der Arzt keinen rechtlichen Regeln unterworfen wäre. Je genauer unsere Kenntnisse sind, desto eher findet diese Freiheit ihre Grenzen. Natürlich spielen bei dieser Grenzziehung wie überall politische Erwägungen eine Rolle. Aber Kostendämpfung und Therapiefreiheit sollten nicht zu schnell in einen Zusammenhang gebracht werden. Wir unterliegen sonst möglicherweise zu schnell einer Mode, unliebsame Erscheinungen mit übertriebenen Vokabeln zu denunzieren. Und wenn man solcherart farbige Parolen aus faktischen Überlegungen einige Male in die Welt gesetzt hat, glaubt man am Ende selbst daran.

Kleinsorge:
Ich sehe die Schwierigkeit, daß die ganze Last der Listenproblematik in die ärztliche Sprechstunde verlegt wird, und so habe ich Sie auch verstanden, Herr Gebhardt. Ich sehe eigentlich nicht ein, daß der Arzt die Versicherten darüber aufklären muß, und nicht in erster Linie die Versicherungen, wenn wirklich solche Maßnahmen durchgeführt werden müssen. Man muß befürchten, daß unwirtschaftlich große Packungen oder zu teure Medikamente, im Ausgleich zu dem, was auf der Negativliste steht, auf Druck des, von den Versicherungen nicht in die Verantwortung gezogenen und nicht entsprechend unterrichteten, „mündigen Patienten" verordnet werden.

Wirksame Arzneimittel – soziale Ansprüche und sozialpolitische Grenzen

von H. Baier

Erste These:
Drei Prinzipien für eine Sozialpolitik der sozialen Wohlfahrt, der Mitbestimmung der Sozialversicherten und der republikanischen Mündigkeit der Bürger.

Der parlamentarisch repräsentierte und rechtsstaatlich verfaßte Sozialstaat ist bisher anerkannter Garant des sozialen Friedens und der solidarischen Gefahrensgemeinschaft für die individuellen, familiären oder kollektiven Krisenfälle der Bürger bei Krankheit und Invalidität, bei Arbeitslosigkeit und sozialer Not, in kritischen Lebensaltern, vor allem in Alter und Jugend. Es besteht Konsens unter den Großparteien und sozialpolitisch aktiven Großverbänden über das Prinzip der *sozialen Wohlfahrt*. Es wird mit den gesetzlichen, finanziellen und administrativen Mitteln des Sozialstaates realisiert und mit den Institutionen und Professionen des Systems der sozialen Sicherung erfolgreich praktiziert. Insbesondere findet der Grundsatz bei der Bevölkerung breite Zustimmung, daß über die Sozialversicherung persönliche und soziale Risiken durch Dienst-, Sach- und Geldleistungen ausgeglichen werden, insofern sie aus individuellen Krankheitsbelastungen, altersspezifischen Versorgungsbedürfnissen, geschlechtsspezifischen Schutzerwartungen (z. B. bei Schwangerschaft und Mutterschaft), sozialspezifischen Diskriminierungen oder arbeitsmarktbedingten Erwerbseinbußen entstehen.
Die Krise des Sozialbudgets und ihre Folgen, vorrangig die gesetzlichen und administrativen Maßnahmen zur Kostendämpfung im Gesundheitswesen, aber auch zur Kostensicherung in der gesetzlichen Altersversorgung, ist ausgelöst worden durch die Nichtbeachtung der beiden anderen Prinzipien des Sozialstaates, nämlich der *Mitbestimmung der Sozialversicherten* und der *Mündigkeit des Bürgers*. So haben die öffentlichen Debatten um die Eindämmung der sog. Kostenexplosion wie die staatlichen, körperschaftlichen und verbandlichen Aktivitäten seit 1975/76 das *quantitative* Wachstum der Gesundheitsleistungen und die finanzwirtschaftlichen Gegenmaßnahmen in den Vordergrund geschoben. Nicht berücksichtigt wurden die *qualitativen* Steuerungsdefizite im System der sozialen Sicherung. Dazu gehören *erstens* die Mechanismen der Selbstregulierung des Angebotes

und vor allem der Nachfrage durch die Sozialversicherten selbst. So sind durch den Einfluß der Großverbände und die Blockaden der Verbands- und Kassenfunktionäre die Einrichtungen der Selbstverwaltung, etwa der gesetzlichen Krankenkassen, weitgehend lahmgelegt und die Thematik in den öffentlichen Medien ausgeblendet worden. Das erklärt die äußerst schmale Publizität solcher Selbstverwaltungsdefizite trotz einer nun über zehnjährigen Demokratisierungswelle in den Massenmedien.

Zweitens ist die willentliche und wirtschaftliche Mithaftung des Sozialversicherten für die Kostenentwicklung im Zuge der letzten Jahrzehnte fahrlässig von Staats- und Verbandsseite ausgeschaltet worden. Gemäß der *sozialen Logik des kollektiven Handelns* verringert sich in Verteilungssystemen von Kollektivgütern drastisch die Orientierung am Gemeinnutzen und verstärkt sich deutlich die Bereitschaft, seinen Individualnutzen zu kumulieren, je größer die betroffenen Kollektive, je anonymer die Verteilungsmechanismen und je abstrakter die Kosten/Nutzen-Kalküle werden. Verkleinerung der Versichertenkollektive, Transparenz der Entscheidungen und Verfahren, wirtschaftliche Mithaftung durch einkommensabhängige Selbstbeteiligung wären die *drei* Erfordernisse, nun endlich auch das System der sozialen Sicherung zu demokratisieren, d.h. unter das Prinzip der *republikanischen Mündigkeit* zu stellen.

Zweite These:
Die Steigerung des Staatseinflusses und die Verdrängung der Selbststeuerung der Anbieter von Gesundheitsleistungen zeigt eine Tendenz zur Bürokratisierung und Zentralisierung des Sozialstaates.

Das Subsystem der sozialen Sicherung: das Gesundheitswesen und hier beispielhaft der Teilbereich der Erzeugung, Verteilung, Anwendung und Finanzierung von Arzneimitteln, steht auf Anbieterseite unter *drei* Kriterien der Kontrolle. So wird das Kostenwachstum im Medikamentensektor idealtypisch gesteuert durch 1. *staatliche* Gesetzgebung und Sachaufsicht, durch 2. *wirtschaftlichen* Wettbewerb und durch 3. *körperschaftliche* oder *verbandliche* Selbstverwaltung. Tatsächlich — wie das Kostendämpfungsgesetz von 1977 und das Zweite Arzneimittelgesetz seit 1978 zeigen — monopolisiert der Staat jedoch immer mehr die Steuerung des Arzneimittelsektors, liquidiert den freien Markt und neutralisiert die Selbstverwaltung.

Die *Pharmaindustrie* steht einerseits nach wie vor unter der nationalen wie internationalen Marktkonkurrenz, andererseits gerät sie, gerade mit ihren forschungsintensiven und innovationsempfindlichen Be-

trieben, hier immer stärker unter Staatsauflagen für Produktion und Vertrieb und dort unter Anpassungszwänge der Kostenpolitik der gesetzlichen Krankenkassen. Das gleiche gilt für die freien *Apotheken,* verschärft noch durch internen Wettbewerb wegen überproportionaler Neuzulassungen und durch Konkurrenz mit den Apotheken der öffentlichen Krankenhäuser. Die *Kassenärztlichen Vereinigungen* verlieren an Verhandlungsmacht unter einer dreiseitigen Pression:
1. unter den gesetzlichen Auflagen der Honorarverteilung und eines Arzneimittelhöchstbetrags, was faktisch auf eine empfindliche Honorarminderung hinausläuft;
2. unter einen staatlich wie verbandlich geförderten Verhandlungsdruck der Krankenkassen;
3. unter die Aggressionen ihrer eigenen Mitglieder, die bei Vermehrung der freien Praxen ihre Verteilungskämpfe um Einkommen und Berufsprestige nur nach oben ableiten können und ihre KV-Führungen zwangsläufig schwächen.
Die *gesetzlichen Krankenkassen* sind in ihrer Personal-, Kosten- und Strukturpolitik stark verbunden, ja verfilzt mit politischen Parteien und sozialpolitischen Großverbänden, vor allem den Gewerkschaften und Arbeitgeberverbänden, so daß gerade sie keine glaubwürdige Autonomie im Bargaining um Preise und Mengen von Arzneimitteln vertreten.
Konsequenz ist die direkte und indirekte Steigerung des Staatseinflusses im Pharmabereich. Hätte der Staat Erfolg mit seiner sich zugemuteten Kosten- und Struktursteuerung, erübrigte sich jede Debatte für diejenigen, die die Alternative zwischen Staatsinterventionismus und Liberalismus nicht für eine Frage von Prinzipien, sondern von Effekten für Wohlfahrt und Lebensstandard halten. Es ist aber zu befürchten, daß die politischen Eliten nicht nur die bürokratische Steuerungskapazität überschätzen, sondern auch die Steuerungsrationalität von so komplexen Systemen wie dem Gesundheitswesen falsch kalkulieren. Bei bekannter Verteilung der Machtlagen werden Mißgriffe des Staates selten korrigiert durch Liberalisierung und Dezentralisierung, sondern zumeist durch weitere Bürokratisierung und Zentralisierung.

Dritte These:
Das Wachstum der Bedürfnisse nach Gesundheitsleistungen ist nicht allein über die Anbieterseite zu steuern. Aufgabe ist es, neben der nötigen Fremdkontrolle durch Institutionen und Professionen des Gesundheitswesens dafür die Selbstkontrolle der Sozialversicherten zu mobilisieren.

Die Fehlsteuerung von Staatsseite zeigt sich am schärfsten am Objekt seiner Maßnahmen. Die gesetzlichen Reglementierungen, die wirtschaftlichen Strangulierungen, die berufspolitischen Manipulationen, die einkommenspolitischen Umverteilungen treffen bezeichnend nur die Anbieterseite von Gesundheitsleistungen. Die Nachfrageseite bleibt — abgesehen von ideologischen Appellen über Massenmedien und in Wahlkämpfen — außer Kalkül. Der Sozialversicherte als mündiger Bürger der Republik wird in der Rolle des *passiven Dienstleistungskonsumenten* festgeschrieben und tritt als Subjekt, befähigt zur rationalen Wahl und zur Risikokalkulation, überhaupt nicht mehr auf.

Dabei ist offensichtlich, daß das *Wachstum der Bedürfnisse* für einen materiell differenzierten und kultivierten Lebensstandard ohne Stopp weiterläuft. Auf dem Gebiet der gesundheitsorientierten Produkt- und Dienstleistungen sind es *drei* Triebkräfte, die die Bedürfnisdynamik in Gang halten:

1. der *wissenschaftlich-technische Fortschritt*, hier speziell in Pharmakologie, Pharmakotherapie und Pharmazie;
2. die epidemiologisch heute präzis faßbare Ausweitung der *zivilisatorischen Pathogenesen*, die die Morbidität der Industriepopulationen keineswegs senken, sondern durchgreifend verschieben und sogar ausweiten;
3. die Schärfung des Bewußtseins und der Rationalität im *Gesundheits- und Krankheitsverhalten*, besonders bei den sozialen Unterschichten, aber auch beobachtbar an Verhaltensänderungen in den seit je aktiveren Mittelschichten.

Wer angesichts solcher Bedürfnislagen das Angebot etwa von Arzneimitteln künstlich verknappt, spart nicht Kosten, sondern provoziert die *Substitution* mit anderen Heilmitteln und Heilverfahren, die vorderhand noch nicht unter die bürokratische Preis- und Mengenkontrolle geraten sind. Er fördert, was ein europäischer Vergleich sofort zeigt, höhere Krankenhausfrequenz oder eine Expansion der Psychotherapie, beides keineswegs billigere oder wirksamere Substitute des Medikaments. Und außerdem: Wer an einer Stelle des sozialen Sicherungssystems mit *dirigistischen Maßnahmen* Kostenentwicklungen steuern will, muß im nächsten Schritt das gesamte System mit Dirigismus überziehen.

Eine Steuerung der Bedürfnisse muß sich der Subjekte der Bedürfnisse bedienen, zumal in einem demokratisch verfaßten Sozialstaat und in einem auf Selbstverwaltung gegründeten sozialen Sicherungssystem. Für den Arzneimittelverbrauch heißt dies konsequent, daß 1. dem Bürger dort, wo ihm Einsicht und Selbstverantwortlichkeit möglich sind, die Chance der *Selbstmedikation* geöffnet wird; daß 2. der Patient dort, wo ihm wirtschaftlich und sozial eine *Eigenbelastung* zugemutet werden kann, die Teuerung des Pharmafortschritts mitträgt; daß 3. endlich die *Selbstkontrolle* der arzneilichen Leistungsvolumen durch die Sozialversicherten in den Vertreterversammlungen der Kassen und überhaupt in der Öffentlichkeit tatkräftig verwirklicht wird. Man wird sehen, wie schnell sich ein rationaler Diskurs über die Zielentwicklung der Gesundheitskosten herstellen wird, wenn die Bürger Transparenz und Effizienz schon deshalb verlangen, weil sie die Ökonomie zwischen Selbstbeteiligung und Versicherungsleistung abschätzen müssen, zumal es um die sanktionssichere Norm eigener Gesundheit geht.

Vierte These:
Am Beispiel des Zweiten Arzneimittelgesetzes erweist sich, wie der Gesetzgeber sich dem überholten Primat einer naturwissenschaftlichen Medizin und den Folgezwängen techno- und bürokratischer Wirksamkeitskontrollen unterworfen hat.

Erzeugung, Verteilung, Anwendung und Verbrauch von Arzneimitteln verlaufen in einem sozialen Feld, das von den Souveränitätsrechten der *Bürger*, von der Berufsethik und Wissenschaftskompetenz der *Ärzte*, von den Vertriebs- und Aufklärungspflichten der *Apotheker*, von der körperschaftlichen Autonomie und Kostenverantwortlichkeit der *gesetzlichen Krankenkassen*, schließlich von der Marktrationalität wie Forschungspolitik der *Pharmaindustrie* bestimmt ist.
So gewiß eine staatliche Verpflichtung zum Schutz seiner Bürger vor unverschuldeten Schäden seitens Dritter besteht, so gewiß die pharmazeutische und chemische Industrie unter dem humanitären und ökologischen Postulat der Schadensvermeidung bei ihren Produkten und Herstellungsverfahren steht, so gewiß auch die Expertenkompetenz von Ärzten und Apothekern auf ihre Sozialbindung permanent zu kontrollieren ist, so gewiß ist auch, daß alle Schutz- und Kontrollmaßnahmen ihre Grenze in der Verhältnismäßigkeit gegenüber politischen Grundrechten, Normen von bewährten Berufsethiken, Standards von berufstypischen Einkommen und schließlich den Kriterien der Wirtschafts- und Forschungsfreiheit finden.
Es ist die Frage, ob das Arzneimittelgesetz nicht diese Grenzen überschritten hat. Zumal der Verdacht besteht, daß es unter dem Paradigma einer überholten naturwissenschaftlichen und experimentellen Medizin formuliert worden ist und mit der politischen Absicht durchgesetzt werden soll, einen besonders produktiven und exportoffensi-

ven Teil der freien Marktwirtschaft unter staatlichen Interventionszwang zu bringen. Für den Arzneimittelverbraucher ist zu fragen, wo seine Qualität als frei entscheidender *Bürger* mit zugerechneter Einsichtsfähigkeit und Verstandestätigkeit bleibt, wenn er nur als biologisches Substrat pharmakokinetischer und biochemischer Prozesse in den Blick des Gesetzgebers kommt. Für den experimentierenden *Arzt* stellt sich die Frage, ob ihm die Last aufgebürdet werden kann, an Massenpopulationen statistisch signifikante Erhebungen durchzuführen, zumal ihm im Doppelblindversuch die berufsethische Entscheidung unmöglich gemacht wird, ob und welche Substanzen an welchen ihm persönlich anvertrauten Patienten zu welchen ihm einsehbaren Zwecken ausprobiert werden sollen. Für die *Kassen* müßte sich die Frage stellen, ob die womöglich kostengünstigeren und nicht weniger effektiven Arzneimittel, die ihre Wirkungen erst in einem spezifischen psychischen und sozialen Feld entfalten, nicht durch die vorgeschriebenen Testverfahren aus dem Leistungsangebot für die Sozialversicherten herausgeworfen werden. Und für die Pharmaindustrie will ich nur andeuten, ob ihre Arzneimittelforschung und -entwicklung nicht zwangsläufig verdrängt wird durch die wesentlich billigere Produktion von nachweissicheren, bürokratiekonformen und gerichtsfesten Nachahmerpräparaten. Ich frage also, ob ein solcher *Produktkonservativismus* nicht zuerst die Wirtschaftskraft im internationalen Wettbewerb schwächt, dann die Produktivitäts- und Arbeitsplatzsicherung in der eigenen Volkswirtschaft mindert, schließlich die Effizienz des Medikamentenangebots im System der Gesundheitsversorgung schwer schädigt. Bei Verkehrung des Effekts wäre am Ende die Volksgesundheit durch das Arzneimittelgesetz mehr beeinträchtigt, als es die bisherigen und vor allem antizipierten Schäden durch zuwenig Staatskontrolle je vermöchten.

Fünfte These:
Der Sozialstaat in der Alternative zwischen liberalem Rechtshüter des sozialen Sicherungssystems oder totalitärer Ordnungsmacht mit Monopolisierung der Steuerungsmittel.

Der Staat war in der deutschen Geschichte kein verläßlicher Garant des sozialen Friedens und der sozialen Sicherheit. Kriege aus Großmachtambitionen, parteilich geschürter Klassenkampf von oben und unten, ideologisch forcierte Wirtschaftspolitiken haben der deutschen Bevölkerung bis 1945 an Gut und Leben, an gesicherter Alters- und Gesundheitsversorgung immer das genommen, was sie durch

Leistungsbereitschaft und Wirtschaftskraft lebenslang investiert hat.
Die Bundesrepublik hat im Bruch mit diesen politischen, ökonomischen und sozialen Traditionen einen Sozialstaat mit den Prinzipien der sozialen Wohlfahrt, der Selbstverwaltung und der republikanischen Mündigkeit aufgebaut. Ein *liberaler Rechtsstaat* und eine *freie Marktwirtschaft* haben auch das System der sozialen Sicherheit in den Grundzügen zur Zufriedenheit der Bürger bestimmt. Die politischen Eliten in Parteien und Verbänden vor allem von links, aber auch von rechts, sollten sich fragen lassen, ob der Erfolg bisheriger Sozialpolitik nicht auch Wegweiser für die Korrekturen der Zukunft sein müßte. Der Sozialstaat als totalitäre Ordnungsmacht würde am Ende weder die Krise des Sozialbudgets steuern noch das Defizit an Demokratie in den Selbstverwaltungsorganen des Gesundheitswesens aufheben. Er würde — und das ist im Vergleich mit sozialistischen Ländern sofort evident — zwar das Kosten- und Leistungswachstum über eine Verknappung des Angebots an Gesundheitsgütern bremsen, dabei aber das freie Spiel der Kräfte, d.h. der Institutionen und Professionen des sozialen Sicherungssystems beseitigen und am Ende die Freiheit und Partizipationschancen der Bürger treffen.
Die *Selbststeuerung des Gesundheitswesens* — unter Rechtsaufsicht und unter Organisationsgewalt des Staats im existenzkritischen Notfall — ist ein besseres Regulativ der qualitativen und quantitativen Entwicklung des Gesundheitswesens. Zumal nur unter dieser liberalen Räson die Chance besteht, daß Lebenssinn und Vernünftigkeit der Bürger als Kontrolle von unten in die Mechanismen des sozialen Sicherungssystems eingreift. In der Sozialpolitik entscheidet sich, ob die Republik Realität bleibt.

Diskussion

Hofmann:
Zum Problem der Aufklärung der Bevölkerung sprach Frau Noelle-Neumann davon, daß das Thema Arzneimittelprüfung bei der Bevölkerung zu den Themen latenten Unbehagens gehört, zum anderen haben Sie, Herr Granitza, darauf hingewiesen, daß eine große Aufklärungsarbeit in der Öffentlichkeit geleistet werden muß, wenn die §§ 40, 41 überleben sollen. Wir haben leider nicht darüber geredet, was man konkret tun kann. Was sagt der Jurist aus der Pharmaindustrie und was sagt das BGA? Gibt es konkrete Vorstellungen zur Aufklärung der Bevölkerung? Welche Möglichkeiten sind konkret gegeben, um dieses latente Unbehagen zum Thema Arzneimittelprüfung am Menschen abzubauen?

Granitza:
Ich bin zwar angesprochen, kann aber eigentlich schwer eine Antwort geben. Ich kann nur sagen, wie ungeheuer mühsam das Geschäft ist, komplexe Dinge, seien es klinische Prüfungen, sei es Kostendämpfung, seien es Fragen nach Verlust von Innovationskraft durch Kostendämpfung oder ähnliches, so darzustellen von der Pharmaindustrie, daß es a) verständlich und b) richtig und glaubwürdig ist. Das ist ein Kampf, würde ich sagen, an der Front der Öffentlichkeitsarbeit, an der man sich ganz schnell verschleißen kann. Wo man resignierend die Hände in den Schoß legt und nicht recht weiß, wie es weitergeht. Ich habe keine Antwort auf diese Frage.

Fülgraff:
Ich sehe von uns aus überhaupt keinen Grund, hier in irgendeiner Form tätig zu werden. Doch möchte ich gerne eine Bemerkung zu Herrn Baier machen, der sagt, die Exekution des AMG erzwinge den kontrollierten klinischen Versuch. Dies möchte ich bestreiten. Das Bundesgesundheitsamt verlangt keinen kontrollierten klinischen Versuch als Voraussetzung zur Anerkennung der Wirksamkeit, sondern es verlangt, jeweils die den entsprechenden Arzneimitteln angemessene Methodik. Da gibt es viel mehr, und das kann viel differenzierter sein als der kontrollierte klinische Versuch. Ich denke, das ist aus meinen Ausführungen auch deutlich geworden, daß ich kein Fan dieser Methode bin.

Lewandowski:
Es ist wichtig, daß jeder soziale Partner, ob das die Behörde ist, die Industrie oder wer auch immer, seine Handlung vor einer kritischen Öffentlichkeit erläutert. Das muß er um so mehr tun, je wichtiger die Handlung gesellschaftlich ist. Ich bin aber nicht der Meinung, daß es dafür Patentrezepte gibt, daß man eine großangelegte Kampagne machen müßte, und dann gibt es gute Ergebnisse. Ganz im Gegenteil. In wichtigen Fragen Zustimmung zu finden, ist ein immer wieder von neuem beginnender Prozeß, der sehr schmerzhaft ist, der viele Narben bringt. Man muß trotzdem jeden Tag wieder anfangen. Deshalb bin ich überhaupt nicht einverstanden mit resignativen Tönen und einer Art von Hilflosigkeit, die man zuweilen antrifft. Vielleicht sind wir nur in der Vergangenheit ein bißchen verwöhnt worden und haben den rauhen Wind der Wirklichkeit nicht immer so gespürt, wie es andere Partner schon viel länger kennen und sich deshalb nicht gleich umwerfen lassen.
Wenn man an sich zweifelt und resigniert, braucht man sich häufig nicht zu wundern, wenn das Ereignis, was man befürchtet, eintritt.
So ist es vielleicht auch mit dem beklagten Rückgang neuer Forschungsergebnisse. Es läßt sich nicht einfach auf die FDA zurückführen. Hängt es nicht wesentlich damit zusammen, daß wir an Wissensgrenzen stoßen oder auch mit der Größe der Unternehmen, die durch Erfolge der Forschungsarbeit groß geworden sind, deren Risikobereitschaft aber jetzt nachläßt?
Aber wenn die Industrie ständig hingeht und sagt, wie schwierig und wie unmöglich es ist, heute etwas Neues zu erforschen und wie man eingemauert ist

von bürokratischen Anforderungen, dann riskiert man nämlich auch in dieser empfindlichen Branche wissenschaftlicher Forschung die Leute, die wirklich arbeiten wollen, so zu verunsichern, daß auch da genau das herauskommt, was man zuvor beschworen hat.

Gross:
Zwei Punkte nur: Erstens verstehe ich die Industrie nicht, die die Hände in den Schoß legt in einer gewissen fatalistischen Haltung, wie das eben Herr Granitza gesagt hat. Zweitens, der drohende Forschungsnihilismus und das Absinken der Innovation, vor der von industrieller Seite immer wieder gewarnt wird — das stimmt einfach nicht. Ich meine im Gegenteil, es sollte eigentlich die grundlegende Forschung in der Industrie angeregt, mehr stimuliert werden durch diese erschwerende Situation. Ich würde also gerade das Gegenteil davon erwarten.

Granitza:
Ich bin vielleicht etwas mißverstanden worden mit dem Wort, die Hände in den Schoß legen. In dem Sinne habe ich es nicht gemeint, sondern ich habe es in dem Lewandowskischen Sinne gemeint, sich tagtäglich wieder neu aufzuraffen und das Gefühl zu haben, da muß man durch. Das bitte ich doch der Industrie abzunehmen, aber es ist ein mühsames Geschäft.

Kleinsorge:
Ich möchte jetzt Herrn Böckle noch bitten, der von Herrn Baier angesprochen war.

Böckle:
Ich zitiere am besten den Satz des Referates: „Die Berechtigung des Experimentes ergibt sich aus seiner Bedeutung für den Menschen als einer sich in der Begegnung mit den Mitmenschen verwirklichenden Person." Ich wollte also gerade das Individualethische ins Sozialethische, respektive den sozialethischen Bezug in die Individualethik, mit eingeschlossen haben. Aber nicht schlechthin eine Priorität festlegen, sondern nur sagen, die Person muß immer in ihrer Relation in das soziale Ganze gesehen werden. Das ist ein Gesichtspunkt, der mitbeachtet werden muß. Würden Sie dagegen Schwierigkeiten haben?

Baier:
Darf ich etwas dazu sagen: Erstens, Sie hatten gestern schon den Satz gesagt, Sozialethik vor Individualethik. Und Ihre Argumentation, die zum Teil aus der katholischen Soziallehre kommt, hat ja eine große Verbreitung und Zustimmung unter Philosophen und Theologen. Aber ich wollte doch als Soziologe darauf aufmerksam machen, daß, wie empirisch nachgewiesen worden ist, die Berufswahl des Arztes durch den Individualbezug bestimmt ist, wie auch die Berufsethik des Arztes sehr stark individualethisch ausgerichtet ist. Das ist das erste.

Das zweite ist: Ihre Formulierung ist für mich zu abstrakt. Das heißt, eine solche Formulierung löst das Problem noch lange nicht, womöglich in einer aufgereizt öffentlichen Stimmung. Im Grunde geht es hier um Menschenversuche. Sie bringen nur Ihre Legitimierung.

Czeniek:
Ein Einwand zu der These, daß der Konzentrationsprozeß mächtig gefördert wird. Ich will hier auf sich beruhen lassen, ob dies bereits durch das Arzneimittelgesetz geschehen ist oder nicht. Unterstellen wir einmal, es wäre so. Dann wird zumindest im Augenblick die neue Regelung der Reichsversicherungsordnung dazu führen, daß durch die größere Preistransparenz wieder ein Gegengewicht geschaffen wird. Wenn ich die Pharmaindustrie richtig verstanden habe, dann führt sie darüber Klage, daß nun die Nachahmer stark begünstigt würden, nachdem die zu kurze Patentschutzfrist für ein Präparat abgelaufen ist. Dies müßte doch eigentlich dazu führen, daß der Preiswettbewerb auf dem Arzneimittelmarkt, d. h. auch der Wettbewerb der kleineren Hersteller mit den großen, über den Preis gestärkt wird.

Bock:
Wenn man den Pharmamarkt einmal aus dem Gesichtswinkel des verordnenden Arztes betrachtet und wirtschaftspolitische Gesichtspunkte außer acht läßt, so besteht der Mißstand darin, daß Hunderte von kleinen Waschküchenfirmen und auch viele Mittelbetriebe Tausende von Präparaten auf den Markt bringen. Es sind eben nicht nur einige wenige Generica, sondern eine Unzahl gänzlich überflüssiger Kombinationen. Hier werden Pharmaka wie Putzmittel verkauft und schlicht und einfach das Geschäft mit der Krankheit gemacht. Dadurch wird der Markt so unübersichtlich. Die forschende Industrie verdient letztlich natürlich auch an der Krankheit, aber das wird dadurch kompensiert, daß sie durch ihre Forschung einen substantiellen Beitrag leistet, in der westlichen Welt ja den mit Abstand wichtigsten Beitrag, zur Weiterentwicklung der Arzneitherapie. Insofern wäre eine Konzentration von forschenden Firmen eher zu begrüßen.

Jesdinsky:
Ich habe irgendwie das Bedürfnis, zum Ausdruck zu bringen, daß ja doch die Ausbildung des Arztes und das Wissen des Arztes, was nun eigentlich wissenschaftlich vernünftig ist, und was für den Patienten gut ist, eine große Rolle spielen sollte. Wir haben doch den Arzt eigentlich mehr in dem Räderwerk der verschiedenen Mechanismen gesehen und haben überlegt, was passiert, wenn man ein Kostendämpfungsgesetz macht, ein Arzneimittelgesetz macht. Das ist in einer Weise etwas anstößig zu denken, daß der Arzt eigentlich nur als Spielball solcher Dynamismen angesehen wird. Und eigentlich wäre es eine Aufforderung, den Arzt in klinischer Therapie besser auszubilden. Das hätte man fordern sollen.

Fülgraff:
Sie haben recht.

Jesdinsky:
Das ist sicher naiv zu sagen, aber jetzt etwas anderes, vielleicht weniger Naives. Wenn man auf der Seite des Gesetzgebers steht, dann hat man eine sehr große Verantwortung, weil man ja schon weiß oder seine Erfahrungen gemacht hat, daß natürlich alles, was man irgendwie regelt, auch Gegenmechanismen auslöst. Man sollte jeweils überlegen, welche Folgen solche Eingriffe haben. Wir brauchen auf diesem Gebiet viel mehr Forschung und kompetente Beratung bei dem Gesetzgeber. Da ist mir sehr wenig bekannt, aber ich glaube, wir müssen in diese Forschung viel mehr hineinstecken.

Granitza:
Vielleicht noch ein Wort zur Konzentration. Ich glaube, die Schwierigkeit der forschenden Firmen bei den neuen Gesetzen und bei den diversen Listen usw. liegt darin, die Forschung über den Arzneimittelpreis zu finanzieren. Und genau an dieser Ecke werden die Abstriche einsetzen, und diese Abstriche werden sein, weil ja gerade forschende Unternehmen nicht furchtbar flexibel sind. Forschung ist ein großer Apparat, der mit langen Zeiträumen rechnet, der sich nicht ungeheuer schnell einem sich ständig ändernden Marktgeschehen anpassen kann. Insofern glaube ich eigentlich, daß die Welle weniger auf eine Konzentration forschender Firmen zuläuft, sondern viel eher ist für diejenigen, die mit einigen guten Gedanken auch ihre Geschäfte machen, die Stunde da. Man braucht, um Arzneimittel heute zu reimportieren, einen guten Schreibtisch und einen Umpacker!

Baier:
Die Themen Innovation, Konzentrationsprozeß und Preiswettbewerb scheinen mir doch wichtige Themen zu sein, die hier hineingehören, weil sie die Rahmenbedingungen sind, unter denen auch Pharmakologen und Mediziner sprechen sollten.
Erstens Innovation: Es ist völlig sicher, daß die Forschungsfälle ausgeschöpft sind; zumindest sagen das die kundigen Leute. Stoffe, Methoden, aber auch Forschungsmotivation, ein sehr wichtiges, psychologisches Ingredienz, scheinen auch ausgeschöpft zu sein. Ein Industriebetrieb darf in einer solchen Situation nicht in die Schere von Forschungskosten und kalkulierbarem Gewinn kommen. Es kann nicht im Sinne der Volkswirtschaft sein, einen solchen kritischen Trend durch Gesetzgebung und Verwaltungsauflagen noch zu forcieren. Herr Granitza hat das gerade ziemlich deutlich gesagt.
Zweitens Konzentration und größere Preistransparenz: Dazu möchte ich sagen, daß ich in der Argumentationskette etwas überschlagen habe, was ich hier noch kurz anführe: Hätten wir in dem Augenblick, in dem eine Preistransparenz einen Preiswettbewerb auf dem Arzneimittelmarkt freisetzt, ein Korrektiv über den Markt? Wir haben es nicht, wie hier ja auch schon gesagt worden ist. Wir haben im Grund eine Steuerung des Arzneimittelsektors durch die Anbieter. Es ist übrigens blanke Ideologie zu meinen, daß die Verschreibungsfreiheit der Ärzte über die Pharmawerbung dirigiert wird. Das ist schon längst durch entsprechende Forschungsergebnisse widerlegt worden.

Aber unsere Gesundheitspolitiker und Gesundheitsförderer wollen es einfach nicht zur Kenntnis nehmen. Die Laien werden nämlich über die Bedürfnispropaganda des Sozialstaates und seiner Massenmedien dirigiert, nicht die Ärzte!

Fülgraff:
Ich möchte die Industrie hier ausdrücklich in Schutz nehmen. Man sollte ihr nicht unterstellen, daß sie mehr Geld für Werbung ausgibt als für Forschung, wenn der Nutzen dieser Ausgabe nicht erwiesen wäre.

Kleinsorge:
Ich habe zum Thema bis jetzt geschwiegen, aber ich möchte doch das unterstreichen, was Herr Gross auch bereits angesprochen hat. Eigentlich haben Sie, Herr Baier, etwas angerissen, was wirklich lange diskutiert werden muß und sehr ernsthaft. Es ist schon mal sehr schwierig, von „*der* Pharmaindustrie" an sich zu sprechen, von „*dem* BGA" kann man leichter sprechen.
Wenn Sie diese riesigen Personalkosten der Forschung sehen, werden Sie Verständnis dafür haben, daß wir zum Rechnen gezwungen sind. Wenn ein Produkt kommt, wann kommt es, wie ist dann die Patentsituation? Es gibt viele indirekte Forschungsprobleme, die Forschung und Marketing abwägen müssen. Aber ich glaube, wir müßten zu weit abschweifen, um eine befriedigende Antwort zu geben.

Schlußdiskussion

Bock:
Ich schlage vor, daß jeder von Ihnen in einem kurzen Schlußwort zusammenfaßt, worin für ihn die Bedeutung dieses Symposions lag, was er vielleicht gelernt hat, was er vielleicht vermißt hat und was er vorschlägt, was getan werden sollte. Wir gehen der Einfachheit halber alphabetisch vor.*

Anlauf:
Nach den vielfältigen Überlegungen des Kolloquiums möchte ich zwei mir notwendig erscheinende Konsequenzen zur Diskussion stellen:
1. In der praktischen präventiven Medizin sollte häufiger als bisher die Rolle des stellvertretend für den Patienten handelnden Arztes aufgegeben werden zugunsten des fachkundigen Beraters, der Entscheidungshilfen vermittelt. Uns sollte nicht stören, wenn selbst die Beipackzettel, die immer häufiger einen eigenen Patiententeil enthalten, hier — allgemeinverständlich formuliert — Art und Ergebnis der wichtigsten therapeutischen Experimente am Menschen mitteilen, die mit dem verordneten Medikament vorgenommen wurden. Dies würde nicht nur der Information von Arzt und Patienten dienen, sondern möglicherweise auch eine sachbezogene Compliance und die Bereitschaft zur Teilnahme an Humanversuchen fördern.

2. Für die klinische Forschung ist die Notwendigkeit deutlicher geworden, im planerischen Dialog mit dem Statistiker die Vorerfahrungen zu analysieren. Könnten nicht unabhängig von den aktuellen Forschungsinteressen in Teilgebieten der Medizin Indikationslisten für bestimmte statistische Verfahren entwickelt werden, worin immer wiederkehrende Probleme des Spezialgebietes (z. B. Genauigkeit von Meßwerten, statistische Verteilungen, Sensitivität und Spezifität diagnostischer Kriterien) ausreichende Berücksichtigung finden? Sie könnten vielleicht auch größere Klarheit darüber bringen, bei welchen Fragestellungen z. B. das aufwendige und tief in das Arzt-Patienten-Verhältnis eingreifende Instrument des kontrollierten Versuchs angewendet werden muß. Die grundsätzlichen Gegner dieses statistischen Verfahrens haben auch bei diesem Kolloquium nicht gezeigt, auf welchem alternativen Wege die nur mit ihm erzielbaren kleinen, aber bedeutsamen Fortschritte in der Therapie gemacht werden können, noch haben sie widerlegt, daß es derartige Fortschritte gegeben hat, die u. E. ohne kontrollierte Versuche kaum erreicht worden wären.

Burkhardt:
Ich habe den Eindruck, daß mit diesem Kolloquium wieder ein Schritt in Richtung auf eine realistischere Betrachtungsweise der medizinisch-methodi-

---

* Den Teilnehmern wurde nach Abschluß des Symposions bei der Korrektur ihrer Diskussionsvoten anheimgestellt, ihre in der Schlußdiskussion mündlich abgegebenen Voten noch zu ergänzen.

schen Probleme getan worden ist. Im Vergleich zu den methodologischen Behauptungen, die noch vor fünf Jahren öffentlich verbreitet wurden, ist die hier geführte Diskussion ein erheblicher Fortschritt. Ich gebe mich aber keiner Illusion darüber hin, wie weit wir noch von einer umfassenden kritischen Würdigung der methodologischen Problemlage entfernt sind. Schon das Buch von FEINSTEIN, das wirklich noch keine wissenschaftstheoretischen Gesichtspunkte enthält, wird nur zögernd zur Kenntnis genommen. Schreibt man über ethische Probleme des kontrollierten Versuches in einer international angesehenen Zeitschrift, so wird man noch immer sehr schnell als Außenseiter abgestempelt, wie ich es mir von Herrn HASSKARL auf dem Frankfurter Symposium anhören mußte. Abgesehen von paradigmaartigen Positionen sind es eben auch konkrete wirtschaftliche Interessen, die eine offene, sachliche Diskussion erschweren. Und in dieser Hinsicht halte ich dieses Kolloquium für einen echten Fortschritt.
Die ethische Problematik scheint in diesem Kreis deutlich geworden zu sein, was ja auch für die juristische Diskussion wichtig ist. Was mir von der Seite der Befürworter der kontrollierten Prüfung nach wie vor fehlt, ist eine Stellungnahme zur tatsächlichen Leistungsfähigkeit der von ihnen vertretenen Methode. Die Kluft zwischen Theorie und Praxis ist nach wie vor vorhanden, und sie ist außerordentlich groß. Sie wird nicht dadurch kleiner, daß man immer von neuem die Prinzipien des kontrollierten Versuches diskutiert, sondern nur dadurch, daß man zu einer Bestandsaufnahme, zu einer Erkenntnislagenbeschreibung in den einzelnen Indikationsgebieten übergeht, eine Aufgabe, der sich ja die neuen Kommissionen am Bundesgesundheitsamt unterziehen müssen. Ich meine, wir sollten jetzt wenigstens einen Teil unseres methodologischen Sachverstandes in diese Aufarbeitungen investieren. Vielleicht können wir dann doch in einigen Jahren einen Konsens über die Leistungsfähigkeit der ärztlichen Urteilsbildung im Vergleich zur kontrollierten Prüfung erzielen.
Im übrigen glaube ich, daß die methodologische Diskussion durch den Einbezug wissenschaftstheoretischer Gesichtspunkte wesentlich bereichert werden kann. Ich halte es für einen Anachronismus, wenn man von naturwissenschaftlich orientierter Medizin spricht und die theoretische Grundlegung der empirischen Wissenschaften, soweit sie in der Wissenschaftstheorie erarbeitet wurde, ignoriert.

Czeniek:
Ich habe nach der zweitägigen Diskussion die Überzeugung gewonnen, daß die zentralen Entscheidungen des Gesetzgebers, insbesondere im Zulassungsbereich des AMG, im wesentlichen richtig gewesen sind. Wir sollten hier keine prinzipiellen Änderungen vornehmen. Wir haben aber in den kommenden zwei Jahren noch Gelegenheit, praktische Erfahrungen mit dem AMG zu sammeln. Diese Erfahrungen werden in den offiziellen Erfahrungsbericht einfließen, den die Bundesregierung dem Parlament nach Ablauf von vier Jahren vorlegen muß.
Wir werden in einigen Bereichen des Gesetzes Detailkorrekturen vornehmen

müssen. Mein vorläufiger Eindruck ist: Wahrscheinlich wird sich auch eine Änderung der Vorschriften über die klinische Prüfung von Arzneimitteln beim Kranken als notwendig erweisen, die den Bedenken und Sorgen der Ärzte, wie sie hier vorgetragen worden sind, Rechnung trägt. Ich bezweifle allerdings, ob wir jemals eine juristische Konstruktion schaffen können, die den Konflikt zwischen dem Heilanspruch des Patienten und dem Interesse des forschenden Wissenschaftlers in idealer Weise auflösen wird. Ich fürchte, es wird immer ein Rest von Unbehagen und Unzufriedenheit zurückbleiben, weil keine Seite ihre Forderungen voll verwirklicht sieht.

Dannehl:
Der Erfahrungsbegriff ist in der Wissenschaftstheorie einer der zentralen Begriffe. Die Aussage von Herrn Burkhardt, daß er aus der wissenschaftstheoretischen Diskussion praktisch ausgeklammert sei, ist also nicht richtig.

Fincke:
Ich nehme eine sachliche und eine methodische Erkenntnis mit:
Die sachliche Erkenntnis ist die, daß offenbar keineswegs, wie es mir bisher immer entgegengeklungen ist, der kontrollierte Versuch einzig und allein als Wissenschaft hingestellt wird; daß also das Problembewußtsein hinsichtlich des kontrollierten Versuchs einerseits, und das Wertbewußtsein hinsichtlich sonstiger Erfahrungsdaten andererseits, was meinen Empfängerhorizont angeht, ungeheuer angewachsen ist.
Die methodische Erkenntnis ist die, daß man eine Problematik — ich beziehe mich jetzt auf die juristische Diskussion — nicht einmal in einer thesenartigen Position so kurz darstellen kann, wie wir es gerne gewollt hätten. Die Aufklärung einer Expertengruppe über eine einzige Position scheint mir nun fast so schwierig wie die mehrfach geforderte Aufklärung der Bevölkerung. Meine Folgerung aus dieser methodischen Erkenntnis wäre die, daß man unter Juristen möglichst exakt Übereinstimmungen und Divergenzen vorher feststellen müßte, bevor man auch nur an die kleinste Fachöffentlichkeit tritt.

Fülgraff:
Besonders gefallen hat mir, insbesondere gestern, das verständliche Gespräch über die Grenzen der Fächer und der erkennbare Zuwachs an Toleranz, der über die Jahre zu verzeichnen ist und den dieses Gespräch gefördert hat. Außerdem habe ich heute zum erstenmal den Kern der Kontroverse in den Reihen der Juristen verstanden.

Gebhardt:
Daß wir hier zusammensitzen, ist wohl eine Folge des Arzneimittelgesetzes, das uns zwingt, uns mit Fragen der Arzneimittelprüfung intensiv auseinanderzusetzen. Herr Samson hat darauf hingewiesen, daß dieses Gesetz auch unter dem Gesichtspunkt der Therapiefreiheit konzipiert worden ist. Das meine ich auch, und deshalb bin ich mit Herrn Granitza der Ansicht, daß das Gesetz nicht verändert werden soll. Ich habe mich sehr gefreut, daß Herr Lewandowski darauf hingewiesen hat, daß der Doppelblindversuch nicht als Regelanfor-

derung zum Wirksamkeitsnachweis vom BGA verlangt wird, und Herr Fülgraff hat das noch weiter relativiert, indem er die Fragwürdigkeit des kontrollierten klinischen Versuches dargestellt und betont hat, daß auch die subjektiven Einflüsse bei Auswertung und Beurteilung mehr Berücksichtigung finden sollten. Diese Auffassung interessiert mich vom homöopathischen Standpunkt ganz besonders, da sie der homöopathischen Methode entgegenkommt. Mir scheint, daß klar geworden ist, daß der kontrollierte klinische Versuch eben nicht die via regia der Prüfmethoden ist, sondern daß alternative Verfahren vorhanden sind, die teilweise weiter entwickelt werden müssen. Es wäre mein Vorschlag, daß man darüber einmal sprechen sollte. Herr Böckle hat sehr richtig festgestellt, daß „durch Abstrahieren und Isolieren eine Ausblendung erzeugt wird, die immer auch die Gefahr der Verblendung mit sich bringt". Dieses Risiko bestünde, wenn der kontrollierte klinische Versuch im Sinne dieser „Verblendung" zum allein seligmachenden Prinzip erhoben würde, denn er ist der Homöopathie im Grunde eben nicht adäquat, sondern nur in Ausnahmefällen für homöopathische Arzneimittel anwendbar. Die der Homöopathie adäquate Prüfmethode wird fast ausschließlich der intraindividuelle Vergleich sein. Es scheint mir wichtig, daß diese Prüfmethode, die in der Vergangenheit sehr vernachlässigt wurde, in Zukunft verstärkt ausgebaut wird.

Granitza:
Erfreulich war für mich, im Gespräch festzustellen, daß das Arzneimittelgesetz, die §§ 40/41, tragfähig zu sein scheint, und daß man den Dialog dann fördert, wenn man nicht ständig aus Extremsituationen heraus argumentiert. Ich bin deshalb für Einhaltung und strikte Anwendung des Gesetzes. Tendenzen zu einem „Mehr" oder zu einem „Weniger" — gemessen an dem Level, den das Gesetz vorgibt — stimmen bedenklich.
Das Arzneimittelgesetz hat mit seinen Besitmmungen m. E. auch einen Schlußstrich gesetzt unter — zumindest bei den Juristen — immer noch nachwirkende Erinnerungen an schreckliche Perversionen rechtlicher Grundsätze — herrührend aus einer schlimmen Zeit. Die Diskussion kann wieder unbefangener werden. Das bedeutet nicht, daß wir Juristen uns mit einem Text, den wir schwarz auf weiß besitzen, beruhigt in den Lehnstuhl setzen können. Im Gesetzestext ist vielmehr viel Aufgegebenes, viel ständig neu zu Erarbeitendes enthalten. Das Spannungsverhältnis zwischen den zu schützenden Rechten des Individuums und das Interesse an einer Aufrechterhaltung der Arzneimittelforschung kann vom Gesetz nicht aufgehoben werden. Der Patient, der Jurist, der Arzt, die Industrie, die Gesellschaft sind von der gesetzlichen Regelung unmittelbar angesprochen. Es bedarf eines hohen Grades von Einfühlungsvermögen, Verantwortungsfreude, Initiative, Intelligenz, Respekt und Fachkunde, um mit den Bestimmungen richtig umzugehen und ihnen gerecht zu werden.
Auf Polemik, Simplifizierung oder Egoismus ist das Gesetz nicht zugeschnitten. Der Umgang mit ihm will geübt werden, dabei mögen trotz guten Willens Fehler gemacht werden, was aber niemanden entmutigen sollte.

Gross:
Ich bin der Meinung, unser Thema „Arzneimittelprüfung am Menschen" ist eigentlich ein Dauerprozeß, ein Dauerprozeß in der ärztlichen Tätigkeit. Die klinische Prüfung neuer und auch eingeführter Präparate liefert lediglich die Voraussetzung für die Behandlung. Aber die Verwertung der Ergebnisse dieser Prüfungen, die fällt in das Gebiet der Therapiefreiheit. Die Therapiefreiheit, so glaube ich, ist ein wesentlich größeres Risiko als die klinische Prüfung.
Ich darf noch auf zwei Dinge zurückkommen, die mir besonders gefallen haben. Das eine ist, was Herr Kienle gesagt hat, daß wir hier miteinander sitzen und reden können; das zweite, daß wir keine Globalurteile fällen sollen. Sicher ist es nicht richtig, aus einer kontrollierten klinischen Prüfung nun einen weitreichenden Anspruch abzuleiten; eine statistische Signifikanz muß keineswegs biologisch bedeutsam sein. Aber ebensowenig kann und darf man den Einzelfall verallgemeinern. Und man kann auch nicht aus wenigen einzelnen Fällen einen Zwang zum Vorgehen in einer bestimmten Richtung ableiten.
Abschließend noch: Ich glaube, daß Intuition etwas ist, das sich juristisch nicht erfassen läßt. „Ich vermute" kann nicht heißen „ich muß". Und wenn Sie, Herr Fincke, auf den Unterschied zwischen Individualbehandlung und Experiment hingewiesen haben, dieser Unterschied besteht nicht. Jede Individualbehandlung ist ein Experiment. Vielleicht noch ein Vorschlag für ein kommendes Thema: Ich würde als Gegenstück zum kontrollierten klinischen Versuch gern einmal etwas hören über die kontrollierte, vielleicht sogar randomisierte Intuition.

Jesdinsky:
Ich liebe solche kleinen Tagungen, besonders, wenn sie unter solchen interdisziplinären Aspekten und in diesem schönen Rahmen stattfinden. Und ich schätze dann immer sehr, wenn die Beschwichtigungsversuche keine große Rolle spielen. In dieser Hinsicht bin ich vielleicht nicht ganz auf meine Kosten gekommen. Ich will auch meinem sehr geschätzten Vorredner jetzt nicht eine Gegenrede halten. Ich gebe aber eine Empfehlung, daß man vielleicht nicht allzusehr Dinge nur durch eine Diktion, die geschickt ist, zurechtrückt. Wir finden uns alle in einer Diskussion draußen wieder und wundern uns, daß wir einmal zusammengesessen haben und dachten, wir seien im Grunde alle einer Meinung. Ich würde also als Ausblick jetzt sehen, wenn solche Wechselfälle in dem weiteren Verlauf der Diskussion auftreten, dann erinnern wir uns daran, daß wir einmal bereit waren, offen zu diskutieren, Ideen und Standpunkte eines anderen wahrzunehmen, ohne ihnen Interessensbindungen zu unterlegen. Ich habe den Eindruck gewonnen, daß wir wirklich die Äußerungen als Äußerungen einer lauteren und nicht von Interessenbindungen herrührenden Überlegung entgegennehmen konnten. Weitere Tagungen in diesem Bereich wären sicher nützlich und nötig, vielleicht könnte man von seiten der Wissenschaftstheorie, der Psychologie und auch der Ökonomie weitere Anregungen finden.

Kewitz:
Ich denke, daß auf diesem Symposium über „Arzneimittelprüfungen am Menschen" eine ganze Reihe von Standpunkten geklärt worden sind. Das finde ich sehr wichtig. Auf der anderen Seite sind wir sehr bald wieder darauf gestoßen, daß wir uns doch in einem erheblichen Dilemma befinden, das darauf beruht, daß wir sehr viele Präparate haben und sehr wenige therapeutische Konzepte. Und dies ist das eigentliche Dilemma, dem wir natürlich auch mit der Prüfung am Menschen nicht beikommen können. Ich sehe eine Möglichkeit zur Verbesserung in der Erweiterung und Ergänzung des experimentellen Vorgehens. Von nicht-experimentellen Methoden verspreche ich mir keinen Fortschritt. Man sollte sich Gedanken machen, wie neue therapeutische Konzepte entwickelt werden könnten und nicht so sehr darüber, wie die Zahl der Präparate weiter erhöht werden kann.

Kienle:
Ich möchte die Bemerkung von Herrn Kewitz aufgreifen. Er spricht mir ganz aus der Seele. Die Frage, wie wir zu neuen therapeutischen Konzepten kommen, ist mit der Frage des Pluralismus eng verknüpft. Ob eine Entwicklung neuerer therapeutischer Konzepte überhaupt möglich ist, hängt von der Bereitschaft ab, überhaupt kontroverse Theorien in die Diskussion hereinzulassen. Wenn ich die Diskussionen der letzten Jahre vergleiche, ist schon ein erheblicher Fortschritt erreicht.
Vor zwei Jahren wäre das Referat von Herrn Anlauf noch nicht möglich gewesen. Für entscheidend halte ich die Frage der Wissenschaftstheorie und Erkenntnistheorie in der Medizin. Die Dehnbarkeit, mit der man hier je nach der Interessenlage etwas als gesichert oder völlig fragwürdig ansieht, und die Unsicherheit, ob bei einem kontrollierten Versuch etwas herauskommen kann oder nicht, zeigt, wie notwendig es ist, daß man sich mit methodologischen Fragen endlich auseinandersetzt. Es muß auch ganz hart die Frage gestellt werden, ob so etwas wie der kontrollierte Versuch Wissenschaft ist oder nicht. Man darf sich nicht scheuen, wissenschaftstheoretische Positionen bestimmter Techniken und Methoden überhaupt in Frage zu stellen. Ich halte es für äußerst wichtig zu prüfen, ob wir es beim kontrollierten Versuch mit Wissenschaft oder nur mit Technik zu tun haben. Die Kontroverse zwischen Herrn Gross und mir über die Frage der Übertragbarkeit der Tierversuche auf den Menschen zeigt die Verständigungsschwierigkeiten. Hier ist ein epistemologischer Nebel vorhanden, und wir müssen die Frage stellen, wie kommen wir über die wissenschaftliche Situation der etruskischen Leberschau hinaus?
Wenn bei einem bestimmten Tier eine Arzneimittelwirkung beobachtet wird, kann man dann mit irgendeinem rationalen Verfahren die Frage beantworten, was dann beim Menschen zu erwarten ist, insbesondere dann, wenn ich die Hypothese beim Menschen nicht nachprüfen kann? Das halte ich für die entscheidende Frage der Toxikologie, ohne deren Beantwortung sie keinen Wissenschaftsanspruch erheben kann, und die man nicht damit vom Tisch wischen sollte, daß man sich darauf beruft, daß Alternativen zum Tierversuch fehlen würden. Wenn man feststellt, wir wissen gar nichts, sollte man das auch

ehrlich eingestehen, weil nur dann der richtige Stimulus für neue Innovationstätigkeit wirksam werden kann. Die Beschreibung der Erkenntnislage halte ich für außerordentlich wichtig. Man muß wirklich versuchen offen darzustellen, wo wir in einzelnen Bereichen stehen. Wir sind auf diesem Wege der Beschreibung der Erkenntnislage einen erheblichen Schritt vorangekommen, obwohl wir noch viele offene Kontroversen haben. Die offenen Konflikte sind noch vorhanden, ich wäre dankbar, dies auch zu betonen. Wir haben sie menschlich ein wenig überbrückt. Aber wir müssen sie durchstehen. Ich bin dafür dankbar, daß wir schon einen gewissen Fortschritt erzielt haben.

Kleinsorge:
Ich glaubte eigentlich, als ich herkam, daß ich ein gewisser Insider in der hier vorhandenen Problematik wäre. Ich muß aber gestehen, daß ich in dieser Diskussion eine Fülle von Anregungen erhalten habe.
Die vorklinische, experimentelle Arzneimittelforschung ist gezwungen, mehr und mehr von den herkömmlichen, standardisierten Screening-Methoden abzuweichen, sie zu ersetzen bzw. zu ergänzen durch neue, spezifische Modelle. Allerdings hat die Molekularbiologie noch nicht die praktischen Erwartungen erfüllt, die in dieser Hinsicht an sie gestellt wurden. Die Forschungskosten sind so angestiegen, daß es sich in Zukunft immer weniger lohnen wird, „metoo"-Präparate zu entwickeln. So werden die klinischen Prüfungen in einigen Jahren sicher auch immer differenzierter vonstatten gehen. Voraussetzung für eine Neuorientierung ist ein kritisches und vorurteilsfreies Abwägen unseres jetzigen Vorgehens in der Arzneimittelprüfung am Menschen. Unser Symposium hat dazu einen Beitrag geleistet.
Nicht ganz befriedigt bin ich über die zu kurz gekommene Diskussion in bezug auf die speziellen Probleme der Hersteller und insbesondere der forschenden Industrie, zu denen ja auch unser Sponsor zählt. Was können wir aus unserer jetzigen Situation für die Zukunft ableiten? Die Verantwortung in bezug auf die Forschungsaktivitäten sowie deren Zielsetzung in Übereinstimmung mit den medizinischen und sozialen Belangen und Forderungen müßte sicher noch einmal ausführlicher diskutiert werden.
Zu dem Problem der kontrollierten Studien, die ich ja als grundsätzlich notwendig bejahe, habe ich noch einmal einige Denkanstöße erhalten, zumal mich hin und wieder ein Unbehagen befällt, daß das individuelle Beobachten des Patienten bei zu stark auf die Erfüllung von Prüfplänen mit ihrer Testprogrammierung gerichteten ärztlichen Aktivitäten zu kurz kommen kann.
Besonders eindrucksvoll war heute morgen, daß die Juristen ihre Kontroverse in der Diskussion auf bestimmte Kernpunkte konzentrierten und dadurch uns allen die im Raum stehenden juristischen Fragen verständlich machten.
Zum Schluß muß ich noch sagen, wenn ich hier wegfahre, nehme ich das angenehme Gefühl mit, ein Symposium in einer Form erlebt zu haben, wie es selten stattfindet. Es hat sich eine eigene Gruppendynamik in- und außerhalb dieses Tisches entwickelt, und dies in einer seltenen, atmosphärisch so attraktiven Situation, wie wir sie hier erlebt haben.

Lewandowski:
Otto Reuter hat einmal gesagt: „Phantasie ist jederzeit schöner als die Wirklichkeit." Mit Gesetzen und Prinzipien versuchen wir, Vorstellungen in die Wirklichkeit umzusetzen. Wenn wir uns dieser Wirklichkeit aussetzen, stoßen uns unsere Vorstellungen auf Grenzen. Unsere Diskussion ließ diese Grenzen erkennen und die Bereitschaft, sie zu respektieren. Das bedeutet nicht Resignation, sondern natürlicher Ansatz zur Verbesserung.

Rahn:
Ich stimme mit den meisten Bewertungen der Diskussion, wie sie von den Vorrednern gegeben worden sind, überein. Vielleicht einige Detailpunkte, wo das nicht so ist.
Man hätte die Selbstkontrollmechanismen bei wissenschaftlichen Untersuchungen vielleicht etwas mehr herausstellen sollen, z. B. die Kontrolle des Doppelblindversuchs durch Einzelbeobachtungen in der Klinik, was sicher nicht unwesentlich ist. Man ist dadurch gelegentlich auf Fehler von kontrollierten Untersuchungen gestoßen. Es ist keineswegs immer so, daß die kontrollierten Untersuchungen bei Diskrepanzen, die sich zu Einzelbeobachtungen ergeben haben, Recht behielten.
Vielleicht noch ein Vorschlag zum praktischen Ablauf künftiger, derartiger Kolloquien: Es erscheint mir nützlich, wenn am Ende der Diskussion eines Themenkomplexes ein Resümee durch den jeweiligen Vorsitzenden gegeben wird. Denn offensichtlich werden die Ergebnisse der Diskussion — zum Teil zeigt sich das auch bei dieser Runde — doch unterschiedlich interpretiert.

Samson:
Nur ein Satz: Wenn jeder von zwei Kontrahenten meint, der jeweils andere habe seine Position abgemildert, dann ist das auch ein Zeichen von Annäherung.

Siehr:
Am ersten Tag der Diskussion wurde ich an das Hamburger Sprichwort erinnert: „Wat den eenen sin Uhl, is den annern sin Nachtigall." Das hängt wohl damit zusammen, daß, je älter man wird, man Methoden apologetisch vorträgt und einen Methodenmonismus zu vertreten geneigt ist. Ich glaube, daß die Fragen nach der Wissenschaft einfach zu beantworten sind. Wissenschaft betreibt man immer dann, wenn man seine Methoden und seine Ziele bereit ist in Frage zu stellen. Das würde dazu führen, daß man zu einem Methodenpluralismus kommt und zu einem Überdenken des jeweiligen Ergebnisses, das man gefunden hat. Eigenartig ist (oder auch nicht), daß es diese Grundprobleme der Wissenschaft auch bei den Naturwissenschaftlern gibt. Das gibt es bei uns Juristen nämlich auch. Offenbar handelt es sich um ein sehr menschliches Phänomen. Was mich gefreut hat, ist die Aufgeschlossenheit der Mediziner gegenüber den juristischen Komplikationen und vor allen Dingen die Bereitschaft, die Aufklärung des Patienten ernstzunehmen. In dieser Hinsicht hat mich besonders das beeindruckt, was Herr Kewitz vorgetragen hat.

Böckle:
Liebe Freunde, ich kam als Außenstehender hier hin und habe das erlebt, was jetzt mancher von Ihnen schon gesagt hat. Ich traf Frauen und Männer, die miteinander offen diskutierten, die durchaus nicht immer einer Meinung waren, die aber eine Grundhaltung dokumentiert haben in ihrem Verantwortungsbewußtsein für den Menschen. Das ist, so glaube ich, nicht nur da und dort angeklungen, sondern hat tatsächlich alle Äußerungen der Diskutanten beherrscht, und das hat mich sehr bewegt. Ich habe mir gedacht, als man heute morgen von der Angst vor der Chemie sprach, so spricht man ja gleicherweise auch von der Angst vor der apparativen Medizin. Ich hatte letztes Jahr die Ehre, den Festvortrag beim Röntgenkongreß zu halten und habe zu diesem Thema „Angst vor der apparativen Medizin" ausgeführt, es handle sich vor allem „um ein Problem der Sprachlosigkeit. Ängste entstehen nicht eigentlich vor dem Apparat, sondern vor der Sprachlosigkeit. Ängste haben immer eine irrationale Wurzel. Ähnliches gilt ja bei der Diskussion um die Atomkraft. Die Dinge hängen in unserer Öffentlichkeit alle zusammen. Wenn viele Menschen hätten spüren können, mit welchem Verantwortungsbewußtsein, mit welcher ehrlichen Sorge um den Menschen hier diskutiert worden ist, dann wäre vieles abgebaut von der Angst vor der Chemie und dem Apparat.
In der Richtung müßte also die Öffentlichkeitsarbeit gehen. Wenn Sie jetzt wieder draußen miteinander diskutieren und Ihre unterschiedlichen Meinungen sachlich miteinander austragen, dann müssen Sie ebenso deutlich machen, daß es Ihnen allein um die Sorge um den Menschen geht.

Rückschau und Ausblick

von K. D. Bock

"I shall begin with the assumption that it is not only ethical, but also essential for doctors and patients to try to determine what is really accomplished by therapeutic agents. Someone who does not agree with this assumption should stop reading here, because the dissent is a matter of ideology, which will not be addressed in the methodologic discussion that follows."
Diese Feststellung hat FEINSTEIN, der in diesem Kolloquium einige Male so zitiert wurde, als sei er ein Gegner des kontrollierten Versuchs, einem soeben erschienenen Editorial* vorausgeschickt, dessen Lektüre auch Nicht-Medizinern und Nicht-Statistikern, die an der Arzneimittelprüfung am Menschen interessiert sind, nur nachdrücklich empfohlen werden kann. In Form von 17 Fragen und Antworten klärt er Begriffe und Mißverständnisse, einige Male deutlicher, als es in unserem Gespräch geschah.

Die allen Teilnehmern eingeräumte Gelegenheit, ihr mündlich abgegebenes Votum in der Schlußdiskussion nachträglich schriftlich zu ergänzen, möchte ich ebenfalls wahrnehmen, sehr viel ausführlicher und erleichtert durch die mir zur Verfügung stehenden Manuskripte der Vorträge und Diskussionsvoten. Mit JESDINSKY bin ich der Meinung, daß die in der persönlichen Begegnung vielfach gewählten versöhnlichen Formulierungen nicht darüber hinwegtäuschen sollten, daß nach wie vor teilweise grundlegende Meinungsverschiedenheiten bestehen.
Zudem scheint mir, daß die Diskussion der letzten Jahre oft unausgewogen war. Sie wurde bestimmt von Vertretern theoretischer Fächer oder von solchen Ärzten, die, so darf man aufgrund der von ihnen bevorzugten Arzneimittel vermuten, meist leichtere, nicht lebensbedrohliche Störungen behandeln, während jene Ärzte und Kliniker, die in erster Linie schwer und lebensgefährlich Erkrankte versorgen, eher selten zu Wort gekommen sind. Die letztgenannte Gruppe erlebt den großen Fortschritt, aber auch die Gefahren der modernen Arzneitherapie unmittelbar in ihrer täglichen Arbeit. Diese Ärzte sehen damit auch die Bedeutung der Arzneimittelprüfung, die Anforderungen, die an ein Arzneimittelgesetz zu stellen sind, überhaupt das ge-

---

* Eur. J. Clin. Pharmacol. *17*, 1—4 (1980).

samte Gebiet der Arzneimittelsicherheit mit anderen Augen. Die Behandlung der zwar sicher viel häufigeren funktionellen Störungen ist zweifellos wichtig für die Betroffenen, aber, soweit sie mit Arzneimitteln erfolgt, in weiten Bereichen eher ein psychologisches oder ökonomisches als ein pharmakologisches Problem, und schon gar nicht eine Frage von Leben oder Tod. Dadurch wurden meines Erachtens die Akzente häufig falsch gesetzt.

Individual- vor Sozialethik
Es ist eine legitime, ethisch und humanitär zu begründende Forderung, daß dem Arzt alles erreichbare Wissen über die stofflichen Wirkungen und Nebenwirkungen der von ihm verwendeten Arzneimittel zur Verfügung gestellt wird. Daß bei der Gewinnung dieses Wissens die Grundsätze der ärztlichen Ethik eingehalten werden, daß im Zweifelsfall individualethische Gesichtspunkte den Vorrang vor sozialethischen haben, ist die Auffassung *aller* Beteiligten, ebenso, daß Mißstände verhindert oder beseitigt werden müssen. Es sollte aber Schluß sein mit der meist unterschwelligen, gelegentlich sogar juristischen Diskriminierung derjenigen, die sich um ein möglichst genaues Wissen über Arzneimittelwirkungen bemühen, Schluß mit dem suggerierten Anspruch, daß nur die einen die wahre ärztliche Ethik vertreten, während es den anderen nur um reine Erkenntnisgewinnung geht oder hemmungsloser Ehrgeiz ihr Motiv sei. Diese Art von Argumentation ließe sich leicht umkehren: Wer mit wirklichkeitsfremden theoretischen Argumenten die Erlangung besserer Kenntnisse auf dem Gebiet der Arzneimitteltherapie verhindert oder erschwert, aus welchem Grunde auch immer, kann sich mitschuldig machen an Leiden oder Tod falsch behandelter kranker Menschen.

Der kontrollierte klinische Versuch
Der kontrollierte Versuch ist nur eine — allerdings außerordentlich wertvolle — Möglichkeit, Kenntnisse über die stoffliche Wirkung von Arzneimitteln auf Symptome oder auf den Verlauf von Krankheiten zu erhalten. Ich verweise hier noch einmal auf FEINSTEIN. Es gibt (und gab schon immer) aber auch andere Methoden zur Beurteilung der Wirkung von Pharmaka; die Feststellung KIENLES, daß das Referat von ANLAUF vor zwei Jahren noch nicht möglich gewesen wäre, trifft nicht zu. Diese wie auch manche anderen Äußerungen KIENLES lassen erkennen, daß er und seine Gruppe, verleitet vielleicht durch zu apodiktische oder mißverständliche Formulierungen einzelner Biostatistiker, ein Feindbild aufgebaut haben, das in Wirklichkeit gar nicht existiert. Kritische Ärzte und Kliniker wußten schon immer,

daß „post hoc" nicht gleich „propter hoc" bedeutet, daß anscheinende klinische Erfolge Täuschungen sein können, daß es aber auch Therapiewirkungen gibt, die so eindeutig sind, daß zu ihrer Feststellung ein kontrollierter Versuch nicht notwendig und oft auch ethisch nicht zu rechtfertigen ist. Beispiele hat ANLAUF aufgeführt, ebenso die Voraussetzungen, die in einem solchen Fall gegeben sein müssen. Auch nach FEINSTEIN kann z. B. unter bestimmten Bedingungen der historische Vergleich nicht nur zulässig, sondern unvermeidlich und ausreichend sein. Der intraindividuelle Vergleich („the patient as his own control") ist bei Einhaltung gewisser Kautelen ebenfalls eine zulässige und verläßliche Methode der Arzneimittelprüfung am Menschen. ANLAUF hat auch zum Ausdruck gebracht, und in der Diskussion wurde dies bestätigt, daß bei den meisten, wenn nicht bei allen von ihm zitierten extremen therapeutischen Situationen im Grunde statistisch gedacht worden ist, auch wenn formal keine statistischen Parameter berechnet wurden.

Eine Kritik, die sich gegen die Auffassung richtet, der kontrollierte Versuch sei die einzig erlaubte Methode des Wirksamkeitsnachweises und Voraussetzung für die Zulassung von Arzneimitteln, wäre daher durchaus berechtigt. Sie geht nur ins Leere, weil dies keineswegs die Meinung der Kliniker oder auch nur der Mehrzahl der Biostatistiker oder gar des BGA ist. Andererseits ist der kontrollierte Versuch in zahlreichen Fällen (s. wiederum FEINSTEIN) ein unentbehrliches Instrument zur Beurteilung von Wirkung und Wirksamkeit. Die Unterschiede zwischen zwei Therapieverfahren können durchaus klinisch bedeutsam, aber dennoch so klein sein, daß eine Urteilsbildung aufgrund persönlicher Beobachtung auch dem erfahrensten Arzt unmöglich ist. Manche Differenzen können auch erst bei der Langzeitbeobachtung großer Patientengruppen erkannt werden, und schließlich kann die Urteilsbildung durch zahlreiche subjektive und objektive Faktoren, die Arzt oder Patient beeinflussen, unmöglich gemacht werden. In allen diesen Fällen ist der kontrollierte Versuch in seinen verschiedenen Varianten durch nichts zu ersetzen. Die individuelle Beobachtung, die persönliche ärztliche Erfahrung ermöglichen heute nur noch in wenigen Fällen ein abgerundetes Urteil über eine Therapie. Sie sind deshalb beileibe nicht zu vernachlässigen, sondern unentbehrlich zur Hypothesenbildung, aber auch zur Korrektur therapeutischer Konzepte, die vielleicht mit Hilfe kontrollierter Versuche entwickelt worden sind, sich aber in der Individualmedizin nicht bewähren. Wer heute noch den kontrollierten Versuch grundsätzlich ablehnt und als einzige Alternative die ärztliche Erfahrung oder Intuition anzubieten hat, verkennt zweifellos die relativ eng gezoge-

nen Grenzen individualärztlicher Beobachtung bei der Beurteilung von Arzneimittelwirkungen; einem praktizierenden Arzt muß man in diesem Fall Mangel an Selbstkritik vorwerfen.
Ein weiteres Mißverständnis wurde eben schon angedeutet: Die Fehleinschätzung der Bedeutung statistischer Verfahren bei der Beurteilung von Arzneimittelwirkungen oder von therapeutischen Konzepten. Statistische Vergleiche, die mathematischen Verfahren zur Beurteilung statistischer Zahlen, sind nichts als Hilfsmittel, die uns bei *einem* von mehreren Schritten zur Urteilsbildung Hinweise darauf geben können, ob z. B. zwischen Untersuchungs- oder Meßreihen „überzufällige" Unterschiede bestehen. Findet man einen signifikanten Unterschied, so heißt dies noch lange nicht, daß ein solcher Unterschied klinisch relevant, und schon gar nicht, daß daraus eine Therapieempfehlung abzuleiten ist. Diese weiteren Urteile fallen nicht mehr in die Kompetenz des Biostatistikers, sondern des Klinikers, der dabei zahlreiche andere Gesichtspunkte mit zu berücksichtigen hat. Die vielfältige Kritik KIENLES an der fehlerhaften Anwendung statistischer Verfahren ist teilweise durchaus berechtigt, geht aber dann an der Sache vorbei, wenn stillschweigend oder expressis verbis unterstellt wird, daß das Urteil über ein Arzneimittel ausschließlich vom Ergebnis einer statistischen Berechnung abhänge.

Wissenschaftstheoretische Einwände
Manche der wissenschaftstheoretischen oder entscheidungstheoretischen Einwände gegen den kontrollierten Versuch oder den Tierversuch treffen im Grundsatz zu. Nur: Sie gelten nicht nur für den kontrollierten Versuch, sondern prinzipiell für jedes physikalische, chemische oder biologische Experiment oder Meßreihe, d. h. für die gesamte empirische Natur- und Sozialwissenschaft. Die Probleme der Definition von Grundgesamtheiten, der Repräsentativität von Stichproben, der Verallgemeinerung eines Versuchsergebnisses bestehen bei fast allen Versuchen in allen Naturwissenschaften. Sie sind in der Biologie wegen der komplexen Verhältnisse nur noch schwieriger zu lösen als in den sogenannten exakten Naturwissenschaften. Aber trotz grundsätzlicher Einwände funktionieren die auf solcher experimentellen Basis konstruierten Autos, Raumschiffe oder Industrieanlagen. Auch wenn immer wieder technische Pannen vorkommen, wenn einmal bei einer Konstruktion von falschen Prämissen oder falschen Berechnungen ausgegangen wurde, wird man sich deshalb beim Bau einer Brücke lieber auf die Intuition der Bauarbeiter verlassen? Fast unsere gesamte Kenntnis der Physiologie des Menschen beruht letztlich auf der Verallgemeinerung einzelner, sehr „re-

duktionistischer" Versuche, zum Teil dazu noch am Tier; unser Wissen über die Physiologie des Herzens stammt in wesentlichen Teilen von Untersuchungen am Frosch- und Hundeherzen und läßt sich dennoch in vielen Bereichen ausgezeichnet auf den Menschen übertragen. Die Neurophysiologen haben die Gesetze der Nervenleitung an ausgefallenen Tierarten erforscht, bei denen die Nerven besonders groß und gut zugänglich waren. Man hat diese Ergebnisse auf andere Tiere und den Menschen übertragen, insgesamt durchaus mit Erfolg. Folgt man den vorgebrachten wissenschaftstheoretischen Einwänden, müßte man nicht nur den kontrollierten Versuch, sondern die Forschung in der gesamten experimentellen Naturwissenschaft einstellen.
Der geforderte Theorien- (und damit auch Methoden-)Pluralismus setzt voraus, daß das Paradigma der „herrschenden" Medizin nicht mehr trägt, zur Ablösung reif ist. Stark vereinfacht besagt die gültige Theorie, daß das stoffliche Substrat von Lebewesen einschließlich des Menschen in seinen Elementen chemischen und physikalischen Gesetzmäßigkeiten folgt (ungeachtet möglicher weiterer Dimensionen des Biologischen allgemein und des Menschen im besonderen). Bei körperlicher Krankheit sind diese Prozesse gestört, stoffliche Einwirkungen, z. B. in Form von Pharmaka, können die Störung korrigieren oder beeinflussen. Auf dieser theoretischen Vorstellung beruhen die meisten großen Erfolge (und auch die Gefahren) der heutigen Medizin. Der kontrollierte therapeutische Versuch ist gegründet und begrenzt auf diese Theorie, die zwar nur einen Teilaspekt des kranken Menschen in seiner Ganzheit beschreibt, aber eben einen, in dem sich die gefährlichsten Bedrohungen seiner körperlichen Integrität, seines Überlebens abspielen.
Sowohl die Homöopathie als auch die anthroposophische Medizin folgen insoweit diesen Vorstellungen, als sie ebenfalls durch stoffliche Einwirkung körperliche Krankheitsprozesse beeinflussen wollen. Die Homöopathie besitzt jedoch eigene, bisher experimentell nicht belegbare Vorstellungen über stoffliche Arzneimittelwirkungen und, teilweise davon abgeleitet, spezielle Verfahren der Indikationsstellung. Die anthroposophische Medizin wiederum sieht, fußend auf der Weltanschauung von RUDOLF STEINER, z. B. Beziehungen zwischen Gestirnen, Mineralien und Organsystemen bzw. Funktionskreisen, wobei letztere kaum noch Beziehungen zu unseren physiologischen Kenntnissen aufweisen. Hierauf gründen sich die von dem Philologen STEINER entwickelten anthroposophischen Medikamente und ihre Indikationsgebiete.
Den Homöopathen und den anthroposophischen Ärzten ist gemein-

sam, daß sie dann, wenn ein Patient ernsthaft krank ist, einen theoretischen Salto mortale vollführen, indem sie bewährte Präparate der naturwissenschaftlichen Medizin anwenden, oft neben ihren eigenen. Man könnte das als „intraindividuellen Theorienpluralismus" bezeichnen. Verdächtig ist aber, daß dabei die kranke Menschheit in zwei Gruppen eingeteilt wird: eine, die mit den Mitteln der naturwissenschaftlichen Medizin geheilt oder vor vorzeitigem Tod bewahrt werden kann, und eine zweite, bei der entweder die Schulmedizin ebenfalls über keine wirksame Therapie verfügt, z. B. bei vielen inoperablen Carcinomen, oder bei der relativ belanglose, oft funktionelle Störungen vorliegen. Bei den letzteren ist die Art der medikamentösen Behandlung vergleichsweise unwichtig und könnte vielfach durch Psychotherapie ersetzt werden, die dann über den Umweg von mystisch oder pseudowissenschaftlich begründeten (und daher besonders wirkungsvollen) Placebos erfolgt. Jedenfalls erscheint es dubios, die Theorie jeweils unter dem Gesichtspunkt zu wechseln, ob eine wirksame „schulmedizinische" Therapie vorhanden ist oder nicht. Dieses Verfahren bezweckt offensichtlich nur, vielleicht unbewußt, die empirisch nicht belegbaren geisteswissenschaftlichen Theorien dieser medizinischen Richtungen nicht aufgeben zu müssen. Was die Pharmakotherapie anlangt, ist jedenfalls eine alternative Theorie zu der der naturwissenschaftlichen Medizin nicht in Sicht. Damit ist auf diesem Gebiet auch die Forderung nach einem Theorien- und Methoden-Pluralismus zur Zeit gegenstandslos.

Tierversuche
So berechtigt das Verlangen engagierter Tierfreunde, zu denen auch ich mich rechne, nach einer Beschränkung von Tierversuchen auf das unerläßliche Maß ist, so unvertretbar erscheint die Forderung auf einen völligen Verzicht. Die theoretischen Argumente wurden teilweise schon im vorausgehenden Abschnitt behandelt. Sieht man von der unrealistischen Forderung nach absolut sicherer Voraussagbarkeit ab, hat der Tierversuch längst seine Nützlichkeit erwiesen, sei es bei der Entwicklung neuer Arzneimittel, sei es für die Arzneimittelsicherheit. Viele neue Arzneimittel wurden durch Tierversuche entdeckt, aber niemand bestreitet, daß andere wichtige Arzneimittelwirkungen nicht im Tierversuch, sondern erst am Menschen gefunden wurden. Der Toxizitätsversuch am Tier ist unerläßliche Voraussetzung für die erstmalige Anwendung eines neu entwickelten Arzneimittels beim Menschen: es wäre kriminell, ihn hier zu unterlassen. Alle Beteiligten sind sich einig, daß fehlende Toxizität beim Tier keine absolute Sicherheit für den Menschen bedeutet, und umge-

kehrt. Die Erörterungen über Sensitivität und Spezifität gehen insoweit am Problem vorbei, als diese Parameter bei neu entwickelten Substanzen mit unbekannten Wirkungen vielfach erst nachträglich ermittelt werden können, ganz abgesehen von ihrer Abhängigkeit von zahlreichen Variablen. Mehr als Hinweise, allerdings oft sehr wichtige Hinweise, können vom Tierversuch nicht erwartet werden, sie sind aber unter dem Gesichtspunkt einer möglichst großen Arzneimittelsicherheit unverzichtbar.
Daß eine exakte Formalisierung der Bewertung von Tierversuchen zwar erstrebenswert, mit mathematischer Sicherheit aber niemals erreichbar sein wird, ist ebenso selbstverständlich wie die angebotenen Alternativen unrealistisch erscheinen. Zellkulturen können vielleicht vage Hinweise geben, den Tierversuch aber niemals ersetzen. Auch der primäre (Selbst-)Versuch am Menschen läßt sich allenfalls für stark verdünnte Homöopathika vertreten, aber schon bei manchen „Anthroposophika", von denen einzelne potentiell toxische Stoffe enthalten, hätte ich Bedenken. Bei fast allen sonstigen Pharmaka wäre eine Erstanwendung beim Menschen ohne vorausgehenden Tierversuch unverantwortlich. Wer die generelle Abschaffung des Tierversuchs fordert, verlangt letztlich, daß die pharmazeutische Industrie die Entwicklung neuer Arzneimittel einstellt und man sich in Zukunft in der Krankheitsbekämpfung nur noch auf homöopathische und anthroposophische Mittel beschränkt.

Juristische Fragen
In der juristischen Diskussion fällt auf, daß manche medizinischen Sachverhalte als eindeutig definiert angesehen werden, obwohl sie dies bei weitem nicht sind. Wenn etwa von der Gleichwertigkeit, der Über- oder Unterlegenheit einer Therapie die Rede ist, so kann dies gesichert, aber auch äußerst problematisch sein. Letzteres ist meist gerade auf den Gebieten der Therapie der Fall, in denen kontrollierte Versuche ihr Hauptanwendungsgebiet haben. Eine Behandlung kann in bezug auf die Wirksamkeit einer anderen überlegen, in bezug auf die Verträglichkeit unterlegen sein, und umgekehrt. Aber z. B. schon die scheinbar einfache Frage nach der Wirkungsstärke verschiedener altbekannter Antihypertensiva läßt sich meist nicht einfach mit „besser" oder „schlechter" oder „gleichwertig" beantworten, sondern hängt u. a. von Schwere und Art des Hochdrucks, dem Alter der Patienten und der Dosierung der Medikamente ab.
Noch fragwürdiger wird die juristische Tragfähigkeit der Begriffe bei der Beurteilung des sogenannten „Vorwissens", von dem die ethische Zulässigkeit kontrollierter Versuche und deren methodische Ausge-

staltung abhängig gemacht werden soll. Bei der Einschätzung der Qualität des Vorwissens sind so zahlreiche objektive und subjektive Gesichtspunkte maßgebend, gerade in den bei kontrollierten Versuchen gegebenen Situationen, daß diametral entgegengesetzte Urteilsbildungen möglich und jeweils auch begründbar sind. Es ist ein beklemmender Gedanke, daß im juristischen Konfliktfall ein Richter entscheidet, wie das Vorwissen zu interpretieren ist. Man kann die Juristen nur nachdrücklich davor warnen, Begriffe justitiabel zu machen, die medizinisch-wissenschaftlich einer höchst differenten Interpretation unterworfen werden können. Das Buch FINCKES* ist, abgesehen von seinem polemischen Titel, Untertitel und Umschlagbild, viel zu früh, nämlich noch bevor die innerjuristische und die innerärztliche Diskussion ausgereift war, verbreitet worden. Zudem scheint es ein Beispiel für ein dem juristischen Laien auch auf anderen Gebieten begegnendes Phänomen zu sein: Die konsequente Aneinanderreihung durchaus vernünftiger Rechtsgrundsätze führt zu Argumentationsketten, deren einzelne Schritte für sich genommen jeweils durchaus schlüssig sein können, deren Endergebnis aber wirklichkeitsfremd, wenn nicht gar unsinnig ist.

„Therapiefreiheit"
Was ist Therapiefreiheit? Die Antwort CZENIEK's, Therapiefreiheit sei kein Privileg des Arztes, sondern diene ausschließlich dem Wohle des Patienten, definiert sie nicht und ist auch sonst unbefriedigend. Heißt Therapiefreiheit, daß jeder Arzt, jeder Heilpraktiker und jedes Kräuterweib behandeln dürfen, wie es ihnen gerade gefällt? Solange nichts passiert, offensichtlich ja, und in der Tat wird, auch von einzelnen Ärzten, manches abenteuerliche Behandlungsverfahren mit offizieller Duldung praktiziert. Kommt es aber zu einem Zwischenfall, setzen plötzlich die „allgemein anerkannten Regeln der wissenschaftlichen Medizin" (oder etwas ähnliches) Grenzen der Therapiefreiheit. Diese Grenzen mögen zwar den Patienten im günstigsten Falle vor massiven körperlichen Schäden durch Scharlatane jeglicher Couleur schützen — bis dahin aber wird der menschliche und ökonomische Betrug am Hilfesuchenden, das üble Geschäft mit der Krankheit, im Namen des Fetischs Therapiefreiheit hingenommen. Und außerdem: Nicht nur unter das Bett zu legende Drahtschlingen gegen Rheumatismus sind Betrug, auch das Geschäft einzelner Pharmafirmen mit teuren Placebos, z. B. mit Vitaminpräparaten zur Schmerz-

---

* FINCKE, M.: Arzneimittelprüfung. Strafbare Versuchsmethoden. „Erlaubtes" Risiko bei eingeplantem fatalen Ausgang. C. F. Müller, Heidelberg—Karlsruhe 1977.

bekämpfung, ist unlauter, wird aber, wie ich mich als Sachverständiger in einem einschlägigen Prozeß überzeugen konnte, von der Rechtsordnung toleriert. Zum Glück für die Solidargemeinschaft der Versicherten ist in der sozialen Krankenversicherung diese Art von Therapiefreiheit dadurch begrenzt, wenn auch sehr großzügig, daß nicht jedes unsinnige Verfahren und jedes beliebige Medikament verordnungsfähig ist — hier besteht wieder eine andere Grenze der sogenannten Therapiefreiheit. Zwischen der groben Scharlatanerie auf der einen und den erwiesenermaßen wirksamen und unschädlichen Therapieverfahren auf der anderen Seite sind die Übergänge fließend, die Grenzen je nach Standpunkt verschieden. Auch die subjektive Überzeugung des Behandlers kann nicht ohne weiteres das Kriterium sein. Der beste Wille zum Helfen vermag nicht intellektuelles Unvermögen, Kritiklosigkeit zu kompensieren; immer wieder fallen durchaus engagierte Ärzte ehrlichen Herzens auf pseudowissenschaftlichen Unsinn herein. Schließlich redet sich auch der gewissenlose Geschäftemacher stets auf seine subjektive Überzeugung oder seine angebliche Erfahrung heraus, weil er weiß, daß ihm das nicht widerlegt werden kann.

Man sieht: Die Therapiefreiheit, heilige Kuh der Politiker, auch vieler Standespolitiker, läßt sich beliebig interpretieren; sie dient jedenfalls so, wie sie derzeit unter der Fahne der Liberalität exekutiert wird, bei weitem nicht immer dem Wohle des Patienten. Therapiefreiheit ist nur ein Spezialfall von Freiheit schlechthin; wie diese ist sie immer die des anderen, stets aber auch relativ. Wer von Therapiefreiheit spricht oder sie gar in der (Arzneimittel-)Gesetzgebung verankern will, der soll vorher deutlich sagen, was er darunter versteht und wo er die Grenzen setzt.

Arzneimittelrecht
Die Gestaltung des Arzneimittelrechts gewinnt auch unter diesen Gesichtspunkten große Bedeutung. Nicht nur, daß der Arzneimittelmarkt teilweise nach anderen Regeln funktioniert als andere Märkte, er bedarf auch unter dem Aspekt des Schutzes des Patienten und des Beitragszahlers wenigstens in Teilbereichen staatlicher Aufsicht. Hier liegen eindeutig Grenzen für die freie Marktwirtschaft, die auch in liberalen westlichen Demokratien überall gezogen worden sind, bei uns leider nur unzureichend. Im neuen Arzneimittelgesetz (AMG) wurde, wie ich in meinem Einführungsreferat dargelegt habe, wie es FINCKE im Vorwort zu seinem Buch angibt und inzwischen auch das Bundesverwaltungsgericht im Zusammenhang mit einer Kostenentscheidung bestätigt hat, die Forderung nach dem Wirksam-

keitsnachweis in letzter Minute durch einige Zusatzbestimmungen wiederaufgehoben. Die Parlamentarier sind einer Lobby gefolgt, die sie in einer konzertierten Aktion ohne Beispiel mit wissenschaftstheoretischen, ethischen und juristischen Argumenten überschüttet hat. Das Mißverständnis, allein der kontrollierte Versuch mit mathematisch-statistischer Analyse begründe in Zukunft eine Arzneimittelzulassung, zusammen mit der Furcht vor Unpopularität — Anthroposophen, Homöopathen und Naturheilkundige einschließlich ihrer Patientenklientel sind auch Wähler, die zugehörige Industrie stellt Arbeitsplätze —, vielleicht auch die Furcht vor dem Vorwurf mangelnder Liberalität haben dazu beigetragen, das Gesetz an entscheidender Stelle zu entschärfen. Wenn dem Parlament daran gelegen war, die sogenannten Außenseiterrichtungen in der Medizin nicht zu eliminieren, und das ist ein durchaus akzeptabler Gesichtspunkt, wären Sonderbestimmungen möglich gewesen, analog denen, die man für die Homöopathie in den §§ 38/39 geschaffen hat, ergänzt vielleicht durch einen Unbedenklichkeitsnachweis.

So aber wurde in dem Bestreben, die „Außenseiter" zu retten, der Wirkungsnachweis gleich für alle Pharmaka außer Kraft gesetzt, auch für die, bei denen er entscheidend wichtig ist und für die entsprechende Methoden entwickelt worden sind. Damit wurde nicht nur der in § 1 erklärte Zweck des AMG nicht erreicht, sondern auch die Chance vertan, den Arzneimittelmarkt langfristig dadurch zu ordnen und transparent zu machen, daß nur noch Präparate mit erwiesener oder wenigstens wahrscheinlicher Wirkung zugelassen werden dürfen. Tatsächlich hat sich seit Verabschiedung des AMG aus der Sicht des Arztes nichts geändert: Der Markt ist sowenig transparent wie eh und je, die Riesenzahl der Präparate mit unbelegter Wirkung oder in Form höchst fragwürdiger Kombinationen hat sich nicht nennenswert geändert. Man streitet darüber, ob nach der Zulassung durch das BGA eine Nachbegutachtung, ob Positiv- oder Negativlisten erforderlich oder überhaupt erlaubt sind, es erscheinen private Transparenzlisten, und eine offizielle, dem Steuerzahler sehr teure „Transparenzkommission" bemüht sich redlich, wenn auch mit teilweise zweifelhaftem Ergebnis und hoffnungslos hinter der Entwicklung herlaufend, das nachzuholen, was der Gesetzgeber versäumt hat.

Von offizieller Seite meint man beschwichtigend, mit dem AMG in seiner jetzigen Form könne man leben. Der Außenstehende gewinnt den Eindruck eines vorläufigen Stillhalteabkommens zwischen BGA und Industrie; man sucht in strittigen Fällen den Konsensus. Beiden Partnern liegt offenbar daran, wenn auch aufgrund verschiedener

Motive, eine Novellierung des AMG in bezug auf den Wirksamkeitsnachweis zu vermeiden. Das sollte nicht darüber hinwegtäuschen, daß nach dem jetzigen Gesetzeswortlaut der Hersteller jederzeit das BGA zwingen könnte, ein beliebiges Placebo zuzulassen.
Man fragt sich, ob die massive Kampagne zur Eliminierung des Wirksamkeitsnachweises aus innerer Überzeugung, aus ethischer, humanitärer Besorgnis, aus berechtigter Angst vor zu großer staatlicher Reglementierung, vor einer Beeinträchtigung der Therapiefreiheit (was immer das sei) geführt wurde, ob die aufgebauten falschen Feindbilder wirklich Mißverständnisse waren. Oder hat man nur mit allen Mitteln erreichen wollen, daß die homöopathischen und anthroposophischen Medikamente und die sogenannte Naturheilkunde erhalten bleiben? Es wäre dies ja ein durchaus legitimes Ziel, denn hinter diesen Richtungen stehen ehrenwerte subjektive Überzeugungen, natürlich auch menschliche Existenzen und eine einschlägige Industrie, d.h. ökonomische Interessen. Wie dem auch sei, der Preis war zu hoch. Nicht nur die, die ihn gefordert haben, alle müssen ihn bezahlen, mit Geld, vielleicht aber auch mit ihrer Gesundheit, spätestens dann, wenn an ihrem Krankenbett ein Arzt das helfende Medikament verfehlt, weil er sich in einem mangels öffentlicher Aufsicht ungeordneten und unübersichtlichen Arzneimittelangebot nicht zurechtfinden kann.
Der Gesetzgeber sollte sich daher ohne Rücksicht auf einflußreiche Lobbies dazu entschließen, das AMG so zu novellieren, daß das Arzneimittelangebot transparent und gleichzeitig die angestrebte Arzneimittelsicherheit gewährleistet wird. Die Bestimmungen des § 25 Abs. (2) über den Wirksamkeitsnachweis, der mit der Arzneimittelsicherheit untrennbar verbunden ist, wären voll befriedigend, wenn die in letzter Minute eingefügten beiden letzten Sätze des § 25 (2) (beschränkte Fallzahl, Nachweis der therapeutischen Unwirksamkeit durch die Zulassungsbehörde) wieder herausgenommen würden. Einmalig in der Welt dürfte auch der Vertreter der Heilpraktiker in der Zulassungskommission für verschreibungspflichtige Arzneimittel sein (§ 25 [6]). Die Zulassung von Kombinationspräparaten bedarf einer besonderen, strengen Regelung. Für die sogenannten „Außenseiter" sind Sonderbestimmungen möglich. Versäumt man eine Novellierung in diesem Sinne, wird nicht nur bis 1990, wenn die Zulassung der nach altem Recht in den Verkehr gebrachten Arzneimittel erlischt, sondern auch darüber hinaus die Situation auf dem Arzneimittelmarkt so unbefriedigend bleiben wie jetzt. Die durch Ausklammern der Probleme entstandene Diskussion wird Dauerthema werden.

Sachverzeichnis

A

Allopurinol 89
Anspruchsdenken 200
Anthropotechnik 32 f.
Äquivalente, experimentelle 91 f.
Arzneimittel
— homöopathische 27, 52, 220, 230
— natürliche 93 f.
— Preis-Nutzen-Abwägung 200
— psychogene Einflüsse 11
— Selektion 66
— stoffliche Wirkung 11
— Substition 202
Arzneimittelforschung,
 Konzentration 215
Arzneimittelgesetz 9 f., 147 ff., 152 ff., 156, 160 ff., 175, 209 f.
— Anforderungen 226
— Korrekturen 218
— Novellierung 236
— Paragraphen 40, 41, 161 ff., 147
— praktische Anwendung
— — Bürokratisierung 176
— — Einhaltungspflicht 177
— — Öffentlichkeitsarbeit 177
— — Verständigungsprobleme 176
— — Zielkonflikte 175 f.
— Problemfelder, juristische 176 ff.
— Sonderbestimmungen 236
— Wirksamkeitsnachweis 234 ff.
Arzneimittelhaftung 162 ff.
Arzneimittelmarkt, Transparenz 235
Arzneimittelprüfung
— Anerkennung, gesellschaftliche 174
— Aussagekraft 108
— Einwände 44
— Falsifikation 72 f.
— gesetzliche Forderungen 147
— individuelles Wohl 33 f.
— Kinder 153
— Kostenträger 154
— multizentrische 152
— öffentliches Bewußtsein 194
— onkologische 110
— Patientenangst 27 f.
— Rechtmäßigkeit 194
— Stellung im Rechtssystem 161
Arzneimittelrecht 234
Arzneimittelverbrauch 210
— Eigenbelastung, wirtschaftliche 209
— Selbstkontrolle 209
— Selbstmedikation 209
Arzneimittelzulassung,
 Voraussetzung 198
Ascorbinsäure 126
Aufklärung, Prüfarzt 148, 151
Aufklärungsgespräch 110 f.
Aufklärungspflicht, Stellenwert 160
Aufsichtsbehörden 155
Auswertung, retrospektive 105

B

Bayes-Problematik 110
Behandlungspflicht 165, 168
Behandlungsvertrag 166
Beipackzettel s. Gebrauchsinformation
Beobachtung, individualärztliche 229
Betafehler 131
Beta-Rezeptorenblocker, 49, 85, 127, 132
Bevölkerung, Aufklärung 211
— Informationsstand 14
Beweissicherung 147
BGB 161 f.
biased coin design 117
Billigmedizin 200
Bioverfügbarkeit 130 f.
Blindbeurteilung 109
Blindversuch 31
Bluthochdruck s. Hypertonie

C

Clofibrat 69, 72, 189, 201
— Studie 54, 56 f., 62, 85, 189
Code 132
Compliance 131, 152, 217
Cross-over-Pläne 117

D

Dienstleistungskonsument 208
Doppelblindversuch 31, 67, 119 f., 124 ff., 127, 180, 193, 210, 220
— Beurteilung, rechtliche 163 f.
— Code-Brechung 125 f., 133
— Compliance 131, 134
— Einflußgrößen 125
— Fallzahl 128 f.
— Grenzen 124 f.
— Pharmaka, Sekundäreffekte 127
— Placebo 145 f., 145 f.
— Protokoll, Nichtbefolgung 126 f.
— Rolle des Arztes 131 ff.
— Standardtherapie 128 f.
Double-Dummy-Technik 151
drop-out 138

E

Einwilligung 166, 169 ff.
Einzelfallstudien 103, 111 f.
Empirie
 s. Erfahrung, ärztliche
Entscheidungstheorie 67
— Verlustfunktion 67
Erfahrung, ärztliche 59 ff., 71, 75, 77
— Fremderfahrung 60, 64
— Intuition 59 ff.
— Krankenbeobachtung 59 f.
— Urteilskraft 60 f., 80 ff.
Erfahrungsmedizin 65
Erkenntnisgewinnung 71
— nicht-statistische 52
Erkenntnisprozeß 41, 44
— Wiederholbarkeit 42, 47
Erkenntnistheorie 54

Erkrankungen, experimentelle 91
Ermessensspielraum 64
Erwartung, therapeutische 74 f., 77
Ethisches Komitee 149
Experiment am Menschen 34, 35

F

Fallgestaltung, Bedeutung, rechtliche 164
Fall-Kontrollstudien 45, 109, 120 f.
Formalisierung 71
Forschungsergebnisse, Rückgang 212
Forschungskosten 223
Fortschritt, medizinischer 32 f., 186 f.
— Prioritäten 192
— sittlicher Aspekt 32
Fortschrittsgläubigkeit 187

G

Garantenpflicht, ärztliche 166
Gebote, ethische 46
— Versuchsplanung 46
Gebrauchsinformation 25, 217
Gefährdungshaftung 150
Gesetzgeber, Verantwortung 215
Gesundheitskosten 209
Gesundheitswesen
— Kontrollkriterien 206
— Kostenstruktur 201
— Selbststeuerung 211
Gruppenvergleich 114
— Blindbeurteilung 106
— Kontrollgruppe, historische 107
— Störgrößen 105 f.

H

Haftpflichtversicherung 137 f.
— Arzt 150
— Hersteller 150
Herzglykoside 75, 83 f., 202
Herzinfarktstudie,
europäische 53 f., 55
Hinterlegung, Daten 148, 155
Homöopathie 168, 230 f., 235
— Klinische Prüfung, kontrollierte 52 f.
— Wirksamkeitsnachweis 52
Hydralazin 127
Hypertonie 61
— Blutdruckwerte 112
— Grenzwerthypertonie 61, 86
— Krankheitsrisiko 62
— Langzeittherapie 61 f.
— Risikofaktoren 61
— Therapie, überflüssige 61 f.
— Therapierisiko 62
— Verlaufsbeobachtung 61
Hypothesen, erfahrungswissenschaftliche 85
Hypothesengenerierung 42, 44, 72, 111, 228

I

Index, therapeutischer 93
Indikationsanspruch 202

Individualethik 36 ff., 213, 227
Individualisierung 66
Individuum, Integrität 34
Induktionsbasis 122 f.
Infekte, grippale 126
Innovation 213, 215
Integrität, sittliche 35
Interessenabwägung 38
Interferon 170 ff.
Intuition 173, 179, 184
Irrtumswahrscheinlichkeit 42, 54, 71, 84

K

Kausalanalysen, individuelle 112
Kollektivaussage 102 f.
Kollektivethik 38
Konfidenzintervall 42 f., 131
Konsumentenschutz 161
Kontrolleiter 148
Konzentrationsprozeß 214
Koronarchirurgie, 82 f.
Körperverletzung 164
Kostendämpfungsgesetz 157
Kostenentwicklung 206, 208
Krankenbeobachtung 59, 63
Krankenblattunterlagen 151
Krankenversicherungs-
Kostendämpfungsgesetz 197
Krankheitsmodelle 91
Krankheitsverlauf 49

L

Letaldosis 93
Lex artis 162, 165

M

Marktbereinigung 203
Marktwirtschaft, Grenzen 234
Massenaussagen 46
Massenmedien 23 f.
Medizin, anthroposophische 230 f.
Mehrstufentest 118
Methodenpluralismus 73 ff., 77, 80 ff., 224
Me-too-Präparate 138 f., 223
Moral, öffentliche 16, 27

N

Naturheilmittel 18, 27
Negativliste 158, 197, 200, 204
Nullhypothese 128 f.
Nutzeneinschätzung 191
Nutzen-Risiko-Abwägung 63 f., 68 f., 191

O

Öffentliche Meinung
— Arzneimittel, Nebenwirkungen 13 f., 19, 25
— Arzneimittelprüfung 13 f.
— Beunruhigung 13, 15
— Heilmittel, chemisch-pharmazeutische 19

Öffentliche Meinung
— Naturheilmittel 15, 18 f., 20 ff.
— Testbereitschaft 16
— Vertrauen zu Arzneimitteln 21
— Wirksamkeit von Arzneimitteln 16
— Wirksamkeitsnachweis, objektiver 17 f.
Öffentlichkeitsarbeit 27 f., 212, 224

P

Paarbildung 108
Patentschutzfrist 214
Patientenaufklärung 28 f., 31, 108 ff., 135
— Arzneimittelregister 143 f.
— Doppelblindversuch 137
— Einwilligung 135, 142
— — Widerruf 137
— Geschäftsunfähigkeit
— gesetzliche Regelung 136, 138
— Herstellerinteresse 142 f.
— Kenntnisse, psychologische 145
— Minderjährige 146
— Placebo-Effekt 143 f., 146
— Prestigeverlust, Arzt 144
— Protokoll 135
— Randomisierung 120
— Schutzvorkehrungen 137
— Selektion 120
— Sittliche Pflicht 145
— Stichwortkatalog 136, 139 ff.
— Vergleichsgruppe 164 f.
— Verpflichtung, Patient 138
— Versicherung 137 f.
— Vertrauen 141 f.
— Zeitaufwand 141
Patientenkooperation s. Compliance
Patientenschutz 186 ff.
— gesetzliche Regelung 188
— Vollzugsdefizit 189
Penicillin 95
Permutationstest 37
Pflichten, sittliche 38
— soziale 38
Phänomenologie 65
Pharmaindustrie
— Arzneimittelforschung 210
— Schadensvermeidung 209
— Staatsauflagen 206
Pharmamarkt 214
Pharmawerbung 216
Phytotherapeutika 101
pilot-study 30 f.
Placebo 128, 152, 182 f.
Placebo-Effekt 124 f., 133 f.
Placebo-Gabe
— Beurteilung, rechtliche 164
Placebo-reactor-Theorie 119
Planungsprinzipien 102
Positivlisten 200
Practolol 92
Praziquantel 89
Preistransparenz 198, 214 f.
Preisvergleichsliste 197
Primärbeobachtung 24
Primärsprache 24
Privatautonomie 165
Probandenversicherung 150
Produktkonservativismus 210

Prognose 49
— infauste 172
Prüfplan
s. Therapieprüfplan
Prüfprotokoll 153
Prüfungsleiter 148, 151

Q

Qualitätskontrolle 149

R

Randomisierung 43 f., 51 f., 54, 104, 108 ff.
Rationalismus, kritischer 73, 84, 86
Rechtfertigungstheorie 86
Reduktionismus 86
Reexpositionsversuch 112
regression-to-the-mean-Effekt 108
Regulationstherapie 52
Repräsentativität 107
Reproduzierbarkeit 50
Risikoeinschätzung 192
Risikofaktoren 69

S

Schadensersatzrecht 161 f.
Schadenshaftung 150
Schadenverhütung 29 f.
Screening 223
Selbstbestimmungsrecht 188 f.
Selbstversuch 97, 99 f.
— Arzneimittel, pflanzliche 100 f.
— Carcinogenität 100 f.
— Homöopathika 232
Selbstverwaltungsdefizit 206
Selektionierung 37, 121 f.
Sequentialanalyse 130
Sequentialverfahren 118
Signifikanz, statistische 221
Signifikanztest 130
Sozialadäquanz 193
Sozialethik 36 f., 213, 227
Sozialstaat 205 ff.
— Ordnungsmacht 210 f.
Sozialversicherte
— Mitbestimmung 205
— Selbstkontrolle 207 f.
Sozialversicherungen 205
Staatsinterventionismus 207
Standardsubstanzen 151
Standardtherapie 132
— Vergleich 128
Statistik, deskriptive 42
— Indikationslisten 217
Störgrößen 110, 190
Strafrecht 161 f.
Strategien, therapeutische, Evaluierung 189
Studienansätze 44 f.
Symptomatik, subjektive 65 f., 125 f.,

239

T

Täuschungsfaktoren 130
Testaussagen, statistische 44
Testpräparate, Erkenntnislage 180
— Null-Wissen 179
— Vorwissen 178 f.
Testtheorie, Neyman-Pearson 36
Testverfahren, sequentielle 118
Theorienpluralismus 73 f., 77 f., 80 f., 230 f.
Therapie, antagonistische 51
— Gleichwertigkeit 230
— induktiv-empirische 65
Therapieentscheidung 59, 64
Therapieerprobung, Behinderung 189
Therapieforschung, innovative 188, 213
— Beurteilung, Materialien 123
— deduktive 65
Therapiefreiheit 100, 169, 198, 201, 203 f., 221, 233
— Grenzen 202 f., 232 f.
— RVO 203
Therapiemodelle, stochastische Komponenten 103
Therapieoptimum 166, 172 ff.
— Individualisierung 167
— Generalisierung 167
Therapiepflicht 179
Therapieprüfplan 104, 149, 152
— Blindbeurteilung 104, 106
— Standardisierung 104
— Vergleichbarkeit 104
Therapieregister 45
Therapieversuch,
Beurteilung, rechtliche 163
Tierexperiment s. Tierversuch
Tierschutz 94
Tierversuch, 31, 88 ff., 231
— Alternativen 97 f.
— Auslese, negative 95 ff.
— Aussagekraft 88, 90, 92, 98
— Bedeutung, ethische 29
— Beta-Rezeptorenblocker 91, 95
— Ethik 39
— Gefährlichkeit 95
— Grenzen 94
— Krankheitszustände, experimentelle 90 f.
— Sensibilität 95 f.
— Spezifität 95 f., 100
— Thiaziddiuretika 91
— Toxizitätsversuch 231
— Übertragbarkeit 88 f., 90 f.
— WHO-Richtlinien 90
Totalitätsprinzip 34
Toxikologie 92
Transparenzlisten 197, 199

U

Übermedikation 201
Überwachung 149
Untersuchung, toxikologische 92
Ursachenforschung 82
Urteilsbildung 41 f., 45 f.
— ärztliche 71, 75
— Grenzen 81

Urteilskraft 71 ff.
— Formalismus 80
— individuelle 82

V

Verantwortlichkeit, soziale 34
Verbraucherbewußtsein 188
Vereinigungen, kassen-ärztliche 207
Verfahren, statistische 41 f., 102 ff.
Vergleich, historisch 228
— interindividuell 30
— intraindividuell 30, 35 f., 56, 228
— — Homöopathie 52
— quantifizierend 48
— statistisch 229
Vergleichsgruppe, Beurteilung, rechtliche 164
Versicherungen 154
Versuch, therapeutischer 48
— Nebenbedingungen 48
Versuchsanordnung 102, 119
— Gruppenvergleiche 105 f.
— Mischformen 109
— Wahl 104 f.
Versuchspersonen, gesunde 97 f.
Versuchsteilnahme, soziale Verpflichtung 38
Vertrag, Arzt—Patient 169
Vertrauen, Arzt—Patient 142, 171
Vertriebsleiter 148
Vorwissen 182 ff., 233 f.
— juristische Beurteilung 232 f.

W

Wechselversuch 112, 116
Wettbewerbsverzerrung 200
Wirksamkeitsnachweis 9 f.
— Arzt-Patienten-Beziehung 11
— Bedingungen 49 ff.
— Beweislast 10
— Methoden, nicht-statistische 48 ff.
— statistische 41 ff.
— Parameter 67 f.
Wirkungsanalyse 90
Wirkungsprofil, pharmakodynamisches 88 f., 90, 93
Wissen, objektives 71
— subjektives 71
Wissenschaftstheorie, Einwände 229, 230
— Erfahrungsbegriff 219
Wissenschaftsentwicklung 72

Z

Zeitreihenmodell 115 f.
Zentren, ethische 110
Zufallsauswahl 37
Zufallszuteilung 107 f.
Zulassungskommission 236
Zuordnung, sequentielle 118
— systematische 117
— zufällige 117
Zystatika 98

MIX
Papier aus verantwortungsvollen Quellen
Paper from responsible sources
FSC® C105338

If you have any concerns about our products,
you can contact us on
ProductSafety@springernature.com

In case Publisher is established outside the EU,
the EU authorized representative is:
**Springer Nature Customer Service Center GmbH
Europaplatz 3, 69115 Heidelberg, Germany**

Printed by Libri Plureos GmbH
in Hamburg, Germany